普通高等学校"十四五"规划
设计类专业新形态教材

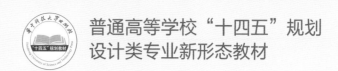

设计制图

DESIGN DRAWING
ARCHITECTURE · INTERIOR · LANDSCAPE

王 栋 丁 昶 主 编

胡 彬 倪 娜 仝晓晓 副主编

杨茂川 主 审

U0278786

华中科技大学出版社
http://press.hust.edu.cn
中国·武汉

图书在版编目(CIP)数据

设计制图/王栋,丁昶主编.—武汉:华中科技大学出版社,2023.6

ISBN 978-7-5680-8901-2

Ⅰ.①设… Ⅱ.①王… ②丁… Ⅲ.①工程制图–教材 Ⅳ.①TB23

中国版本图书馆 CIP 数据核字(2022)第 239370 号

设计制图

Sheji Zhitu

王栋 丁昶 主编

策划编辑:王一洁

责任编辑:梁 任

责任校对:张会军

封面设计:金 金

责任监印:朱 玢

出版发行:华中科技大学出版社(中国·武汉) 电话:(027)81321913

　　　　　武汉市东湖新技术开发区华工科技园 邮编:430223

录　排:武汉正风天下文化发展有限公司

印　刷:湖北金港彩印有限公司

开　本:889mm×1194mm　1/16

印　张:19　插　页:1

字　数:576千字

版　次:2023 年 6 月第 1 版第 1 次印刷

定　价:79.80 元

《中华人民共和国国民经济和社会发展第十四个五年规划和 2035 年远景目标纲要》明确提出推动绿色发展，促进人与自然和谐共生；全面推进乡村振兴，提升城镇化发展质量，全面提升城市品质。这些目标的实现都需要建筑业及相关专业人才的助力。而作为专业人才培养基地的高等院校，无疑肩负着培养适合时代、国家、社会发展和市场需要的创新、复合、应用型建筑大类专业人才的重要责任和使命。设计制图课程一直以来都是建筑大类专业的一门重要的专业基础必修课，规范地识读图纸并绘制图纸是设计类专业学生必须掌握的专业技能。

作为一门需要兼顾理论与实践的专业基础必修课，设计制图课程通常开设在专业设计课程之前，是设计类专业低年级学生从设计通识课程学习向专业课程学习转化时接触的一门课程。该课程旨在从投影原理、国家标准制图规范、各类设计工程图纸的形成原理和图示内容等方面系统地介绍设计制图的基础知识，由此让学生形成对专业体系化的认知，在整个专业培养体系乃至学生的就业环节中起到承上启下、贯穿始终的关键作用。设计制图课程作为建筑学和环境设计等设计类专业的基础必修课，对学生构建健全的专业知识体系、形成良好的空间想象能力和逻辑思维能力、提高专业综合素质等，都有着重要的意义。

本教材具有以下特点。

（1）基于设计视野，编排合理，角度新颖。目前很多同类教材还是停留在传统制图的讲法上，本教材从设计的视角讲解制图，是以培养设计师为目的的设计制图教程，而不仅仅是培养绘图员。此外，计算机的普及以及计算机图形技术的不断发展，对传统的制图学习方法产生了较大冲击。一部分传统制图的内容完全可以由计算机取代，这部分内容的编写需要加以简化。本教材基于整个设计流程的框架进行内容的组织和编排，兼顾大设计视角下的知识拓展学习，增加了设计表达和表现图的内容，能够很好地满足相关设计专业课程前后衔接的需求，也更加契合建筑设计大类专业学生的需求。

（2）校企合作编写，案例丰富，实用性强。本教材是高校与上海大朴室内设计有限公司、江苏华晟建筑设计有限公司、中国矿业大学工程咨询研究院（江苏）有限公司、深圳市长城工程项目管理有限公司等多家企业进行合作编写的，结合行业发展现状和需求做调整，在内容设置上遵循从原理到实践的原则，体现建筑学、环境设计等设计类专业多学科、多专业综合交叉的特点，着重训练学生识图和绘图的能力以及对三维空间的想象能力与表达能力；在讲授制图的理论基础以及各种工程图纸的制图规则和要求的基础上，注重工程实践案例的选取和实操性，着力训练学生规范绘制工程设计图纸的能力。

（3）配套立体资源，交互学习，知识增量。教材编写团队建设完成的设计制图在线课程在中国大学 MOOC 平台已开课多轮，选课人数众多，也被多所高校选为线上、线下混合式教学的在线资源，评价优秀。本教材整合线上、线下教学资源，构建立体化教材，在形式上进行突破和创新，配备大量数字教学资源，并与慕课相结合，便于读者扩展知识、延伸阅读，实现智慧课堂的动态开放，可以满足高校混合式教学的需要，亦可满足学生自主学习的需求。

（4）融合课程思政，立德树人，价值引领。 本书在编写时深挖课程思政元素，注重课程的思政育人功能，价值引领与专业学习同向同行。 结合各章节的内容，通过巧妙和科学的内容设计，在讲授专业知识的同时，引导学生坚定正确的政治方向、树立远大的理想抱负、确立科学的价值观念、增强自身的综合素养，在润物细无声中给学生播下工程理论的种子，带领学生感受工匠精神、增强文化自信。

王栋、丁昶为本书的主编，并负责全书的编写计划、进度控制、团队协调、全书总纂、修改和最终定稿和审核工作，胡彬、倪娜和仝晓晓为本书的副主编。 具体章节编写分工如下：第 1 章、第 2 章由丁昶负责编写，第 3 章、第 4 章由胡彬负责编写，第 5 章、第 6 章由王栋负责编写，第 7 章由倪娜负责编写，第 8 章由仝晓晓负责编写。 在此特别感谢上海大朴室内设计有限公司联合创始人赵鲲为本书第 6 章的编写提供了大量素材，感谢徐嘉旋、孙垚、鲍伟韬、曹明蕾为本书的图片整理所做的工作。 江南大学设计学院的杨茂川教授为本书的主审。

由于编者知识、能力有限，本教材还有很多尚待完善和修正的地方，欢迎广大专家和读者不吝赐教，提出宝贵的修改意见。

编者

2022 年 12 月

目 录

05

建筑设计制图与识图

|06

室内设计制图与识图

|07

景观设计制图与识图

|08

设计表现图的绘制

电子资源目录

01

认识设计制图

看看你是否能够完成下面这些绘图任务。

任务一：请在 A4 纸上绘制一段 50 mm 的线段，并且标注尺寸。

任务二：请在 A4 纸上绘制一段 20000 mm 的线段，并且标注尺寸。

任务三：如何将一个 60 mm×90 mm×120 mm 的长方体盒子绘制到图纸上，并标注该盒子的边长尺寸？

任务四：如何在 A3 纸上绘制自己家的建筑平面图？图面上又应该包含哪些内容？

同学们可以先试着画一画、想一想，然后再回到我们的课堂。

1.1　我们为什么要学习设计制图

第1.1节视频

　　没有系统学习过设计制图的人，一般会按照自己的认识和理解去绘制图纸，但是，这会带来一些问题，一是大家互相看不明白对方的图纸，二是图纸的绘制没有规范性。在现代工业中，无论是房屋建筑、景观园林、市政设施，还是机械制造等各种工程项目，从草图构思到方案深化，从开始施工到完工验收等各个环节，都离不开设计图纸。正如不同的国家使用不同的语言一样，不同的职业也使用不同的语言。数学家的语言是公式和符号，画家的语言是造型和色彩，音乐家的语言是音符和旋律，舞蹈家的语言是肢体和动作，而图样就是设计师最重要的语言。为了方便工程项目的设计交流及组织施工，国家和行业对制图进行了统一的规范和要求，让相关从业人员都遵循同样的标准，这样一来，同行之间以及各工种之间的沟通和配合都会非常便捷。因此，设计制图是设计师不可或缺的基本技能，在建筑设计师、室内设计师和景观设计师的职业生涯中，可谓举足轻重。

　　当设计师在营造建筑、室内和景观环境时，总要采用一定的方法来实现设计意图。这个方法就是绘制图样。也就是说，设计师的设计意图需要绘制成图样来表达。图样是一种工程上专用的图解文字，工程图样借助一系列的图形、符号、数字、标注，以及必要的文字说明，来表达设计对象的形状、大小、位置、构造、功能、原理、工艺流程、所需材料和数量，以及对工程技术的要求，是设计行业的工程语言，见插页。

　　施工是依据图样来实施。识图是施工人员所需具备的基础能力。施工人员应能读懂图纸，并依据图纸组织和展开施工。在现代生活中，无论是宏伟的大厦、富丽堂皇的厅堂，还是环境优雅的园林，其建设工程都需要先进行整体方案设计、深化设计和施工设计，再进行施工，最后进行竣工验收。在整个工程施工过程中，设计人员、施工人员和验收人员需要通过工程图样来进行交流。为了便于交流，绘制图样还必须遵循一定的标准和规则。如图 1-1 所示，设计、施工和监理人员在施工现场通过图纸进行设计和施工的交流。

　　只要你从事设计行业，那么你将从学习之初就接触设计制图，并且设计制图和识图的工作会一直贯穿你全部的学习阶段和职业生涯。因为制图是基本的设计表达手段，有 90% 以上的专业设计课程，直接或间接与制图知识相关。离开了基本的制图原理和方法，其他专业课程几乎无法开展下去。因此，无论是国内还是国外，无论课程设置和教学形式如何改变，制图方法一般都会放在低年级进行教授。

工地上帽子的
颜色代表什么

图 1-1　某建筑工程施工现场技术交流

1. 课程学习目标

课程学习目标主要有三个。

（1）培养读图和绘图的能力。

通过学习设计制图的基本理论，同学们最终应能正确识图和独立绘制完成一系列建筑、室内及景观设计工程图纸。

（2）培养空间构想能力。

本质上，设计制图是将三维立体空间中存在的设计对象，遵照一定的规律并按特殊的要求，绘制在二维平面图纸上。平面图纸要与三维实体在投影关系上做到完全对应，考验的正是制图者的空间构想能力。因此，设计师应能在脑海中熟练地进行二维和三维形体的转换，并应具有较强的空间构想能力。若设计师并非先天具有敏锐的空间理解能力，则其可以通过后天的努力，通过对制图的学习、理解和训练，来强化空间理解能力和提升空间构想能力。

（3）培养认真负责的工作态度和细致严谨的工作作风。

制图不严谨可能会导致设计施工结果的不可控，更为重要的是，无论是设计方案图纸，还是设计施工图纸，一旦由设计单位盖章认可，即成为具有法律意义的文件，设计师签字后，就要为自己绘制的图纸终生负责。一旦因设计图纸的失误而造成不良后果或经济损失，设计师都要负相应的责任。因此，制图必须要有严谨的工作态度。本课程通过对制图作业的严格要求，来培养学生认识和了解国家制图标准和规范的素养，培养贯彻、执行国家标准的意识。

2. 课程学习任务

设计和施工图纸表达的是设计师和其他各环节进行交流的直接语言，这种图纸语言是通过观看来获取信息的，因此它是一种视觉语言。一般的语言要求能听、会说、善写，那么，对于制图语言，我们该如何掌握呢？对于制图语言而言，我们必须要学会识图和画图这两项基本技能。为了掌握这两项基本技能，我们需要在本课程中学习以下内容，并完成一系列的学习任务。

本课程学习的具体内容包括了解投影原理、理解投影的意义和各种投影图的生成过程、掌握各种投影图的绘制方法、了解制图标准和规范、学会识读图纸信息、学会基本的设计绘图技能、掌握专业的绘图方法和步骤，以及初步具备把自己的设计转化为规范的图纸的能力。

我们需要完成以下学习任务。

（1）学习投影原理及其应用。

图1-2为投影原理图。投影和透视涉及较多的几何学知识，学习难度较大。在计算机辅助设计逐渐普及的今天，运用制图手段获得轴测图或者透视图的机会越来越少了，因此，我们只需要理解投影原理，认识几种常用的投影图，掌握把设计对象转换成正投影图、轴测图和透视图的方法即可。

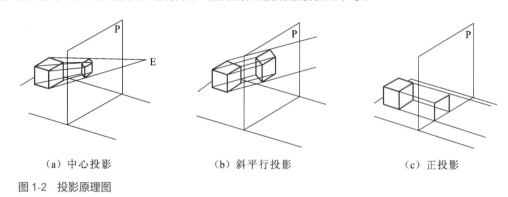

　　（a）中心投影　　　　　　　（b）斜平行投影　　　　　　　（c）正投影

图1-2　投影原理图

（2）学习具体设计类别的设计制图与识图。

本课程需要学习建筑设计制图与识图、室内设计制图与识图、景观设计制图与识图等，以及初步了解设计表现图和分析图等。

（3）了解国家制图标准和规范。

如同学习普通话可以增进不同地方之间的交流一样，学习国家制图标准和规范（图1-3），了解各种线型、线宽、图例、符号在专业图纸中的意义，有助于更好地解读图纸信息，以及更规范地表达自己的设计。

图1-3　国家制图标准和规范

（4）培养空间构想能力和细致的工作作风。

学习制图时，经常需要把实物、模型和图纸进行对照，久而久之，空间想象能力和空间分析能力会得到锻炼和提高，有助于日后设计水平和能力的提升。与绘画不同，制图强调的是投影关系的真实性和正确性，这也会使工作作风在一定程度上向严谨、细致转变。制图中还有诸多规范，需要严格遵循，这也非常有助于培养细致、严谨的工作作风。大家一定要对自己有所要求，本课程的学习才能起到更好的效果。

就环境设计专业而言，设计制图的学习具有基础性、复合性和实践性的特点。这种基础性和复合性不仅是表达方法上的，更是整体专业观念认知上的。 环境设计不仅基于理性的制图规范，遵循着特定的秩序，也充满着创造性的空间表现，带有强烈的感性色彩。 设计本身也是一项实践性很强的工作，只有在实践中才能更好地理解行业对设计制图的具体要求，了解行业对设计人才素质的培养要求。

1.2　设计制图的历史

语言、文字和图形是人们进行交流的主要方式，在设计工程领域，工程图样是人们表达和交流技术思想的重要工具，生产者需要依据图样了解设计要求并进行生产和施工，将设计变为现实。 因此，图样常被称为设计工程界的技术语言。 那么，这种设计工程界的技术语言是怎么出现并发展到今天的呢？ 同学们通过本节内容的学习可以简单了解设计制图的历史，更好地理解设计制图的作用和意义。

实际上，有史以来，人类就试图用图形来表达和交流思想。 从远古洞穴的石刻（图 1-4）上，我们可以看出，在没有语言文字的远古时期，人类就已经开始利用图形来进行交流，在那个时候，图形已然是一种非常重要并且有效的交流工具。 图形贯穿了人类社会的整个历史，在人类社会文明的进步中，在科学技术的发展中，都起着重要的作用。

考古发现，早在公元前 2600 年，就出现了可以称为工程图样的图，那是一幅刻在古尔迪亚泥板上的神庙地图。 直到文艺复兴时期才出现了将平面图和其他多面图同时画在同一画面上的设计图。 之后，18 世纪欧洲的

图 1-4　远古洞穴的石刻图

工业革命，促进了一些国家科学技术的迅速发展。法国测量师古师塔夫·蒙日（图1-5）在总结前人经验的基础上，根据平面图形表示空间形体的规律，运用投影方法创建了画法几何学，将各种表达方法总结归纳，写出了《蒙日画法几何学》（图1-6）一书，从而奠定了图学理论的基础，使工程图的表达与绘制实现了规范化。

图 1-5　古师塔夫·蒙日

图 1-6　《蒙日画法几何学》

蒙日所说明的画法是以互相垂直的两个平面作为投影面的正投影法，这一方法对世界各国科学技术的发展产生了巨大影响，尤其在工程界，得到了广泛的应用和发展。蒙日在制图史上的这一贡献是非常了不起的。画法几何在工业革命中起到了重大作用，它使工程设计有了统一的表达方法，这样便于技术交流和批量生产。

　　中国是世界上文明发展较早的国家，在数千年的悠久历史中，勤劳智慧的中国人民创造了辉煌灿烂的文化。在天文、地理、建筑、水利、机械、医药等方面，中国都曾为世界文明的发展做出卓越的贡献，留下了丰富的遗产，如图1-7和图1-8所示。在与科学技术密切相关的制图技术方面，中国也取得了辉煌的成就。

　　从已出土的文物中可知，我国在新石器时代，就能绘制一些几何图形、花纹，具有简单的图示能力，如图1-9所示。

图 1-7　浑天仪

图 1-8 赵州桥

图 1-9 彩陶花纹

在春秋时期的一部技术著作《周礼·考工记》中，有画图工具"规、矩、绳、墨、悬、水"的记载，这是中国古代工匠常用的 6 种工具。 规指的是画圆工具；矩就是直角尺，也叫"鲁班尺"，它的主要作用是取直角，画方；绳也叫"墨绳"，是在平面上画直线的工具；墨也叫"绳墨"，就是把绳浸泡墨汁后，用于画线；悬是取垂直时用的一种工具，这是利用地球引力找垂直的一种常用方法；水是衡量水平的工具，自古用水取平，《尚书》曾说"非水无以准万里之平"。 这些古老的工具持续使用了几千年之久。

历代封建王朝无不大兴土木，修筑宫殿、苑囿、陵寝。《史记·秦始皇本纪》称："秦每破诸侯，写放其宫室，作之咸阳北阪上。"这说明，秦灭六国后，曾派人摹绘各国宫室的图样，仿照其样式建造于咸阳。 人们熟知的阿房宫是秦始皇于渭南上林苑所建朝宫的前殿。《史记·秦始皇本纪》称："先作前殿阿房，东西五百步，南北五十丈，上可以坐万人，下可以建五丈旗。 周驰为阁道，自殿下直抵南山。 表南山之巅以为阙。 为复道，自阿房渡渭，属之咸阳……"唐代杜牧《阿房宫赋》中有"覆压三百余里，隔离天日"的描述。 这样巨大的建筑工程，没有图样是不可能建成的。

但是，由于不耐腐蚀，古代的图样绝大多数已经不存在了。 在河北平山发掘战国中山王墓时，考古学家在出土的大批青铜器中发现其中有一块非常特别的青铜板。 在这块青铜板上，有用金银线条和文字制成的建筑平面图，即《兆域图》（图 1-10），该图用 1∶500 正投影绘制，并标注有尺寸。 根据《周礼·春官·冢人》中的记载，"掌公墓之地，辨其兆域而为之图"，这件《兆域图》就是一份陵墓的施工平面图纸。 整块青铜板长 94 厘米，宽 48 厘米，厚 0.9 厘米，重达 29.5 千克，虽有弯曲，但图面较为完整。 图上标示了王陵方位、墓葬区域及

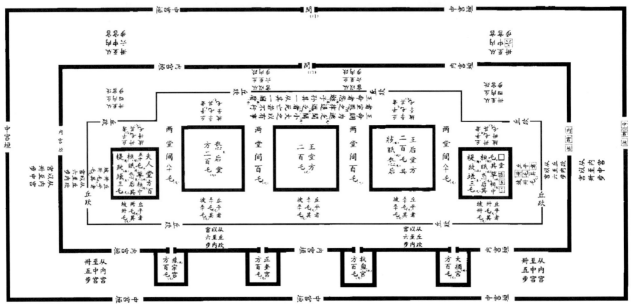

图1-10 《兆域图》

建筑面积和形状，图上有数字注记和文字说明等，正反两面线条和文字皆用金银镶嵌，是一幅制作精细、保存完整的墓域建筑规划平面图。

这幅《兆域图》是世界上罕见的工程图样，也是世界上已发现的最早的有方向、有比例的建筑规划图。 这说明在战国时期，我国人民就已经运用设计图，使用有确定的绘图比例、用类似正投影法画出的建筑规划平面图来指导工程建设了，这说明我国在距今两千多年前，就有了正投影法表达的图样。 它在地图史上，比罗马帝国时代的地图还要早约600年。《兆域图》在考古学、历史学、语言学、社会学、建筑学等方面都有很高的研究价值。 由于时代的变迁和历史的更迭，再加上很多史料的缺失，现在人们对于先秦时期的建筑研究面临着极大的困难，而《兆域图》就像是一份无价之宝，为我国建筑史的研究提供了宝贵的实物资料，对春秋战国以及先秦时期的古代建筑研究具有重要意义，尤其是对先秦地陵遗迹的复原，起到了关键性的作用。《兆域图》所呈现出来的陵墓建筑设计蓝图十分具体，从总体规划到单体建筑都可以与先秦文献中所记述的宫廷建筑相印证，对研究先秦宫廷建筑形制也有很大的帮助。

从秦汉时期起，我国已有关于图样的史料记载，并能根据图样绘制建筑宫室。 在唐代的时候，中国古代传统的工程制图技术，曾与造纸术一起传到了西方。 宋代李诫（字明仲）所著的《营造法式》一书，总结了我国历史上的建筑技术成就，是当时的一部关于建筑制图的国家标准、施工规范和培训教材，如图 1-11 所示。 全书 36 卷，其中有 6 卷是图样，包括了平面图、轴测图、透视图。 公元 1103 年，雕版印刷的《营造法式》一书中用各种方法画出的图有 570 幅之多。 这是一部闻名世界的建筑图样巨著，图上运用投影法表达了复杂的建筑结构，这在当时是极为先进的。 如图 1-12 所示的这几幅图便出自《营造法式》，从图中可看出，这些图已具有正投影法的画法了。 此外，宋代天文学家、药学家苏颂所著的《新仪象法要》，元代农学家王祯撰写的《农书》，明代科学家宋应星所著的《天工开物》等书中都有大量为制造仪器和工农业生产所需的器具、设备所绘制的插图。 随着生产技术的不断发展，农业、交通、军事等器械日趋复杂和完善，图样的形式和内容也日益接近现代工程图样。 明代数学家程大位所著《算法统宗》一书的插图中，有丈量步车的装配图和零件图等，根据书中的图纸和文字资料，世界上任何一个国家的木工都能很方便地将丈量步车仿制出来，如图 1-13 所示。

《营造法式》
简介

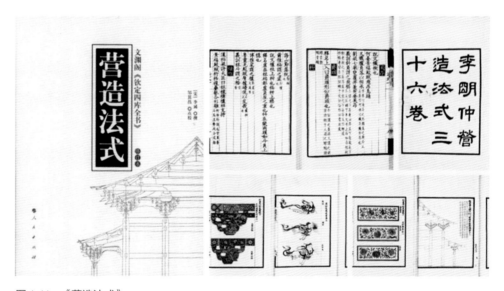

图 1-11 　《营造法式》

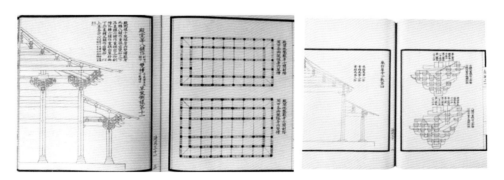

图 1-12 　《营造法式》书中图样

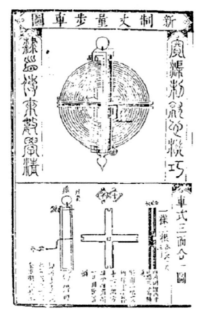

图 1-13 　《算法统宗》中的丈量步车

　　制图技术在我国虽有光辉成就，但因我国长期处于封建统治时期，在理论上缺乏完整、系统的总结。 在中华人民共和国成立前的近百年，我国又处于半殖民地半封建社会，工程图学的发展停滞不前。 中华人民共和国成立后，在中国共产党的领导下，我国工农业生产得到了很快的恢复和发展，建立了自己的工业体系，为我国的科学技术和文化教育事业开辟了广阔的前景，工程图学得到了前所未有的发展。 1956 年，原第一机械工业部颁布了第一个部颁标准《机械制图》，1959 年国家科学技术委员会颁布了第一个国家标准《机械制图》，随后又颁布了国家标准《建筑制图》，使全国工程图样标准得到了统一，标志着我国工程图学进入了一个崭新的阶段。随着科学技术的发展、工业水平的提高和技术规定的完善，各个工程行业的制图规范和标准也在不断修订和完善。 此外，在改进制图工具和图样复制方法、研究图学理论，以及编写、出版图学教材等方面也取得了可喜的成绩。

　　从蒙日定义画法几何至今，工程制图的理论没有太大的变化，但是绘图工具却发展飞速。 近 30 年来，计算机技术和外部设备的不断发展，导致制图技术发生了重大变化，对设计行业的制图工作前景也产生了重大影响。 在世界上第一台计算机问世后，计算机技术以惊人的速度发展，计算机绘图技术随之也深入应用于相关领域。 从 20 世纪 70 年代开始，计算机图形学、计算机绘图在我国迅猛发展，到 20 世纪 90 年代，传统的尺规作业模式基本退出历史舞台。 当前，随着三维设计软件、虚拟设计和虚拟制造的迅速发展，计算机网络和图形技术、多媒体技术、传感技术和其他与设计制造有关的技术，正在超越时间、空间的界限，将各种有关的信息迅速整理、传送，更新和拓展着设计制图的方式和方法。 虽然有些技术还处于探索和发展的初期，但它的应用前景难以预测。 集合计算机网络技术在未来或将改变人类的设计制图方式，从根本上改变人类的思维、生活和生产方式。

　　既然当今的技术如此发达，那么传统制图在未来可能会被新的制图技术取代吗？ 设计制图还需要学习吗？还有必要进行传统制图的训练吗？

　　我们应该知道，无论用图板绘图，还是用计算机绘图，都只是绘图工具和方式的改变。 任何设计制图的工作都离不开基本的原理，换句话说，制图原理是各种工程制图的基础，是无论采用何种制图工具、使用何种制图方式都要用到的基本知识。因此，无论用哪一种方式进行图纸绘制，掌握设计制图原理都是基础要求。只要从事与设计相关的专业，都必须学习和掌握设计图纸的绘制原理和方法。同时，还需要指出的是，如果设计人员本身对设计专业的主要内容缺乏深入的理解，且长期过分依赖电脑，那么盲目套用软件库中的图块资料来进行设计，会导致设计人员的创新思维能力逐渐退化。在某些条件下，手工绘制可能会更快速、灵活，这也能从侧面体现出设计师自身的水平和综合素质，在一定程度上赢得客户的信赖。因此，对于初学者来说，进行适当的手工绘图训练是很有必要的。

设计制图的训练可以采用手工图板绘图的方式，也可以采用计算机绘图的方式。无论哪种方式，都需要学习者反复训练，打下牢固的制图基础。初学者要从基本的字体、线型、尺寸标注、版式布置等方面入手，学会这门工程语言的"单词""语法""句型"等。传统的手工图板制图不仅可以训练学习者一丝不苟的工作作风，也可以为计算机绘图环境中的各种操作打下一定的基础。无论哪种绘图软件都只是一种绘图环境和工具，同学们需要通过相关训练来熟练掌握制图原理和绘图方法，这样才能在后期专业课程的学习中充分发挥计算机高效的绘图功能。

1.3 不同设计阶段需要的图都是一样的吗

第1.3节视频

不同设计阶段对图纸绘制的要求和深度是不同的。本节内容将帮助同学们认识设计程序中的几个阶段，了解不同阶段对图纸的要求。

设计程序通常包含方案设计阶段和施工图设计阶段。最初进行的是方案设计阶段，这一阶段还包括方案草图设计阶段和方案深化设计阶段。方案草图设计阶段就是进行方案初步构思的阶段；方案深化设计阶段就是完成设计方案的阶段。设计方案完成后并不意味着能够直接施工，为了能够顺利进行施工，还需要进行第二个设计阶段，即施工图设计阶段，这一阶段也包含两个阶段：一是施工图扩初设计阶段，即施工图初步设计阶段，这一阶段是一个从方案过渡到施工的过程，需要考虑各工种之间的配合、考虑各种施工技术的运用、编制工程概算等，以确保方案能够顺利实施；二是施工图深化设计阶段，在扩初设计的

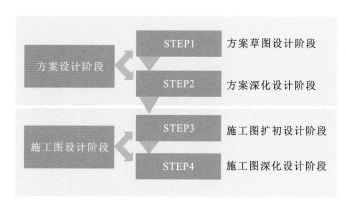

图 1-14　设计阶段示意

基础上进入与施工配合设计的阶段(图 1-14)。每个阶段需要完成的任务和达到的目的是不一样的，因此对图纸的要求也是不一样的。

在方案初步设计阶段，即方案草图设计阶段，就是一个初步的设计构想，此时的设计大概是一个从"无"到"有"的过程，这一阶段的设计图纸是用来传递设计者思想，展示设计意图的。因此，这一阶段的图纸对技术

和实施的表达要求不高，只是粗略的大体图样，能够表达清楚设计意图和展示设计预计的结果即可，至于有没有可行性，待审。

方案草图设计阶段更加看重创意和构思。出生于瑞士的勒·柯布西耶是现代建筑里程碑式的人物，如图1-15所示的草图，是柯布西耶在朗香教堂方案设计阶段绘制的草图。从1950年5月到11月是形成朗香教堂具体方案的第一阶段。现在发现的最早的一张草图作于1950年6月6日，如图1-16（a）所示，这张平面草图中画有两条向外张开的凹曲线：一条朝南，像是在接纳信徒，教堂大门即在这一面；另一条朝东，面对在广场上参加露天仪式的信众。北面和西面两条直线，与曲线围合成教堂的内部空间。图1-16（b）是东立面草图，上面有鼓鼓的挑出的屋檐，檐下是露天仪式中唱诗班的位置，右面有一根柱子，柱子上有神父的讲经台。这个东立面布置得如同露天剧场。朗香教堂重大的宗教活动、宗教仪式和中世纪传下来的宗教剧演出都是在东面露天剧场进行。草图只有寥寥数笔，但已给出了教堂东立面的基本形象。这些草图看似简单、随意，但是却把设计的大致轮廓勾勒了出来，从功能和造型都进行了从整体到细节的各种思考。

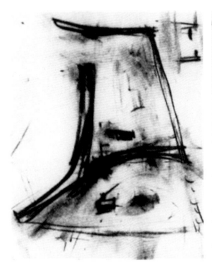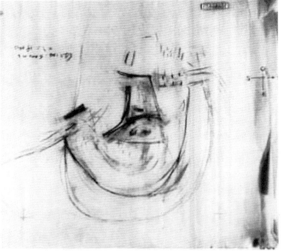

图1-15　柯布西耶绘制的朗香教堂草图

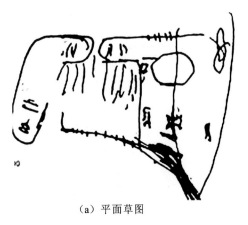

（a）平面草图　　　　　　　　　　　　　　　（b）立面草图

图1-16　朗香教堂平面与立面草图

可以看到，在方案草图设计阶段，大师使用的是徒手绘制的方式，没有刻画细节，但是却表达出了设计思想、理念、大致形态、对于功能初步的设想以及与环境的关系等，信息量非常丰富，如图1-17所示。 在这一阶段，除了对创意思维能力有所要求，还要求设计师具有徒手绘制草图和快速表达的能力。 绘制草图的能力是设计师应该具备的重要的基本功，设计思想需要用具体的形态来记录，草图就是设计师迅速捕捉设计思想并将其记录下来的方式。 有些想法可能一闪而过，可能是只言片语，也可能是特别不确定的状态，但却是一个非常好的创意的起点……这些多变的想法不需要那么精确，但是需要被记录下来，草图的方式最简单也最便捷。 同时，绘制草图的过程也是一个设计思考的过程，草图的调整也意味着思考的不断深入，可以说徒手绘制草图也是一种进行思考和想象的过程。 因此，绘制草图的能力对设计师很重要，是需要同学们勤加练习的本领。 草图虽然是方案构思图纸，但是图纸的绘制依然需要遵循基本的绘图原理。

图1-17 徒手绘制的草图

在方案深化设计阶段，方案的细节需要逐步落实，最终呈现的方案图纸应能对方案进行较为全面的展示。因此，在方案设计阶段完成后，各种类型的设计都应该提供全套的方案设计图纸和文本。 例如，建筑方案设计需要提供全套建筑设计方案图纸和文本，包括设计说明、总平面图、各层平面图、立面图和剖面图，以及方案分析图和表现图等。 如图1-18所示，是一个住宅小区的部分方案设计图纸。 室内设计方案完成后需要提供全套室内设计方案图纸和文本。 如图1-19所示，是一套商品房样板间的室内概念设计方案的图纸。 同样，景观设计方案完成后，也应该提供一套完整的景观设计方案图纸和文本。 如图1-20所示，是一个景观设计方案的部分图纸。 方案设计阶段的图纸包括较多的效果图和分析图，这些图纸是为了更直观地传达方案的整体情况。 方案设计阶段，平面图、立面图和剖面图等主要是控制大的尺度，对构造做法和细节尺寸等的要求并不高，因为在施工图设计阶段之前，方案可能要进行多次调整，很多细节尺寸和构造做法等还不能完全确定。 在方案设计阶段，图纸的作用就是解读和表现设计方案。 细节尺寸和构造做法将会在施工图扩初设计阶段进行完善，也就是施工图设计的第一个阶段。

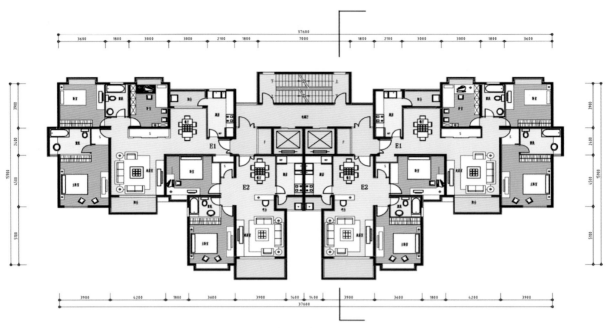

24、26层 户型B 标准层平面图

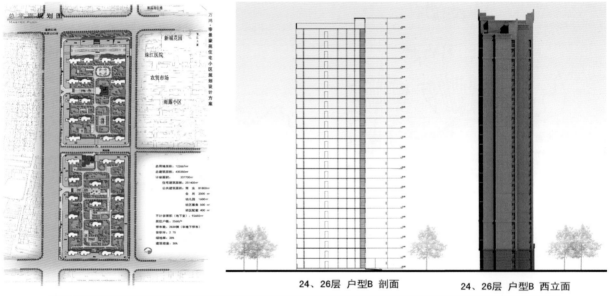

24、26层 户型B 剖面　　　24、26层 户型B 西立面

图 1-18　某住宅小区方案设计图纸

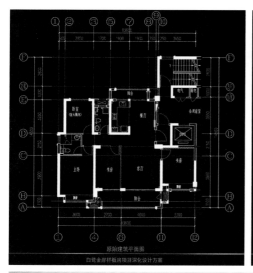

图 1-19 商品房样板间的室内概念设计方案的图纸

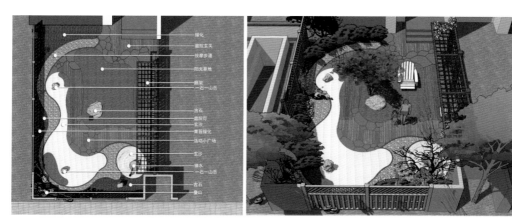

图 1-20 景观设计方案图纸

室内设计
方案展示

施工图扩初设计阶段的图纸就是在方案设计图的基础上完善，使之具有可操作性，用以编制工程概算。 之后的施工图深化设计阶段则要求对所有施工可能遇到的问题、使用的材料、施工的工艺等做全面的说明。 由此可见，施工图阶段图纸绘制的工作量是非常大的。 施工图是设计得以实现的依据和保障，它将作为施工人员的施工依据，通过图纸告诉施工人员应采取何种施工方法来实现设计目标和确保项目建成。 初学者往往觉得施工图看起来非常复杂，认为学习起来比较困难，心生畏难情绪。 其实，完全没有必要有此担心。 施工图虽然看起来较为复杂，但是它们都是按照同样的制图原理进行绘制的，只要掌握了识图和制图的本领，都是可以绘制出来的。 不同的是，在不同规模的设计中，施工图绘制的工作量有所不同。 在掌握绘图本领之后，最需要的反而是耐心和细致的工作态度。 当然，施工图绘制过程还是有较高技术含量的，因为施工图的设计需要丰富的工程经验，需要熟悉构造、材料和工艺，也需要创新。 需要提醒同学们的是，设计制图这门课程并不能够解决构造、材料和工艺等方面的问题，这些知识需要通过学习其他相关课程来获取。

摩天大楼早期都是靠砖一块一块地搭建起来的，随着技术的进步，逐渐变成一层一层地搭建起来。 制图也是这样，早先图纸是依靠设计师一根线一根线地徒手画出来的，随着计算机技术的进步，逐渐可以一段墙一段墙地画出来，或者一层一层地画出来……但是无论如何绘制，都是从点滴开始，一直到完成全套的图纸，都要有一个过程。 一个工程项目的建成，离不开从方案设计阶段到施工图设计阶段的工作，在不同设计阶段，可能需要用到不同设计深度和不同表现方法的图纸，这些图纸的绘制都遵循着一样的制图原理。 无论是规划设计、建筑设计，还是室内设计、景观设计，乃至于家具设计、产品设计等，都遵循同样的设计表达方法，都需要遵循三视图的规律、正投影的规律，都要通过透视图、轴测图等来表现。

因此，设计制图是一门非常重要的设计基础课。 工欲善其事，必先利其器。 制图是设计的基本工具，设计师一定要熟练掌握。 本书后续章节会带领大家去学习这些原理，学会建筑、室内和景观的识图和制图，并初步了解如何进行设计表达和表现。

1.4 如何进行课程学习

第1.4节视频

图纸是一种视觉语言，因此学习设计制图，实际上就是学习一种图形语言。 设计制图学习过程大致可以分为原理认知、读图识图、绘图应用三个阶段，如图1-21所示。

图1-21 设计制图学习的三个阶段

在原理认知阶段，学习各种图例、线型就好比学习语言中的单词，学习各种制图标准和规范就好比学习语言中的语法，进行制图基础训练就好比学习遣词造句。 在这一阶段，学习者应通过学习线型、图例，制图规范、标准，投影原理等，打好设计制图技能的基础。

在读图识图阶段，学习获取图纸信息就如同阅读文章。 在这一阶段，学习者应通过临摹实际的工程图纸，一方面学习全面捕捉图纸信息的方法，另一方面熟悉正确、规范的图纸表达方式。

在绘图应用阶段，学习绘图和进行设计表达就像写作文。 在这一阶段，学习者可以通过对小型建筑进行测绘，并将测绘结果绘制成工程图纸，把所学的制图知识运用到设计表达中；或者结合专业课程，自主设计小型工程方案，并在方案基础上绘制施工图，在这一过程中，掌握灵活运用所学绘图知识的方法。

设计制图课程学习中要注意以下问题。

① 在不同学习阶段需要注意不同的学习方法。 比如在原理认知阶段，学习者需要学习较多的理论基础知识。 这些制图基础知识比较抽象，系统性和理论性较强，而读图识图和绘图应用两个阶段主要是对投影理论的运用，实践性较强，这就要求学习者在学习时，要努力完成一系列的绘图作业，打下较好的绘图基础。 学习时应讲究学习方法，好的学习方法会起到事半功倍的效果。

② 一定要端正学习态度，要有理想和抱负，要有培养自己工作能力和提升自己知识水平的意识，这样才能在学习中振奋精神，认真学习每一节课，认真完成每一次作业，持之以恒，不断前进。

③ 要努力培养空间思维能力。 空间思维能力是优秀设计师的基本素养，因为但凡需要设计的东西，在生产出来之前都没有实物，虽然现在计算机可以帮助设计师模拟设计对象的空间形态，但是在用计算机模拟之前，这些形态最早存在的地方就是设计师的大脑。 如图 1-22 所示为多样的建筑空间。

图 1-22 多样的建筑空间

④ 要培养解题能力，提高自学能力。 解决空间几何问题，应先对问题进行分析，找出解决方案，再利用所掌握的各种基本作图原理和方法，逐步进行作图表达、求解。 自学能力很重要，这是因为很多问题需要调动自己的思维，在脑海中呈现设计对象的三维状态，只有自己理解到位了，认识才能到位。 所以，很多时候要靠自己多思考、多练习，多想、多画。 如图 1-23 所示为朗香教堂的三维形态。

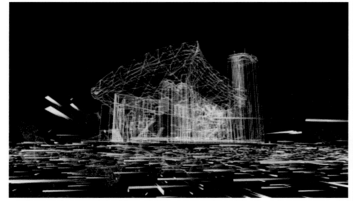

图 1-23 朗香教堂的三维形态

⑤ 从初学制图开始，就要严格要求自己，养成认真负责、一丝不苟、严格遵守国家标准的工作态度，此外，还要提升审美眼光，培养优秀设计师应具备的基本素养。 为了培养这种作风和打下坚实的制图基础，本课程作为设计入门课程，会安排一系列的课程作业，而在一般的制图作业中，除了正确绘制设计图纸，图面的整体效果、线型表达的准确性、字体和排版布局的合理性、图面的美观性以及是否满足制图规范要求等都将会是作业评定参考的指标。 设计需要具有美感，因此设计图不仅要正确，还要美观。

设计制图只是一门入门课程，能够为学生制图和识图能力的培养打下一定的基础，但是仅仅学习这门课还很难达到熟练掌握的程度，因此还需要进行大量的绘图实践训练。 除了本门课的基础训练，在以后的各门基础课程和专业课程中，同学们仍需要不断巩固基础知识、反复运用绘图技能，不断进行识图和绘图的实践训练，只有这样，才能够对课程内容从初步了解直至全面掌握和熟练运用。

1.5 你需要准备的制图工具

第1.5节视频

计算机绘图当前已经极为普遍，但是传统的制图基础训练仍必不可少。 为此，学习者需要了解与制图相关的工具，了解这些绘图工具的使用方法，同时，也要根据课程训练需要，提前准备好需要用到的绘图工具。

1. 纸张

关于设计制图，我们应该认识四种纸。 它们分别用在设计图纸的不同阶段。

（1）拷贝纸（图 1-24）。 拷贝纸呈白色或者黄色半透明，有韧性，易皱。 拷贝纸用在方案草图设计阶段。

（2）描图纸（图 1-25）。 描图纸也叫硫酸纸，是专供描绘工程图用的半透明状纸，呈灰白色，外观似磨砂玻璃，具有很好的可修改性。 墨线在描图纸上不易扩散和渗透。 描图纸分有图框描图纸和无图框描图纸两种，全开尺寸为 841 mm×1189 mm，一般用于制作施工图的底图。 我国目前的注册建筑师考试作图题的答卷纸使用的就是硫酸纸，便于考生绘图和修改。

（3）绘图纸（图 1-26）。 绘图纸质地紧密强韧，无光泽，具有优良的耐擦性、

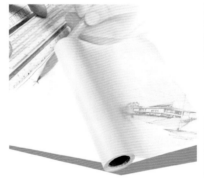

图 1-24 拷贝纸

图 1-25 描图纸

耐磨性、耐折性，适合铅笔、墨线笔等书写。 绘图纸一般选白色，规格从60～90 g不等，克数越大，纸张越厚。 绘图纸分有图框绘图纸和无图框绘图纸两种，全开尺寸为 841 mm×1189 mm，一般用于方案设计阶段，以及学生练习制图的阶段。

（4）晒图纸（图 1-27）。 晒图纸俗称"蓝图"纸，是一种化学涂料加工纸，专供各种工程设计晒图。 同学们学习期间一般用不上晒图纸，等进入设计单位后，便会常与这种纸打交道了。

学生阶段，我们需要描图、绘制草图、练习制图。 因此，前三种纸，我们在不同阶段需要根据课程要求来进行准备。 除此之外，我们还需要准备一些 A4 或者 A3 的打印纸，来完成画法几何等课程的作业。

 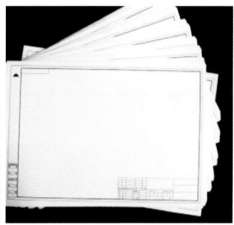

图 1-26　绘图纸

图 1-27　晒图纸

2. 图板、丁字尺和三角板

图板［图 1-28（a）］用于固定图纸，作为绘图的垫板，要求板面平整，板边平直。

丁字尺［图 1-28（b）、（c）］由尺头和尺身两部分组成，主要用于画水平线。 使用时，要使尺头紧靠图板左边缘，上下移动到需要画线的位置，自左向右画水平线。 应该注意，尺头不可以紧靠图板的其他边缘画线，只能靠着左边缘画线。 因为图板本身不能保证上下左右是完全垂直的，而靠着一个边画线，就能保证画出来的线保持平行或者垂直。

三角板可配合丁字尺自下而上画一系列铅垂线。 用丁字尺和三角板还可画出与水平线成 75°、60°、45°、30°及 15°角的斜线，这些斜线都是按自左向右的方向画出的，如图 1-29 所示。

（a）图板

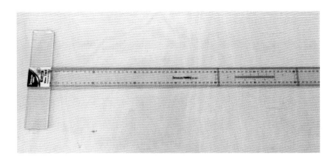

（b）丁字尺

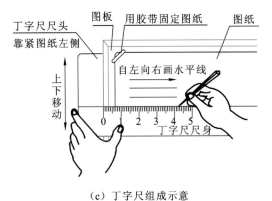

（c）丁字尺组成示意

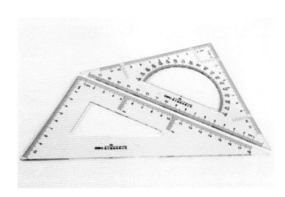

（d）三角板

图1-28　图板、丁字尺和三角板

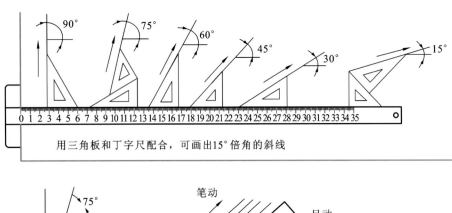

用三角板和丁字尺配合，可画出15°倍角的斜线

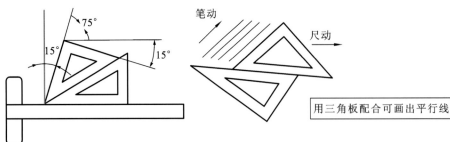

用三角板配合可画出平行线

图1-29　利用三角板和丁字尺画线

3. 比例尺

比例尺（图1-30）的使用方法：① 在尺上找到所需的比例；② 看清尺上每单位长度所表示的相应长度；③根据所需要的长度，在比例尺上找出相应的长度作图。 例如，要以1∶100的比例画 2700 mm 的线段，只要从比例尺1∶100的刻度上找到单位长度 1 m（实际长度仅是 10 mm），并量取从 0 到 2.7 m 刻度点的长度，就可用这段长度绘图了。

4. 圆规、分规

圆规是画圆或圆弧的主要工具。

圆规(图 1-31)画圆或画弧时,应按顺时针方向旋转。 铅芯应磨成楔形,针尖应稍长于笔尖。

分规是用来等分和量取线段的。

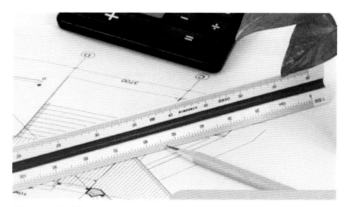

图 1-30 比例尺

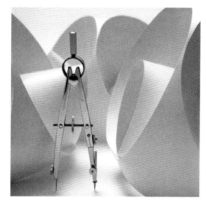

图 1-31 圆规

5. 针管笔和绘图铅笔

针管笔[图 1-32(a)]是专门用于绘制墨线线条图的工具,可以画出精确且具有相同宽度的线条。 针管笔管径有从 0.1 ~ 1.2 mm 的各种规格,在设计制图时至少应具备细、中、粗三种不同规格的针管笔。

绘图铅笔[图 1-32(b)]按铅芯的软硬程度可分为 B 型和 H 型两类。 B 表示软,H 表示硬,HB 介于二者之间。 B 型铅笔或 HB 型铅笔用于画粗线;H 型铅笔或 2H 型铅笔用于画细线或底稿线;HB 型铅笔或 H 型铅笔用于画中线或书写字体。 画图时,可根据使用要求选用不同型号的铅笔。

在画图时,笔应该基本垂直于纸面,笔尖与尺边保持很小的缝隙。

(a)针管笔

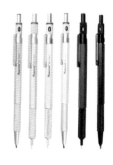

(b)绘图铅笔

图 1-32 针管笔和绘图铅笔

6. 曲线板、蛇尺和各种模板

曲线板[图 1-33(a)]是用于画非圆曲线的工具。 用曲线板和蛇尺[图 1-33 (b)]画曲线的方法:在曲线板上选取需要的曲线段,一段一段地描绘,直到描完所有不规则曲线。 模板[图 1-33(c)]可用于绘制各种图形或符号。

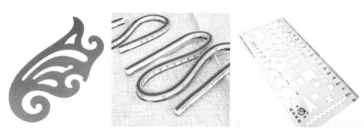

(a)曲线板   (b)蛇尺   (c)模板

图 1-33 曲线板、蛇尺和各种模板

7. 其他工具

学会运用一些不起眼的小工具，能使你的绘图工作更加得心应手。 例如：固定图纸用的透明胶带，擦除墨线用的橡皮擦、刀片和擦图板，清洁图面用的小刷子等（图1-34）。

图 1-34 其他工具

（1）学习设计制图的原因。

（2）设计制图的历史。

（3）学习设计制图的方法。

（1）什么是工程图样？

（2）本课程的学习目标和学习任务是什么？

（3）工程图的表达与绘制是从什么时间实现规范化的？ 了解法国测量师古师塔夫·蒙日的贡献。

（4）思考战国中山王墓出土的《兆域图》的历史价值。

（5）了解设计的不同阶段，并思考不同的设计阶段对图纸都有什么样的要求。

（6）设计制图的学习一般有哪几个阶段？ 每个阶段学习的侧重点是什么？

（7）思考如何进行本课程的学习，并为课程的后续学习做好准备工作。

02

设计制图的基本知识

你知道图幅是什么吗？图幅有统一的标准吗？

你知道什么样的图应该用什么样的比例来绘制吗？

你知道工程图纸中对线型有什么规定和要求吗？我们应该用什么样的线型来绘制墙体，又应该用什么样的线型来绘制轴线呢？

你知道工程图纸中应该用什么方法来标注不同对象的尺寸吗？

你知道工程图纸中混凝土要怎么表达，木材又要怎么表达吗？

……

从本节开始，我们将开启设计制图基本知识的学习，同学们准备好了吗？

2.1 你应该了解的制图基本规定
——建筑制图国家标准，图纸幅面规格与编排顺序，图线，文字、数字和符号

第2.1节视频

当我们在营造建筑、室内或景观环境时，用图样来表达设计意图（对应制图过程），施工则依据图样来实施（对应识图过程）。为了达到工程制图的统一，保证绘图的质量和速度，使图纸简明易懂，符合设计、施工与存档等要求，国家制定了相应的制图标准与规范。国家标准简称"国标"，代号"GB"或"GB/T"，各类工程制图要符合国家标准的规定和要求。本节将介绍建筑制图国家标准的一些基本情况，以及图纸幅面规格与编排顺序，图线，文字、数字和符号的相关规定。

1. 建筑制图国家标准

最早的建筑制图国家标准有于 2001 年 11 月 1 日发布、2002 年 3 月 1 日正式实施的《房屋建筑制图统一标准》（GB/T 50001—2001）、《总图制图标准》（GB/T 50103—2001）、《建筑制图标准》（GB/T 50104—2001）（图 2-1），以及 2003 年颁布的《建筑工程设计文件编制深度规定》。

随着时代的进步，以及设计工程领域和制图领域的发展，国家发布了最新一版的制图标准，有《房屋建筑制

图 2-1　老版建筑制图国家标准

图统一标准》（GB/T 50001—2017）、《总图制图标准》（GB/T 50103—2010）、《建筑制图标准》（GB/T 50104—2010）（图2-2）。《建筑工程设计文件编制深度规定》也经过几轮修改，于2016年印发了新版本，增加了很多新的内容。

图2-2　新版建筑制图国家标准

《建筑制图标准》（GB/T 50104—2010）明确规定该标准的目的，是统一建筑专业、室内设计专业制图规则，保证制图质量，提高制图效率，做到图面清晰、简明，符合设计、施工、存档的要求，适应工程建设的需要，并规定建筑专业、室内设计专业制图，除应符合本标准，还应符合国家现行有关标准的规定。

《房屋建筑制图统一标准》（GB/T 50001—2017）中也明确了该制定标准的目的，是统一房屋建筑制图规则，做到图面清晰、简明，适应信息化发展与房屋建设的需要，利于国际交往，适用于房屋建筑总图、建筑、结构、给水排水、暖通空调、电气等各专业的工程制图。此外，还规定了房屋建筑制图除了应符合本标准的规定，还应符合国家现行有关标准以及各专业制图标准的规定。

两套标准均规定了其适用的制图方式有计算机辅助制图和手工制图。

实际上，到目前为止，国内的室内设计和景观设计的专业制图尚未颁布国家标准，但是针对房屋建筑室内装饰装修，我国在2011年颁布了执行至今的行业标准《房屋建筑室内装饰装修制图标准》（JGJ/T 244—2011），针对风景园林在2015年颁布了修订后的行业标准《风景园林制图标准》（CJJ/T 67—2015），还有一些地方制定的制图标准（图2-3）。

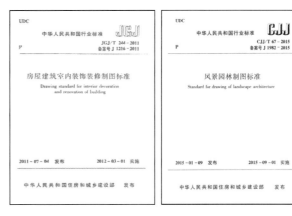

图2-3　室内设计、景观设计专业制图国家规范

室内设计是建筑内部空间设计，景观设计是建筑外部空间设计，室内设计和景观设计均要遵循国家统一颁布的建筑制图标准。室内制图和景观制图的行业规范也都基本遵循了《建筑制图标准》（GB/T 50104—2010）、《房屋建筑制图统一标准》（GB/T 50001—2017）等建筑标准中的规定，同时根据行业工程情况，做了一些行业上的规定。

所以，《房屋建筑制图统一标准》（GB/T 50001—2017）、《建筑制图标准》（GB/T 50104—2010）等，是我们学习和了解制图基本规定的基础。本书中所讲授的制图基本规定均来自这些标准。

2. 图纸幅面规格与图纸编排顺序

（1）图纸幅面规格。

图纸幅面规格指图纸尺寸规格。图框指在图纸上绘图范围的界线。为了合理使用并便于管理、装订图纸，国家制图标准对图纸幅面、图框尺寸及格式等做出了规定，见表2-1。

表 2-1 建筑工程图的图纸幅面、图框尺寸及格式　　　　　　　单位：mm

尺寸代号	幅面代号				
	A0	A1	A2	A3	A4
$b×l$	841×1189	594×841	420×594	297×420	210×297
c	10			5	
a	25				

注：表中 b 为幅面短边尺寸；l 为幅面长边尺寸；c 为图框线与幅面线间宽度；a 为图框线与装订边间宽度。

标准的图纸通过对折共分为 5 种规格。A0 号图纸，尺寸是 841 mm ×1189 mm，是基准幅面；A0 号图纸沿长边对折就成为 A1 号图纸，A1 号图纸的尺寸是 594 mm ×841 mm；A1 号图纸同样沿长边对折，对折后成为 A2 号图纸，尺寸为 420 mm ×594 mm；A2 号图纸沿长边对折后成为 A3 号图纸，尺寸为 297 mm ×420 mm；A3 号图纸沿长边对折后成为 A4 号图纸，尺寸为 210 mm ×297 mm。

除了基本的几种图幅，在必要时，图纸幅面可按标准规定加长长边。国家标准规定图纸的短边尺寸不应加长，A0～A3 幅面长边尺寸可加长，但应符合表 2-2 的规定。

表 2-2 建筑工程图的图纸幅面、图框尺寸及格式（加长长边）　　　　单位：mm

幅面代号	长边尺寸	长边加长后尺寸
A0	1189	1338　1487　1635　1784　1932　2081　2230　2387
A1	841	1051　1261　1472　1682　1892　2102
A2	594	743　892　1041　1189　1338　1487　1635　　　1784　1932　2081
A3	420	631　841　1051　1261　1472　1682　1892

注：有特殊需要的图纸，可采用 $b×l$ 为 841 mm×891 mm 与 1189 mm×1261 mm 的幅面。

图纸以短边作为垂直边，称为横式；以短边作为水平边，称为立式。一般 A0～A3 号图纸宜横式使用；必要时，也可立式使用。

一个工程设计中，每个专业所使用的图纸，一般不宜多于两种幅面，不含目录及表格所采用的 A4 幅面。

国家标准对图纸标题栏（简称"图标"）、图框线、幅面线、装订边线和对中标志等的格式和内容都有规定。国家标准规定图纸中应有标题栏，图纸标题栏及装订边的位置应固定，除此之外，横式使用和立式使用的图纸，都应按标准图例规定的形式布置。

图 2-4 是横式图纸的图框尺寸，国家标准除了对图幅和图框的尺寸有所规定，对装订边和标题栏也都有所规定，图框四边都有对中标志。国家标准还规定应根据工程的需要，选择并确定标题栏和会签栏的尺寸、格式、分区。对于横式图纸和立式图纸都有对应的图例规定，需要遵照执行。图 2-5 是横式图纸的标题栏，图 2-6 是立式

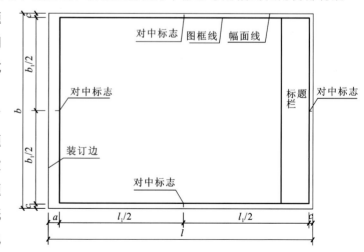

图 2-4　横式图纸的图框尺寸

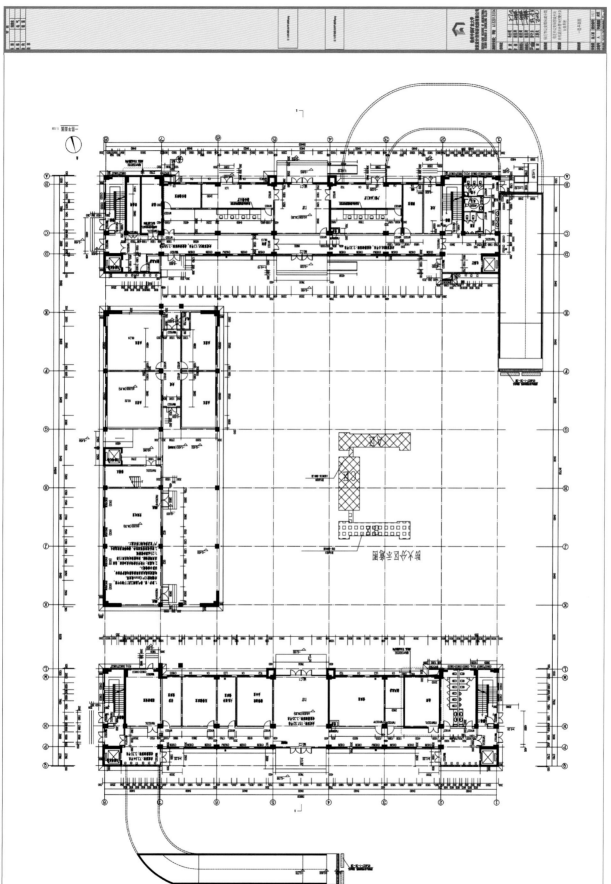

图2-5 横式图纸的标题栏

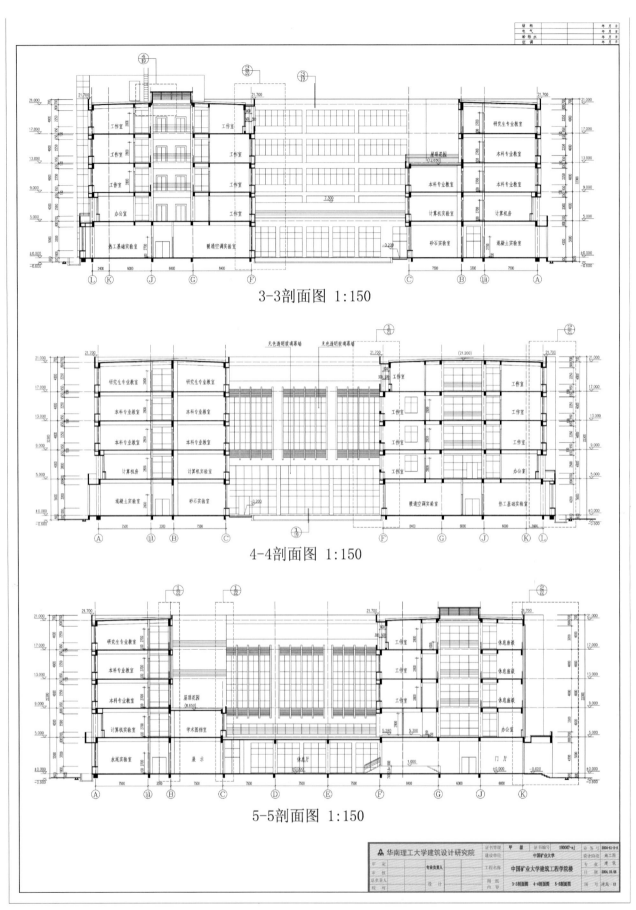

图 2-6　立式图纸的标准栏

图纸的标题栏，国家标准对标题栏里的内容有统一规定，并且对会签栏的尺寸、格式和分区也有明确规定，如图 2-7 所示。

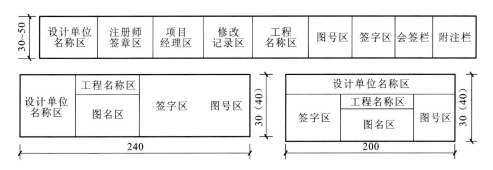

图 2-7　会签栏的尺寸、格式和分区

签字栏应包括实名列和签名列，并应符合下列规定。

① 涉外工程的标题栏内，各项主要内容的中文下方应附有译文，设计单位的上方或左方，应加"中华人民共和国"字样。

② 在计算机辅助制图文件中使用电子签名与认证时，应符合《中华人民共和国电子签名法》的有关规定。

③ 当由两个以上的设计单位合作设计同一个工程时，设计单位名称区可依次列出设计单位名称。

关于会签栏的签名等要求一般适用于施工图阶段出图，这个时候的图纸是具有法律效力的图纸，务必严谨和规范。

（2）图纸编排顺序。

国家标准规定工程图纸应按专业顺序编排，即按图纸目录、设计说明、总图、建筑图、结构图、给水排水图、暖通空调图、电气图的顺序编排，如图 2-8 所示。

图 2-8　图纸编排顺序

各专业的图纸，应按图纸内容的主次关系、逻辑关系进行分类，做到有序排列。比如建筑图，就应该按照总平面图、平面图、立面图、剖面图、节点详图等顺序进行有序排列。

3. 图线

任何工程图样都是采用不同线型和线宽的图线绘制而成的。如图 2-9 所示，这张图纸里面就包含了各种粗细、虚实、样式都不同的线型。

建筑工程制图中各类图线的线型、线宽、用途都是有一定规定的。图线的基本线宽 b，宜按照图纸比例及图纸性质，从 1.4 mm、1.0 mm、0.7 mm、0.5 mm 线宽系列中选取。每个图样，应根据复杂程度与比例大小，先选定基本线宽 b，再从标准给定的表中去选用相应的线宽组。什么是线宽组呢？前面说过，任何工程图样都是采用不同的线型与线宽的图线绘制而成的，一般建筑设计的图纸中会包含粗线、中粗线和细线，这一组粗线、中粗线和细线就成为一组线宽组，如表 2-3 所示。

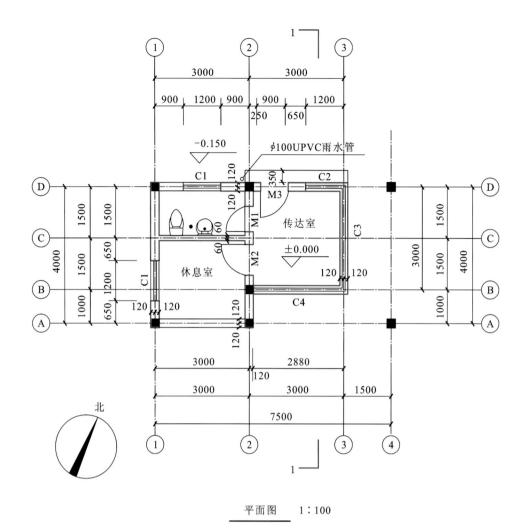

平面图 　1：100

图2-9　某平面图线型

表2-3　线宽组

线宽比	线宽组			
b	1.4	1.0	0.7	0.5
$0.7b$	1.0	0.7	0.5	0.35
$0.5b$	0.7	0.5	0.35	0.25
$0.25b$	0.35	0.25	0.18	0.13

在工程建设制图中，一般粗线表示主要可见轮廓线，中粗线表示可见轮廓线和变更云线，中线表示可见轮廓和尺寸线，细线表示图例填充和家具线等。 此外，不同线宽的虚线、单点长画线、双点长画线以及折断线和浪纹线都应该用于指定的用途。 如表2-4所示表格内有详细的说明。

表2-4　图线

名称		线型	线宽	用途
实线	粗	——————————	b	主要可见轮廓线
	中粗	——————————	$0.7b$	可见轮廓线、变更云线
	中	——————————	$0.5b$	可见轮廓线、尺寸线
	细	——————————	$0.25b$	图例填充线、家具线

名称		线型	线宽	用途
虚线	粗	▬ ▬ ▬ ▬ ▬	b	见各专业制图标准
	中粗	▬ ▬ ▬ ▬ ▬ ▬	$0.7b$	不可见轮廓线
	中	– – – – – – – –	$0.5b$	不可见轮廓线、图例线
	细	------------------------	$0.25b$	图例填充线、家具线

同时,我们还要注意在同一张图纸内,相同比例的各图样,应选用相同的线宽组。 也就是说,对于比例相同的部分,用途相同的图线的线型、线宽应保持一致。 比如,在 1∶100 的图中,一层平面图的墙线为中粗线 0.7 mm,那么这张图纸上其他层平面图的墙线也应该为 0.7 mm。 如果不做规定,线宽随意选择,就会出现墙线粗细不一的情况,影响图面的美观性,也易让人产生误解。

国家标准对图纸的图框和标题栏线的线宽也做了规定,见表 2-5。

表 2-5　图框和标题栏线的线宽

幅面代号	图框线	标题栏外框线对中标志	标题栏分格线幅面线
A0、A1	b	$0.5b$	$0.25b$
A2、A3、A4	b	$0.7b$	$0.35b$

国家标准对图线还有以下要求。

① 相互平行的图线,其净间隙或线中间隙不宜小于 0.2 mm。

② 虚线、单点长画线或双点长画线的线段长度和间隔宜各自相等。 当在较小图形中绘制有困难时,单点长画线或双点长画线可用实线代替。

③ 单点长画线或双点长画线的两端不应采用点。

④ 点画线与点画线交接或点画线与其他图线交接时,应采用线段交接。

⑤ 虚线与虚线交接或虚线与其他图线交接时,应采用线段交接。

⑥ 虚线为实线的延长线时,不得与实线相接。

⑦ 图线不得与文字、数字或符号重叠、混淆,不可避免时,应首先保证文字的清晰。

在进行制图练习时,同学们会逐渐熟悉这些要求。 制图的规范性和严谨性很多时候就体现在能否真正地遵守这些制图规定。 设计制图需要养成端正的学习态度和良好的制图习惯。 我国教育家叶圣陶先生指出:"凡是好的态度和好的方法,都要使它化为习惯。 只有熟练得成了习惯,好的态度才能随时随地表现,好的方法才能随时随地运用。 好像出于本能,一辈子受用不尽。"凡事有正确的态度,养成良好的习惯,一定会受益终生。

国家标准相关
链接推荐

4. 文字、数字和符号

任何一张图纸上都会有文字、数字和符号等内容,那么国家标准对它们又有哪些要求呢? 国家标准规定:图纸上所需书写的文字、数字或符号等,均应笔画清晰、字体端正、排列整齐;标点符号应清楚正确。 国家标准还对文字、数字等的高度、高度和宽度的关系以及笔画宽度、间距要求等做了相关规定,见表 2-6 和表 2-7。

这些规定很简单，但是想要全部记住也不太容易，而且有些将来用电脑制图时，可以自动调出文字，可能也就不需要记忆了。但是，我们至少要知道有这样的规定，以便在遇到这样的问题时去查阅规范。

表 2-6　字高
单位：mm

字体种类	汉字矢量字体			Turn type 字体及非汉字矢量字体		
字高	14	10	7	5	3.5	2.5

表 2-7　字高和字宽的对应关系
单位：mm

字高	3.5	5	7	10	14	20
字宽	2.5	3.5	5	7	10	14

我们要熟记常规的要求，但是随着学习、工作的深入，我们会发现规范和要求太多了，根本记不过来，因此，在今后的学习中，我们要学会如何学习，了解哪些是应该记住并且熟练掌握的内容，哪些是应该知道和了解的内容，一旦遇到，我们应该知道在哪里查阅，养成自主学习的习惯。学习的关键是要知道怎么学。原理性的知识一定要透彻理解，非原理性的知识有些需要牢记，有些则只需要了解，用到的时候能自主学习即可。对于制图而言，很多非原理性的规范要求，多思考、理解，再多加练习就能够掌握，从而变成自己的知识，但是如果单凭死记硬背，则很难记住。

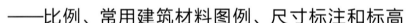

2.2　你应该了解的制图基本规定
——比例、常用建筑材料图例、尺寸标注和标高

第2.2节视频

本节将学习国家标准对比例、常用建筑材料图例、尺寸标注和标高的相关规定。

1. 比例

任何一种设计专业的制图都需要运用到比例概念。这里所说的比例是指将物体或空间以等比例放大或缩小的方式，绘制成图样或者模型。图样的比例应为图形与实物相对应的线性尺寸之比。比例的符号应为"："，比例应以阿拉伯数字表示。有时候，根据需要，也可以用比例尺来表示图面比例。

因为设计对象或大或小，很难按照实际尺寸绘制在图纸上，所以需要把设计对象的实际尺寸放大或者缩小后绘制在图纸上，那么放大或者缩小后的图形尺寸与设计对象实际尺寸之比就是比例，它可以反映出图形相对于实际尺寸放大或者缩小的倍数。

图 2-10 是 1：500 的总平面图，这意味着把整个平面的实际尺寸缩小至原有尺寸的 1/500，绘制在图纸上；图 2-11 是 1：200 的建筑平面图，这意味着把建筑平面的实际尺寸缩小至原有尺寸的 1/200，绘制在图纸上；图 2-12 是 1：50 的室内立面图，这意味着什么呢？这意味着把室内立面的实际尺寸缩小至原有尺寸的 1/50，绘制在图纸上。

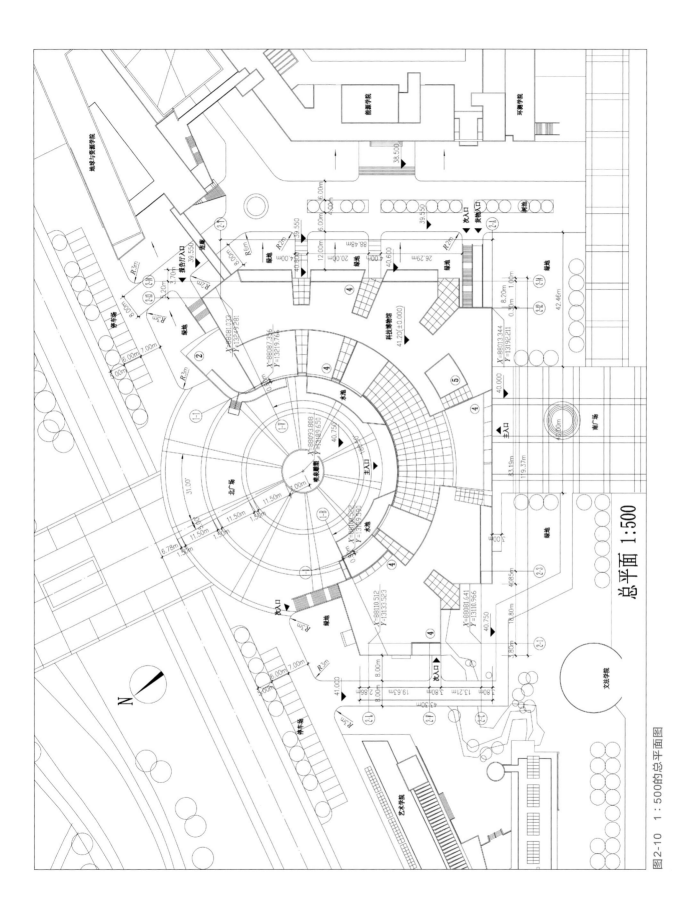

总平面 1:500

图2-10 1:500的总平面图

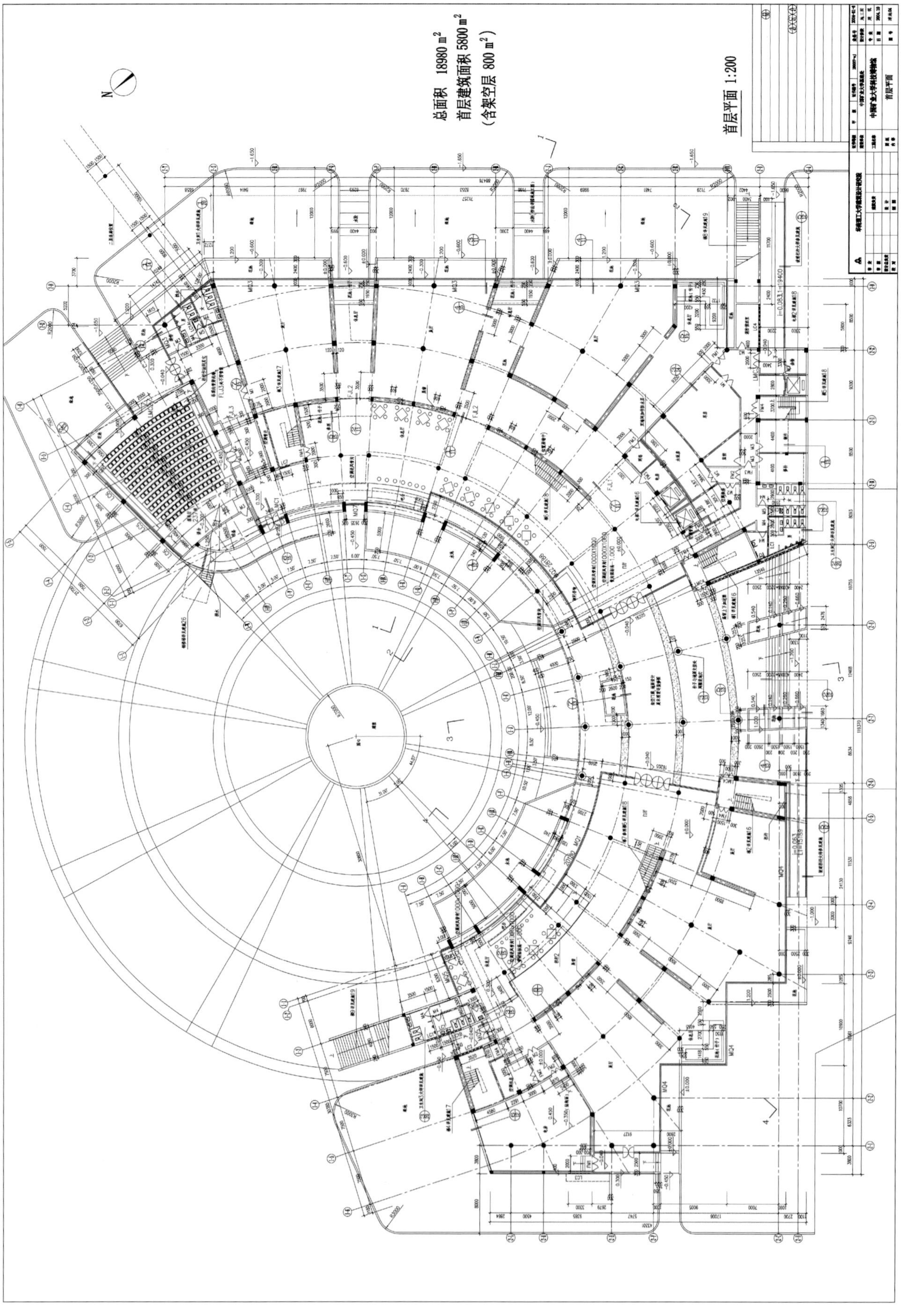

图2-11 1:200的建筑平面图

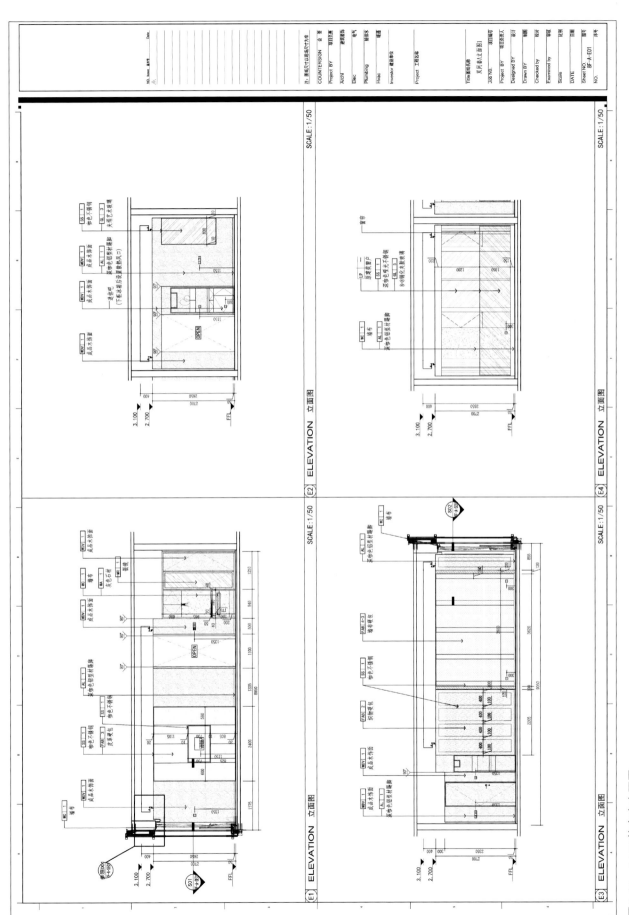

图2-12　1：50的室内立面图

在不同设计类别的制图中，所使用的常规比例会有所不同，因为不同设计类别的设计对象的大小和范围有所不同。

在景观设计领域，规划设计师所面临的基地面积可能有数千公顷或更大，也可能仅有数平方米，因此，需要依据规划设计的面积来决定图面比例的大小，而用纸的规格也会影响图面的比例。设计时应考虑图面的可读性，即是否能够详细表达所要交代的内容，据此来决定如何依照设计需要渐进性地分区，将图面比例放大。例如：先用1：1200或1：1000的比例进行设计构想或全区规划配置设计，再用1：500或1：600的比例进行分区设计，最后用1：200或1：100的比例进行细部分区设计。制图过程中，每个不同比例的图面都有它所要表现的不同层级，如图2-13所示。

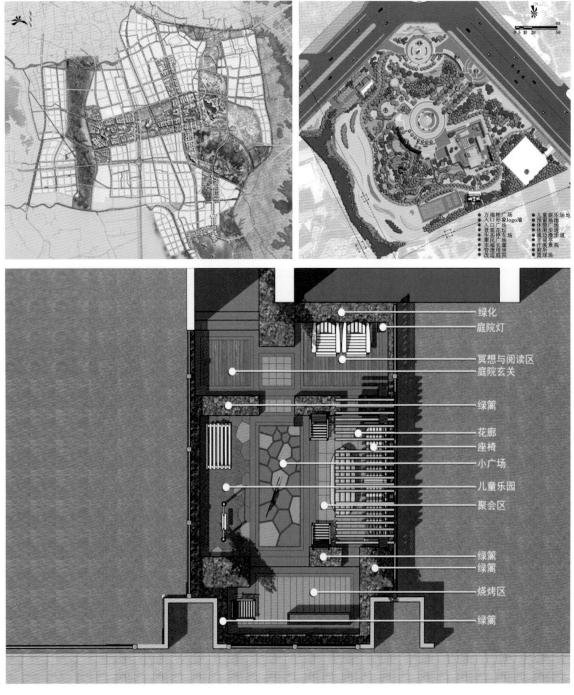

图2-13　不同比例的景观图纸表现不同层级的景观区域

在建筑制图中，总平面图往往选用 1∶1000 或者 1∶500 的比例，而单体建筑往往选用 1∶300、1∶200、1∶100 等比例。 室内设计制图也会根据设计对象面积的不同，选用 1∶200、1∶100、1∶50 等比例，不同比例对线型和材质的表达也会有不同的要求。 这部分会在后续章节加以介绍。 国家标准对这些比例符号的表示方法、标注和选用也都有相应的规定。 绘图所用的比例如表 2-8 所示。

表 2-8　绘图所用的比例

常用比例	1∶1、1∶2、1∶5、1∶10、1∶20、1∶30、1∶50、1∶100、1∶150、1∶200、1∶500、1∶1000、1∶2000
可用比例	1∶3、1∶4、1∶6、1∶15、1∶25、1∶40、1∶60、1∶80、1∶250、1∶300、1∶400、1∶600、1∶5000、1∶10000、1∶20000、1∶50000、1∶100000、1∶200000

虽然规范对比例选用有所规定，但是在特殊情况下也允许自选比例，这时除了应注出绘图比例，还应在适当位置绘制出相应的比例尺。

建筑制图中除了必要的文字，也少不了各种特定用途的符号、定位轴线、材料图例和必要的尺寸标注。

这些符号包括剖切符号、索引符号与详图符号、引出线以及其他各种符号。 因为符号和定位轴线会被用在特定的位置，需要在专业制图中去理解它们的作用，所以，关于符号、定位轴线的画法和使用，后续会结合各个专业详加解释。

2. 常用建筑材料图例

当建筑物或建筑配件被剖切时，通常在图样中的断面轮廓线内画出建筑材料图例。 国家标准规定了常用建筑材料图例的画法，对其尺度比例不作具体规定，绘图时可根据图样大小而定，还对图例线、不同品种的同类材料使用同一图例、两图例相接等情况做了规定。

表 2-9 列出了一些常用的建筑材料图例，它们都固定表达某一些材料，制图时要规范使用，不能随意绘制。建筑材料图例既简单又形象，使建筑材料绘制得以简单化和标准化。

表 2-9　常用建筑材料图例

序号	名称	图例	备注
1	自然土壤		包括各种自然土壤
2	夯实土壤		
3	砂、灰土		
4	砂砾石、碎砖三合土		
5	石材		
6	毛石		

序号	名称	图例	备注
7	实心砖、多孔砖		包括普通砖、多孔砖、混凝土砖等砌体
8	耐火砖		包括耐酸砖等砌体
9	空心砖、空心砌块		包括空心砖、普通或轻骨料混凝土小型空心砌块等砌体
10	加气混凝土		包括加气混凝土砌块砌体、加气混凝土墙板及加气混凝土材料制品等
11	饰面砖		包括铺地砖、玻璃马赛克、陶瓷锦砖、人造大理石等
12	焦渣、矿渣		包括与水泥、石灰等混合而成的材料
13	混凝土		① 包括各种强度等级、骨料、添加剂的混凝土;
14	钢筋混凝土		② 在剖面图上绘制表达钢筋时,则无须绘制图例线; ③ 断面图形较小,不易绘制表达图例线时,可填黑或深灰(灰度宜为70%)
15	多孔材料		包括水泥珍珠岩、沥青珍珠岩、泡沫混凝土、软木、蛭石制品等
16	纤维材料		包括矿棉、岩棉、玻璃棉、麻丝、木丝板、纤维板等
17	泡沫塑料材料		包括聚苯乙烯、聚乙烯、聚氨酯等多聚合物类材料
18	木材		① 上图为横断面,左上图为垫木、木砖或木龙骨; ② 下图为纵断面
19	胶合板		应注明为几层胶合板

要注意的是,当图纸使用的比例小于1∶50的时候,这些材料不需要被画得这么详细,要不然图线会拥挤在一起,也很难看清楚。 所以,以上图例通常在1∶50及以上比例的详图中,才会绘制表达得这么详细。

3. 尺寸标注

尺寸的组成及其标注有基本规定。 如图2-14所示,图样上的尺寸标注应包括尺寸界线、尺寸线、尺寸起止符号和尺寸数字四要素。

标注是由一组线段和数字组成的,在这一组线段和数字中,两端的竖线表明了这一组尺寸线标准尺寸的界线,因此,我们称之为尺寸界线;在尺寸界线中间、数字下方的线,就是尺寸线,标注的数字往往出现在尺寸

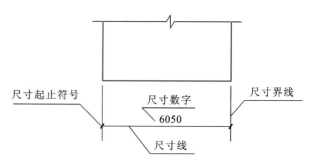

图2-14 尺寸标注四要素

线的上方或者下方位置;两条短斜线是尺寸起止符号,主要是用来界定所标注的尺寸究竟是从哪儿开始,到哪儿结束。 尺寸起止符号虽小,但若缺了它,当在一个连续的尺寸线上绘制多个尺寸数字时,就会很难界定尺寸

数字对应的具体位置。 图 2-15(a)中缺少尺寸起止符号,你能判断出其中的 8000 是指 A、D 轴之间的尺寸,还是 B、C 轴之间的尺寸吗? 没有尺寸起止符号,我们是很难直接确定的。 图 2-15(b)中加入了尺寸起止符号,尺寸标注就更简单、清晰了。

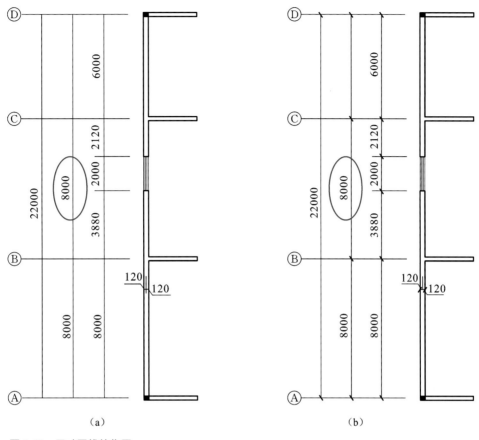

图 2-15　尺寸界线的作用

国家标准规定尺寸界线应用细实线绘制,应与被标注长度垂直。 物体需要被标注的图样边线与尺寸界线是互相垂直的。 无论被标注的图样边线是水平还是倾斜的,尺寸界线都应与其保持垂直。 图样轮廓线可用作尺寸界线。 尺寸界线一端应离开图样轮廓线不小于 2 mm,以免读图的人把标注误解为图样的一部分,引起理解上的错误,如图 2-16 所示。 尺寸界线另一端宜超出尺寸线 2~3 mm,如图 2-17 所示。 需要注意的是,"另一端宜超出尺寸线 2~3 mm"一句中,采用"宜"字表示该规定仅为建议,并不是强制要求。 但是如果标准中采用的词是"应",那就表示必须遵守。 另一端超出尺寸线 2~3 mm 的画法比较清晰和美观。

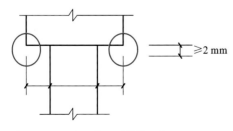

图 2-16　尺寸界线和图样的距离

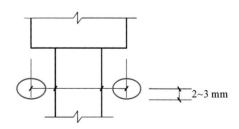

图 2-17　尺寸界线超出尺寸线的距离

国家标准规定尺寸线应用细实线绘制,应与被注长度平行,两端宜以尺寸界线为边界,也可超出尺寸界线

2～3 mm。 图样本身的任何图线均不得用作尺寸线。

尺寸起止符号用中粗斜短线绘制，其倾斜方向应与尺寸界线成顺时针45°角，长度宜为2～3 mm。 轴测图中，用直径为1 mm的小圆点表示尺寸起止符号。 半径、直径、角度与弧长的尺寸起止符号，宜用箭头表示，箭头宽度 *b* 不宜小于1 mm，如图2-18所示。

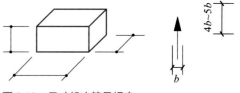

图2-18　尺寸起止符号规定

图样上的尺寸应以尺寸数字为准，不应从图上直接量取。 也就是说，图样上标注的尺寸是设计对象的实际尺寸，而不是图上线段的尺寸。 如图2-19所示，这张建筑平面图中的"6000"标注的就是实际尺寸，只不过按1∶200的比例绘制在了图上。 图样上的尺寸单位，除标高及总平面图以米为单位外，其他必须以毫米为单位。图纸上不需要在数字后写出单位名称。

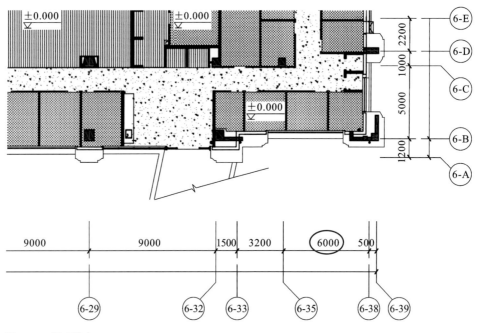

图2-19　尺寸数字

尺寸数字的方向应按图2-20(a)的规定注写，若尺寸数字在30°斜线区域内，也可按图2-20(b)的形式注写。

尺寸数字应依据其方向注写在靠近尺寸线的上方中部。 若没有足够的注写位置，最外边的尺寸数字可注写在尺寸界线的外侧，中间相邻的尺寸数字可上下错开注写，可用引出线表示标注尺寸的位置，如图2-21所示。

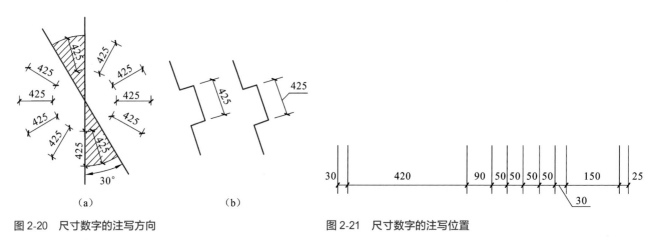

图2-20　尺寸数字的注写方向　　　　　　图2-21　尺寸数字的注写位置

尺寸的排列与布置也是有一定讲究的。国家标准规定，尺寸宜标注在图样轮廓以外，不宜与图线、文字及符号等相交。

图 2-22(a)是一段折墙的标注，各项尺寸都标注在图样轮廓外围。图 2-22(b)是厚度为 490 mm 的一段墙体的标注，标注以墙线作为尺寸界线，把尺寸线和尺寸数字标注在墙体内，墙体内的填充线在数字部分是断开空出来的，避免了与数字相交，使得数字清晰准确，避免误读。

互相平行的尺寸线，应从被注写的图样轮廓线由近向远整齐排列，较小尺寸应离轮廓线较近，较大尺寸应离轮廓线较远。如图 2-23 所示，这是一张建筑平面图的局部，外部有三道尺寸线，靠近墙体的小尺寸标注的是细节尺寸，如从轴线到窗边、从窗边到窗边的尺寸，中间的尺寸线主要是为了标注轴线到轴线的尺寸，最外面的尺寸线标注的是建筑平面中从外墙皮到外墙皮的总尺寸。大家可以发现，越小的尺寸标注得越细致，越靠近建筑轮廓线；最大的尺寸标注在最外侧。其实，这种标注方法是非常符合人的读图习惯的。

国家标准还规定图样轮廓线以外的尺寸界线距图样外轮廓之间的距离不宜小于 10 mm。

平行排列的尺寸线的间距应始终保持一致，一般宜为 7～10 mm。

关于半径、直径、球的尺寸标注，角度、弧度、弧长的尺寸标注，以及薄板厚度、正方形、坡度、非圆曲线的尺寸标注，还有尺寸简化标注等内容，同学们可以扫描第 031 页"国家标准相关链接推荐"二维码进行自主学习。

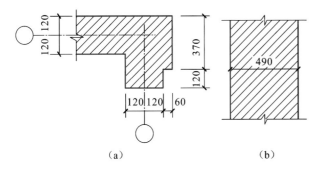

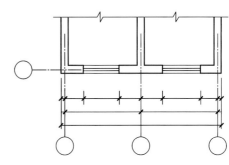

图 2-22　尺寸和数字的注写　　　　　　　　　　　　　图 2-23　尺寸的排列

4. 标高

标高，顾名思义，就是标注高度的符号。标高符号应以等腰直角三角形表示，用细实线绘制，如图 2-24(a)所示的形态；如果标注位置不够，也可按如图 2-24(b)所示形式来绘制。标高符号的具体画法如图 2-24(c)、(d)所示。同学们要注意标高符号绘制时对角度和高度的要求。

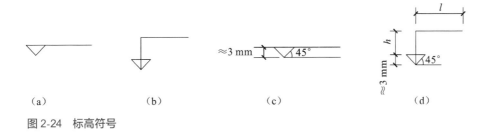

图 2-24　标高符号

总平面图中，室外地坪标高符号宜用涂黑的三角形表示，具体画法如图 2-25 所示。

在标注具体位置的高度时，标高符号的尖端所指横线的位置，就是需要标注高度

图 2-25　总平面图室外
地坪标高符号

的位置。 标高符号尖端宜向下，也可向上。 标高数字应注写在标高符号
的上侧或下侧，如图 2-26 所示。

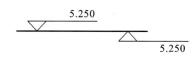

图 2-26　标高符号的指向

标高数字应以米为单位，但是注写和平面尺寸的注写有所不同。 平面
尺寸只需要注写到小数点前一位，如图 2-27 所示，表示轴线间距为 3 m
时，注写 3000 即可。 标高数字要注写到小数点后三位，在总平面图中，可注写到小数点后两位。 高度为 24 m
的位置，标高数字需要注写成 24.000。 零点标高应注写成 ±0.000，正数标高不注 " ＋ "（正号），负数标高应注
" ― "（负号），例如标高为 3.000、―0.600，如图 2-28 所示。

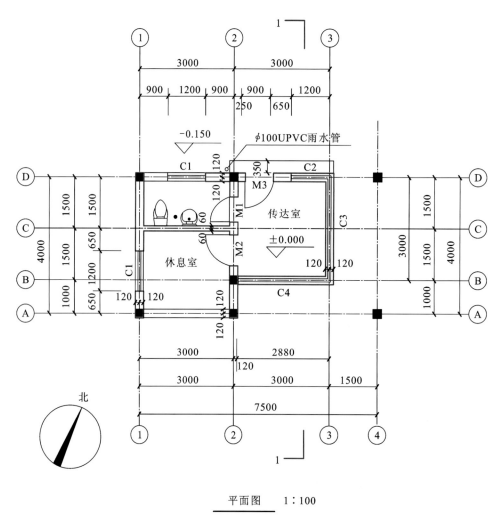

平面图　1∶100

图 2-27　平面尺寸注写

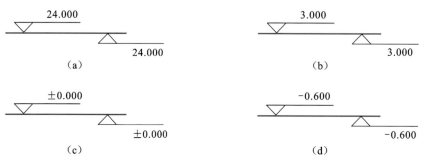

图 2-28　标高数字

如图 2-29（a）所示，建筑平面图中，－0.600 指的是室外地面比±0.000 处低了 0.6 m。 如图 2-29（b）所示，建筑剖面图中的 3.000，指的是本层楼面高度比±0.000 处高 3 m。

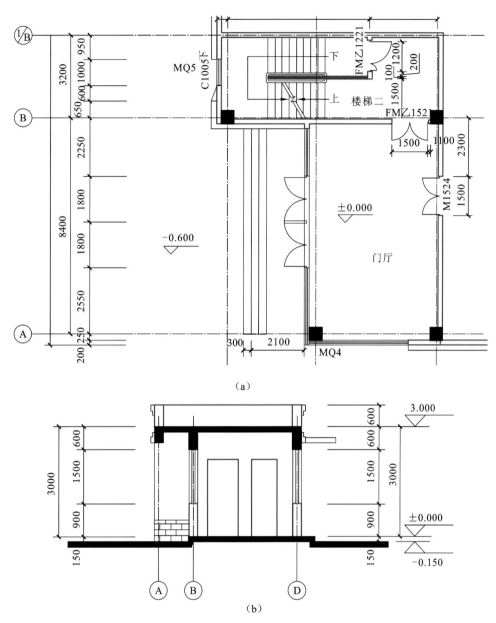

（a）

（b）

图 2-29　建筑平面图和剖面图中的标高

关于标高，我们在建筑、室内和景观的设计制图中都会遇到，一定要准确绘制。

2.3　你应该知道的几种基本的平面图形画法

第2.3节视频

本节我们将学习一些基本的几何作图法，了解平面图形的画法。

2.3.1 几何作图法

几何作图法是指需要用尺规在图纸上求出图形的作图方法。接下来，我们一起来了解一些基本的几何作图方法。

1. 如何等分线段

如何用几何作图的方法来任意等分已知线段呢？ 如图 2-30(a)所示，AB 线段为已知线段，那么，如何三等分 AB 线段呢？ 大家可以在草稿纸上先试着等分一下。

我们可以用辅助线作图法。

(1)过 A 点用尺子画出线段 AE，使 AC＝CD＝DE，如图 2-30(b)所示。

(2)连接 B、E 两点，过 C 点和 D 点分别作 BE 线段的平行线，并分别与 AB 线段相交于 F 点和 G 点，如图 2-30(c)所示。

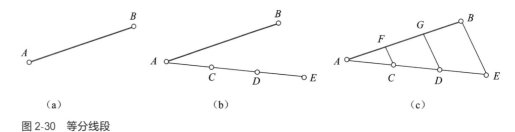

(a)　　　　　　　　　　(b)　　　　　　　　　　(c)

图 2-30　等分线段

这样，我们可以根据平行线等分线段定理——如果一组等距的平行线在一条直线上截得的线段相等，那么在其他直线上截得的线段也相等，判断出这两个交点 F 和 G 正是线段 AB 的三等分点。 这个几何作图方法用来等分线段是不是非常容易呢？

同理，我们可以用这个几何作图方法，轻松求出已知线段的四等分点、五等分点等。

2. 如何等分两平行线间的距离

已知 AB 和 CD 是平行线，那么如何找到 AB 和 CD 之间的等分距离呢？

(1)使用直尺，使直尺刻度线上的 0 点落在 CD 线上，转动尺子，使直尺上的 3 点落在 AB 线上，在对应的 1 和 2 点位置取等分点 M 和 N，如图 2-31(a)所示。

(2)过 M 点、N 点分别做已知直线段 AB、CD 的平行线，如图 2-31(b)所示。

(3)清理图面，加深图线，即得到所求的三等分 AB 和 CD 之间距离的平行线，如图 2-31(c)所示。

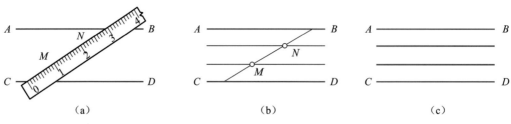

(a)　　　　　　　　　　(b)　　　　　　　　　　(c)

图 2-31　等分两平行线间的距离

3. 如何作正多边形

(1)已知外接圆，作正四边形。

已知外接圆，作正四边形的作图过程如下。 在这里，我们要用到的作图工具有三角板和丁字尺。

① 用45°三角板紧靠丁字尺，过圆心 O 作45°线，交圆周于点 A、B，如图 2-32（a）所示。

② 过点 A、B 分别作水平线、竖直线，与圆周相交，如图 2-32（b）所示。

③ 清理图面，加深图线，这个四边形就是用几何作图法画出来的正四边形，如图 2-32（c）所示。

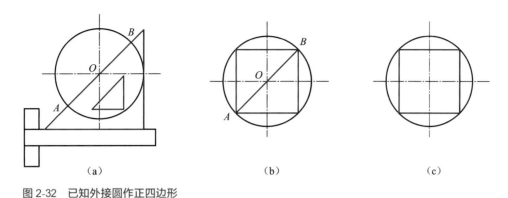

（a）　　　　　　　　　　（b）　　　　　　　　　　（c）

图 2-32　已知外接圆作正四边形

（2）已知外接圆，作正六边形。

接下来，我们学习已知外接圆，作正六边形的作图过程。我们同样要用到三角板和丁字尺，只不过这次用的是60°三角板。

① 用60°三角板紧靠丁字尺，分别过水平中心线与圆周的两个交点作60°斜线，翻转三角板，同样作出另外两条60°斜线。

② 过60°斜线与圆周的交点，分别作上、下两条水平线。

③ 清理图面，加深图线，这个六边形就是用几何作图法画出来的正六边形。

（3）已知外接圆，作正五边形。

四边形和六边形都可以用三角板来作图，那么，正五边形也能借助三角板直接求出来吗？

求正五边形，我们用的就不是三角板了，而是圆规。

① 取半径 OB 的中点 C，如图 2-33（a）所示。

② 以 C 为圆心，以 CD 为半径作弧，交 OA 于 E，以 DE 为半径在圆周上截得各等分点，连接各等分点，如图 2-33（b）所示。

③ 清理图面，加深图线，就得到了所求的正五边形，如图 2-33（c）所示。

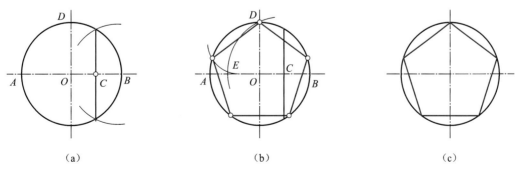

（a）　　　　　　　　　　（b）　　　　　　　　　　（c）

图 2-33　已知外接圆作正五边形

4. 如何求圆弧连接

什么是圆弧连接呢？使直线与圆弧相切或圆弧与圆弧相切来连接已知图线，称为圆弧连接。用来连接已知直线或已知圆弧的圆弧称为连接弧，切点称为连接点。

为了使线段能准确连接，作图时，必须先求出连接弧的圆心和切点的位置。

（1）如何过点作圆的切线。

如图 2-34(a)所示，过点 A 作已知圆的切线。

连接 O、A，取 OA 中点 C；以 C 为圆心，以 OC 为半径画弧，交圆周于点 B；连接 AB，即为所求，如图 2-34(b)所示。 清理图面，加深图线后如图 2-34(c)所示。

本例有两个答案，也就是过 A 点的已知圆的切线有两根。 另一答案与 AB 相对于 OA 对称，作图过程与求作 AB 同理。 这里不再演示，同学们可以自己去求作另一根切线。

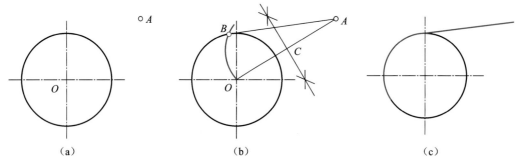

（a）　　　　　　　　　　（b）　　　　　　　　　　（c）

图 2-34　过点作圆的切线

（2）用圆弧连接两斜交直线的作法。

如图 2-35(a)所示，用半径为 R 的圆弧连接两已知的斜交直线。 作图过程如图 2-35(b)所示。

① 分别作距已知直线为 R 的平行线，两平行线的交点 O 即为连接弧的圆心。

② 过圆心 O 作两已知直线的垂线，垂足 M、N 即为切点。

③ 以 O 为圆心，以 R 为半径，自 N 到 M 画弧，即为所求。

同样，我们清理图面和加深图线后，就得到了作图结果，如图 2-35(c)所示。

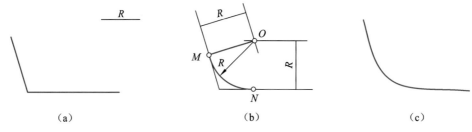

（a）　　　　　　　　　　（b）　　　　　　　　　　（c）

图 2-35　用圆弧连接两斜交直线

圆弧连接遇到的情况比较多，同学们可以对照本讲课件进行自主学习。

5. 如何画出椭圆

以下将介绍已知长轴 AB 和短轴 CD，作椭圆的几种方法。 其中，同心圆法用于求作比较准确的图形，四心法是一种近似作法，八点法用于要求不高的作图。

（1）同心圆法。

同心圆法求作椭圆的作图过程如图 2-36 所示。

① 以 O 为圆心，分别以 AB、CD 为直径，作两个同心圆。

② 过点 O 作若干条射线，交两圆周于 E_1 与 E_2 点。

③ 过点 E_1 作水平线，过点 E_2 作竖直线，则交点 E 就是椭圆上的点，其他各点的作法相同。

④ 依次画出椭圆上的各点后，用曲线板光滑连接各点，即为所求的椭圆。 射线越多，求出来的点越多，椭圆越准确。

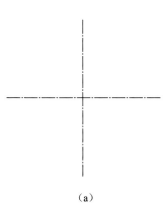

（a）　　　　　　　　　　（b）

图 2-36　同心圆法求作椭圆

（2）四心法。

四心法求作椭圆的作图过程如图 2-37 所示。

① 延长 CD，在延长线上量取 $OK = OA$，得点 K。 连接 A 与 C，并在 AC 上取 $CM = CK$。

② 作 AM 的中垂线，交 OA 于 O_1，交 OD 于 O_2，再取对称点 O_3、O_4。

③ 连接 O_1 与 O_2、O_2 与 O_3、O_3 与 O_4、O_4 与 O_1，并延长这四条连线。

④ 分别以 O_1、O_3 为圆心，以 O_1A、O_3B 为半径画弧，以 O_4、O_2 为圆心，以 O_4D、O_2C 为半径画弧，两弧分别交接于 O_2O_1、O_2O_3、O_4O_3、O_4O_1 的延长线上的点 P、Q、R、S，把它们连接起来，即得所求的近似椭圆。 其中，P、Q、R、S 分别是两圆弧的切点。

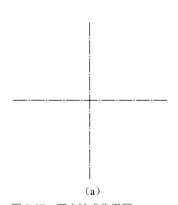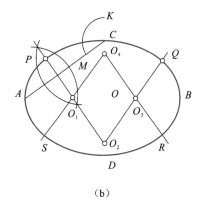

（a）　　　　　　　　　　（b）

图 2-37　四心法求作椭圆

（3）八点法。

八点法求作椭圆的作图过程如图 2-38 所示。

① 过 A、B、C、D 作椭圆外切矩形 1234，连接对角线。

② 以 1C 为斜边，作 45°等腰直角三角形 1KC。 以 C 为圆心，以 CK 为半径作弧，交 14 于 M、N；再自 M、N 引短轴的平行线，与对角线相交得 5、6、7、8 四点。

③ 用曲线板顺序连接点 A、5、C、7、B、8、D、6、A，即得所求的椭圆。

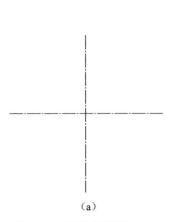

（a）

（b）

图 2-38　八点法求作椭圆

2.3.2　平面图形的分析与作图步骤

在平面图纸上绘制的图都属于平面图形，画图之前，应先了解所要绘制图形对象的特点，明确绘图步骤，这样才便于知道从何处下手去绘制平面图形，也便于知道按怎样的步骤去画图，更科学、高效。 这就需要首先对平面图形进行分析，确定好作图步骤，然后再胸有成竹地下笔去绘制。

平面图形的分析包括尺寸分析和线段分析。 分析图形的主要目的是从尺寸中弄清楚图形中线段之间的关系，从而确定正确的作图步骤。

我们首先需要对平面图形的尺寸进行分析。

分析前先要确定一个尺寸基准的位置。

标注定位尺寸的起点称为尺寸基准。

平面图形的长度方向和高度方向都要确定一个尺寸基准。

在平面图形中，尺寸基准常常选取比较有特点的位置，通常以图形的主轴线、对称线、中心线及较长的直轮廓边线作为定位尺寸的基准。

如图 2-39 所示例图是把对称线作为左右方向的尺寸基准，扶手的底边作为上下方向的尺寸基准。 有时同一方向的尺寸基准不止一个，同一尺寸有可能既是定形尺寸，又是定位尺寸。 图 2-39 中的尺寸 80 既是扶手的定形尺寸，又是左右两侧外凸圆弧的定位尺寸。

进行尺寸分析后，我们要确定定形尺寸和定位尺寸。 那么，什么是定形尺寸和定位尺寸呢？

平面图形的尺寸按其作用可分为定形尺寸和定位尺寸两类。

确定图中线段长度、圆弧半径、角度等的尺寸称为定形尺寸，如图 2-39 中所示的 R78、图形底部的 R13 是用来确定圆弧大小的尺寸，60 和 64 是用来确定扶手上下方向和左右方向的尺寸，这些尺寸都属于定形尺寸。

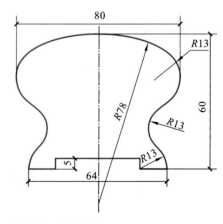

图 2-39　扶手断面

确定图中各部分线段或图形之间相互位置的尺寸称为定位尺寸。 平面图形的定位尺寸有左右和上下两个方向的尺寸。 每一个方向的尺寸都需要有一个标注尺寸的起点。

从尺寸基准出发，通过各定位尺寸，可确定图形中各个部分的相对位置，再通过各定形尺寸，确定图形中各个部分的大小，从而完全确定整个图形的形状和大小，准确地画出平面图形，如图 2-40 所示。

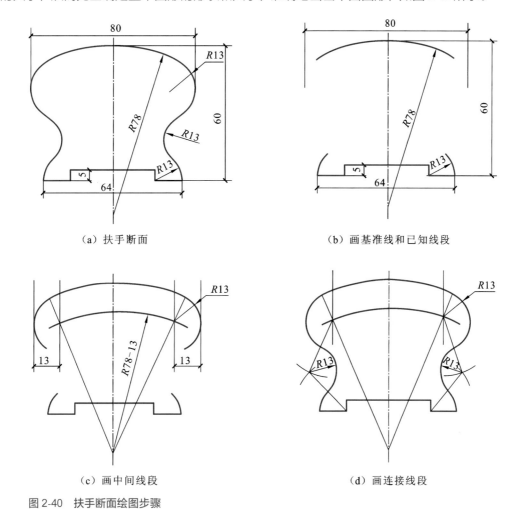

（a）扶手断面　　　　　　　　　　　　　　　（b）画基准线和已知线段

（c）画中间线段　　　　　　　　　　　　　　（d）画连接线段

图 2-40　扶手断面绘图步骤

之后，我们需要对尺寸进行标注，那么就要了解尺寸标注的基本要求。

平面图形的尺寸标注要做到正确、完整、清晰。

"正确"是指标注尺寸应符合国家标准的规定。

"完整"是指标注尺寸应该没有遗漏尺寸，也没有矛盾尺寸，一般情况下不注写重复尺寸，包括通过现有尺寸计算或作图后可获得的尺寸在内，但是，在需要时，也允许标注重复尺寸。

"清晰" 是指尺寸标注得清楚、明显，并标注在便于看图的地方。

图 2-39 所示例图，是一般图样的尺寸标注，在后续的课程中，我们将会学习各种专业工程制图中的尺寸标注要求。

如图 2-41 所示，抄绘平面图形的步骤如下。

① 分析平面图形、尺寸基准，以及与圆弧连接的线段，拟定作图顺序。

② 按选定的比例画底稿，先画与尺寸基准有关的作图基线，再顺次画出已知线段、中间线段、连接线段。图形完成后，画尺寸线和尺寸界线，并校核修正底稿，清理图面。

③ 按规定线型加深或上墨，注写尺寸数字，再次校核修正。

这样，便完成了抄绘这个平面图形的任务。

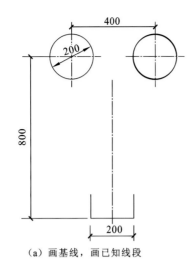

（a）画基线，画已知线段

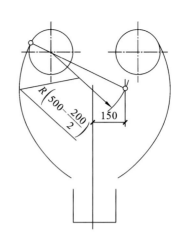

（b）画中间线段

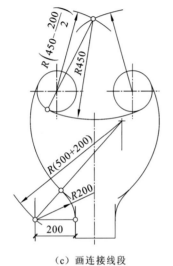

（c）画连接线段

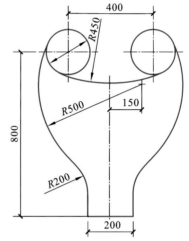

（d）标注尺寸，清理图面，校核，加深

图 2-41　抄绘平面图形的步骤

本章要点

（1）了解与设计专业制图相关的国家标准。

（2）掌握《房屋建筑制图统一标准》（GB/T 50001—2017）等国家标准中有关图幅、比例、字体、图线、尺寸标注等的基本规定。

（3）掌握基本的平面图形画法。

独立思考

（1）为什么要制定《房屋建筑制图统一标准》等国家标准？　与建筑学和环境设计专业制图相关的国家标准有哪些？

（2）思考各种线型的用途，课下进行识图训练。

（3）熟悉常用的建筑材料图例，并进行抄绘练习。

（4）思考室内制图、景观制图和建筑制图三者之间的关系。

（5）思考总平面图、平面图、立面图和剖面图中标高绘制的异同。

（6）建筑制图、室内制图、景观制图常用的图纸绘制比例有哪些？

03

投影法的基本知识

我们生活在一个三维空间里，在这个三维空间里，形体都有长度、宽度和高度，如何在一张只有长度和宽度的图纸上，准确而全面地表达出形体的形状和大小呢？

请准备好图板、绘图纸、铅笔、三角板、直尺等工具，试着画出你最熟悉的住宅楼形体。

3.1　投影的形成与分类

第3.1节视频

投影是绘制工程图样的基础，它是如何形成与分类的？　各种投影都有什么特征？　本节从投影原理开始，为工程图样的绘制与阅读奠定必要的理论基础。

3.1.1　投影的形成

假设要画出一个房屋形体的图形，可在形体前面给一个光源 S，那么在光线的照射下，形体将在它背后的平面 P 上投下一个灰黑色的多边形的影，如图 3-1(a)所示。　这个影只能反映形体的轮廓，而无法表达形体的形状。　假设这些光都能穿透形体，各个顶点和各条侧棱就都能在平面 P 上投下它们的影，那么，点和线的影将组成一个能够反映出形体形状的图形，这个图形通常称为形体的投影，如图 3-1(b)所示。　光源 S 称为投影中心。　投影所在的平面 P 称为投影面。　连接投影中心与形体上的点的直线称为投影线。　通过一点的投影线与投影面 P 相交，所得交点就是该点在平面 P 上的投影。　用这种方法作出形体的投影方法，称为投影法。

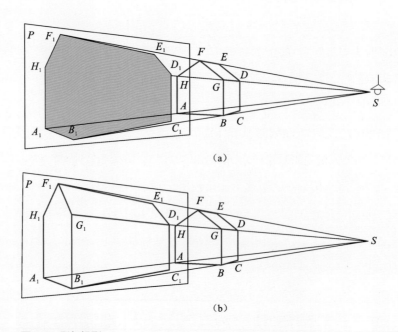

图 3-1　影与投影

3.1.2 投影的分类

根据投影线平行与否，投影可分为中心投影和平行投影两大类。

投影中心 S 在有限的距离内，发出放射状的投影线，用这些投影线作出的投影，称为中心投影。 如图 3-2 (a) 中的铁丝 $ABCDE$ 在 H 面上的投影 $abcde$，即为铁丝的中心投影。

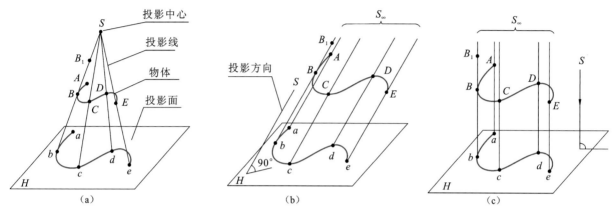

图 3-2　中心投影与平行投影

当投影中心 S 是无限远处的 S_∞ 时，投影线将依一定的投影方向平行地投射下来，这种情况就是平行投影，如图 3-2(b)、(c) 所示。

陈从周简介

投影图的应用非常广泛，如进行建筑及环境改造，就需要绘制以现状测绘数据为基础的平面图、立面图以及构造与细部图，其绘制精度关系着形体空间记录的详细程度。 20 世纪 90 年代以前的古典园林测绘，以传统的人工单点接触式测绘为主，包括尺量、绳测、步测、基准格网坐标量测等，测绘手段简单、成本低廉。 图 3-3(a) 是一张拙政园平面测绘图纸，是著名古建筑园林艺术学家陈从周于 1954—1956 年，带领同济大学建筑系师生对拙政园进行测绘后完成的。 陈从周的代表作《苏州园林》是第一本研究苏州园林的专著。 在这本书里，陈从周提出了"江南园林甲天下，苏州园林甲江南"的观点。 图 3-3(a) 较为清晰地记录了拙政园的平面布局，但平面图中建筑的描绘以屋顶平面表达为主，缺乏对柱网结构的描述，同时，对于植物的描述较简单，图例单一，无植物品种标识。 图 3-3(b) 是用无人机摄影测量并进行影像数据处理的数字正射影像图 (digital orthophoto map，DOM)，该图分辨率高，最接近人眼感官的色彩效果，并且呈现出了地物地貌。 因无人机摄影测量技术所获得的数字正射影像图是地物的直接呈现，且具有 GPS 地理定位数据，故其整体布局的数据精度最接近真实值，可信度较高，对于常绿植物和落叶植物统计有明显优势，但无人机摄影测量过程中也存在一定的误差，会影响研究成果的准确性。 随着科技的发展，数据获取与处理技术将更加发达，能获得更为准确的三维空间信息图像。

随着人工智能的发展，绘图已不再依赖手工，但徒手作图及工具制图在形象思维训练上仍具有相当大的优势和潜力。 在作图过程中，通过看图将信息传递给大脑，通过大脑的形象思维产生空间立体形象，并用手绘表达出来，眼、脑、手、图并用，可以判断所绘的图是否正确，从而激发大脑产生新的图形、新的思维，重复这个过程，将极大地提升空间想象能力。

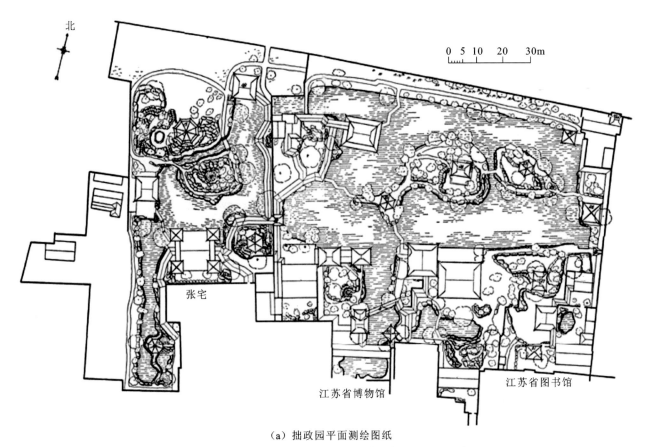

（a）拙政园平面测绘图纸

（图片来源：陈从周.苏州园林[M].上海：同济大学出版社，2018.）

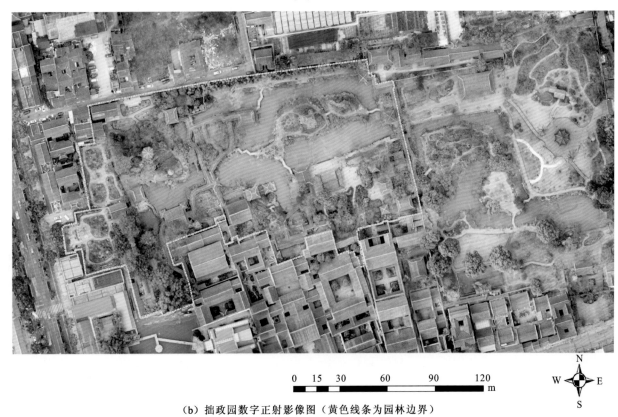

（b）拙政园数字正射影像图（黄色线条为园林边界）

（图片来源：朱灵茜，张青萍，李卫正，等.近百年拙政园平面测绘精度评估与研究[J].中国园林，2020，36（4）:139-144.）

图 3-3　拙政园平面测绘图纸和数字正射影像图

平行投影又可分为斜投影和正投影，如图 3-4 所示。

斜投影的投射线是与投影面相倾斜的平行线。斜投影通常形成的是立体图形，即轴测图，有时在图上可以直接反映物体的真实尺寸。

正投影的投射线是与投影面相垂直的平行线。正投影可以反映出物体投影面的真实形状和尺寸，因此工程图样主要采用正投影表示。

用不同的投影方法可以画出同一个物体在设计中常用的几种投影图，如图 3-5 所示。

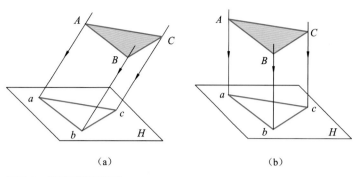

（a） （b）

图 3-4　斜投影和正投影

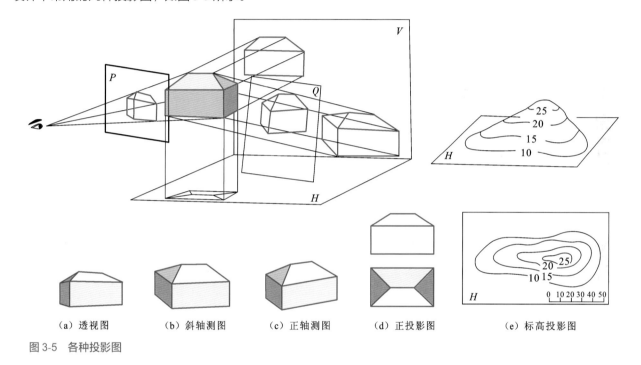

（a）透视图　　（b）斜轴测图　　（c）正轴测图　　（d）正投影图　　（e）标高投影图

图 3-5　各种投影图

① 用中心投影法可以在画面上画出透视图，但透视图上不能量出物体的实际尺寸，图形有近大远小的特点，如图 3-5（a）所示。

② 用斜平行投影法在平行于房屋一个侧面的投影面上作出斜轴测图。斜轴测图能反映房屋的长、宽、高，也能反映房屋一个侧面的真实形状和大小，有一定的立体感，但其他侧面形状却失真，如图 3-5（b）所示，形体中的矩形被投影成平行四边形。

③ 用正投影法在一个不平行于房屋任一向度的投影面 Q 上作出正轴测图，如 3-5（c）所示。正轴测图看起来比斜轴测图自然一些，但不反映任何一个侧面的真实形状和大小。与斜轴测图一样，在一定条件下，正轴测图上可以度量出各线段的长度。

④ 用正投影法在两个或两个以上相互垂直并分别平行于房屋主要侧面的投影面上，例如 V 面和 H 面上，作出形体的正投影，并把所得正投影按一定规则画在同一个平面上，如图 3-5（d）所示。这种图是由两个或两个以上正投影组合而成的，可以用来确定形体在空间中的唯一位置。它能如实地反映房屋各主要侧面的形状和大小，便于度量，作图简单，是绘制工程图样的主要方法，缺点是立体感不强。

⑤ 用正投影法还可将地面的等高线投射在水平投影面上，并标注出各等高线的标高，从而表达出地形。这种带有标高、用来表示地面形状的正投影图，称为标高投影图，如图 3-5（e）所示，图上会有作图的比例尺。

中国在各种图示法(如正投影、轴测、透视)的应用方面有较远的历史和较高的水平。 在绘画实践中，有平行透视特征的作品是屡见不鲜的，如图 3-6 所示。 此图分为上、中、下三个部分，上部描绘的是各种菩萨荟

图 3-6　敦煌莫高窟第 61 窟局部

（图片来源：荆琦摄）

临五台山上空赴会；中部描绘的是五台山五个主要山峰以及大寺院情况，有各种奇异画面穿插于五峰；下部描绘的则是通往五台山的道路，包括从山西太原到河北镇州沿途的地理情况，充满日常生活气息。 在此图中建筑及院落都按照俯瞰的视觉规律画成了平行四边形，展示了古代劳动人民朴素的绘画技法。

　　中国古代甚至发展出了专门以建筑园林为题材的应用透视画法的绘画——界画。 界画以准确、细致地描绘亭、台、楼、阁、舟、车、器物等见长。 界画起源于古代建筑工匠在建筑实施之前对建筑的描摹，为了准确、严谨地表达建筑的形象，工匠借助界笔、直尺等工具作画。 同时，古代文人作画不是单纯描绘自然风光，而是通过人物、宫观、屋宇、桥梁、舟船等对画面起到点景的作用，突出作者虽寄情山水但心怀天下的处世哲学。 为了严谨、细致地展现上述内容，文人借助建筑工匠的表现手法，界画这一画科由此诞生。 纵观界画的发展历史，界画始终与传统建筑互相滋养、相伴相随，这也为研究中国古代园林的发展提供了丰富的资料。 图3-7为清代王云的《休园图》局部，该图所示的夏日荷塘真实再现了中国古代园林的山水之美。 画面展现了盛夏之际，园主与宾客在轩内观塘赏荷，静默无语，好似一池山水孕育着无限风光，人的心性也似被这池水涤荡得洁净空明。

图 3-7　清代王云《休园图》局部

(图片来源：兰青，段渊古.画境与心境——界画中的中国古代园林意境营造[J].美术教育研究,2020(5):13-15.)

3.2 三视图的形成及其投影规律

第3.2节视频

　　设计师需要用图纸来交流和记录想法，清晰准确的图纸是设计师的语言。 三视图是设计师要掌握的最基础的形体表达方法。

3.2.1 平行投影的特性

1. 度量性

假设有一个基础形体模型 A，由一大一小两个长方体组成，如何才能确切而全面地用投影表达出它的形状大小，使工匠能够根据这些投影把它制造出来呢？ 可以用投影法作出它的两面投影，如图 3-8 所示。 在模型的下面放置一个平行于底面的水平投影面 H，简称 H 面。 垂直于投影面 H 面的平行投影线在 H 面的投影就是形体模型 A 的水平投影，或者叫 H 投影。

用相同的方法可以在垂直于投影面的 V 面上画出形体 A 的正立面投影，或者称 V 投影。 形体 A 的 V 投影和 H 投影可以反映它的实际形状和实际尺寸。 把这样的图纸交给制作者，他们就可以直接从图纸上量出形体 A 的长度、宽度和高度，把这件形体制作出来。 这种可以直接从形体的平行投影上度量出物体形状和大小的这种特性，叫作度量性。

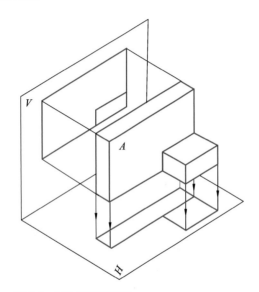

图 3-8　物体的两面投影

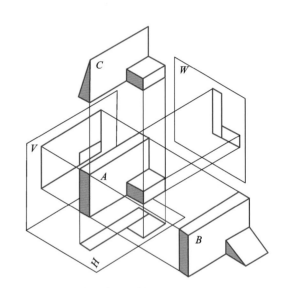

图 3-9　三面投影的必要性

2. 积聚性

当直线或平面图形平行于投影线时，其平行投影积聚为一点或一直线，这种特性称为积聚性。

有时，形体两个面的投影并不能准确地表现出形体。 如图 3-9 所示的三个基础形体 A、B、C，它们均由一大一小两个形体组合而成，其中，组合形体 A、B 的其中一个形体是完全相同的大长方体，组合形体 A、C 的其中一个小长方体也是完全相同的。 根据平行投影的特性，组合形体 A、B、C 在 H 面上的正投影、V 面上的水平投影是完全一样的。 在这种情况下，只用正投影和水平投影图表示的形体不具有唯一性。 此时必须用 V、H、W 投影共同表示一个形体 A。

3. 正投影的投影关系

V 面、H 面和 W 面共同组成一个三投影面体系，这三个投影面分别两两相交于三条投影轴。 V 面和 H 面的交线称为 OX 轴；H 面和 W 面的交线称为 OY 轴；V 面和 W 面的交线称为 OZ 轴。 三轴线的交点 O，称为原点，如图 3-10(a)所示。

  展开三个投影面时，规定 V 面固定不动，使 H 面绕 OX 轴向下旋转，W 面绕 OZ 轴向右旋转，直到都与 V 面处于同一个平面上，这时 OY 轴分两条，一条随 H 面转到与 OZ 轴处于同一铅垂线上，标注为 OY_H；另一条随 W 面转到与 OX 轴在同一水平线上，标注为 OY_W，以示区别，如图 3-10(b)所示。

  投影面展开后，V、H 两个投影左右对齐，这种关系称为"长对正"，V、W 投影都反映形体的高度，展开后这两个投影上下对齐，这种关系称为"高平齐"，H、W 投影都反映形体的宽度，这种关系称为"宽相等"，这三个重要的关系称为正投影的投影关系，如图 3-10(c)所示。

  正面投影 V 投影、水平投影 H 投影和侧面投影 W 投影组成的投影图，称为三面投影图。作图时，"长对正"可以将 V 投影上的形状和尺寸反映在 H 投影上，"高平齐"可以将 V 投影与 W 投影拉平，"宽相等"可以利用以原点 O 为圆心所作的圆弧，或利用从原点 O 引出的 45°线将宽度在 H 投影与 W 投影之间互相转移，如图 3-10(d)所示。

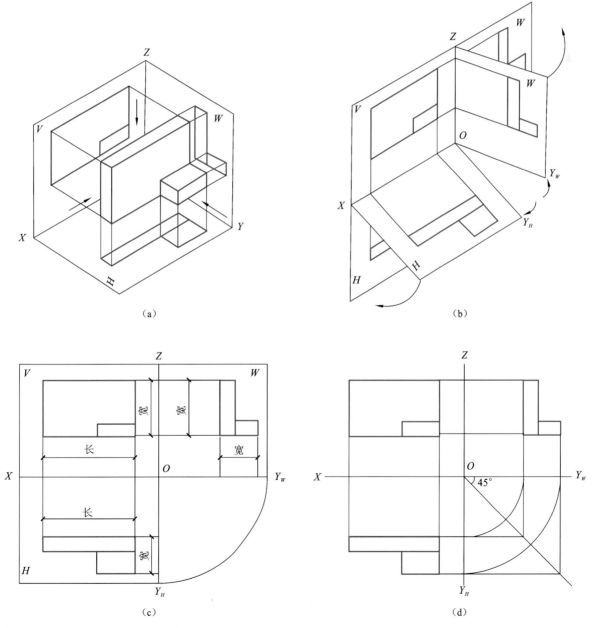

图 3-10　三投影面体系和三面投影图

3.2.2 基本视图

1. 视图的形成

形体的方向在投影图上也有反映。 形体有前、后、上、下、左、右六个方向。 主视图表示的是从前往后投影，俯视图表示从上向下投影，左视图表示从左向右投影，右视图表示从右向左投影，仰视图表示从下向上投影，后视图表示从后向前投影，如图 3-11 所示。

- 主视图
  从前向后投影
- 俯视图
  从上向下投影
- 左视图
  从左向右投影
- 右视图
  从右向左投影
- 仰视图
  从下向上投影
- 后视图
  从后向前投影

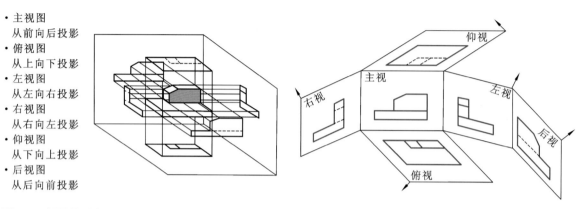

图 3-11　视图的形成

六个基本视图的度量关系仍然遵守"长对正，高平齐，宽相等"的规律，除后视图外，靠近主视图的一边一般是物体的后面，远离主视图的一边是物体的前面，如图 3-12 所示。

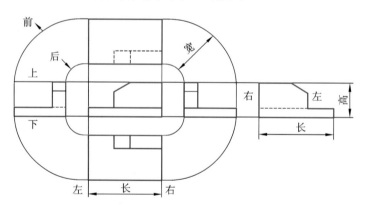

图 3-12　六个基本视图和投影对应关系

2. 基本投影与基本投影面

对一般形体来说，用三个投影已经足够确定其形状和大小，所以 V、H、W 三个投影称为基本投影，V 面、H 面和 W 面称为基本投影面，一个形体需要画多少个投影才能表达清楚，取决于形体本身的形状。 如果用三个投影还不能表达清楚，可以增加几个投影来表达。

3. 投影图的运用

投影图不仅在各类工程制图中运用广泛，还能相互配合与衔接，用来分析具体环境场景，如图 3-13 所示，对乾隆花园的空间序列分析是由文字解析、透视图、平面图、剖立面图组合而成，全面展示了以人的体验为中心的空间结构特点，画面个性鲜明，引人入胜。

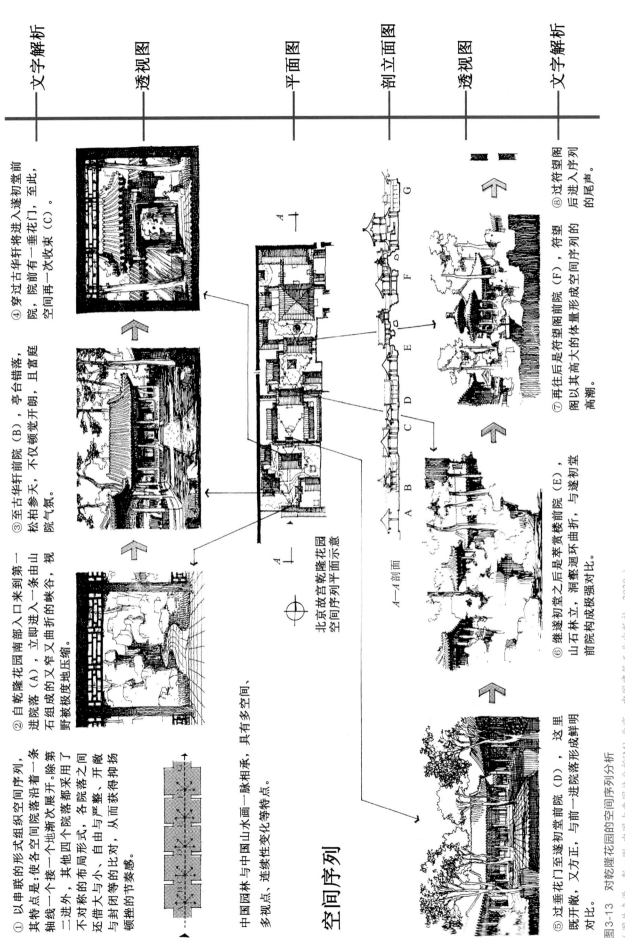

① 以串联的形式组织空间序列，其特点是：使各空间院落沿着一条轴线一个接一个地渐次展开。除第二进外，其他四个院落都采用了不对称的布局形式，各院落之间还借景大与小、自由与严整、开敞与封闭等的比对，从而获得抑扬顿挫的节奏感。

② 自乾隆花园南部入口来到第一进院落（A），立即进入由山石组成的又窄又曲折的峡谷，视野被极度地压缩。

③ 至古华轩前院（B），亭台错落，松柏参天，不仅顿觉开朗，且富庭院气氛。

④ 穿过古华轩将进入遂初堂前院，院前有一垂花门，至此，空间再一次收束（C）。

⑤ 过垂花门至遂初堂前院（D），这里既开敞，又方正，与前一进院落形成鲜明对比。

⑥ 继遂初堂之后是萃赏楼前院（E），山石林立，洞壑迴环曲折，与遂初堂前院构成极强对比。

⑦ 再往后是符望阁前院（F），符望阁以其高大的体量成为空间序列的高潮。

⑧ 过符望阁后院后进入序列的尾声。

中国园林与中国山水画一脉相承，具有多空间，多视点，连续性变化等特点。

空间序列

北京故宫乾隆花园空间序列平面示意

A-A 剖面

图3-13 对乾隆花园的空间序列分析

（图片来源：彭一刚. 中国古典园林分析[M]. 北京：中国建筑工业出版社，2020.）

3.3 点、线、面、体的投影

3.3.1 点的投影

1. 点投影的作用

图 3-14 是麻省理工大学校园内的一张照片，对照片上这组建筑物及其附属楼群（包括几栋裙楼以及门、窗等）的形体进行分析，可以认为它们是由一些简单几何体叠砌或切割而成的。 这些简单的形体由各个侧面围成，各侧面相交于多条侧棱，侧棱又相交于多个顶点，如果把这些关键顶点的投影画出来，再用直线将各点的投影一一连接，就可以做出一个形体的投影。 因此，点是形体最基本的元素，点的投影是线、面、体的投影基础。

2. 点的三面投影

一个投影不能确定点在空间中的位置，至少需要两个投影才能确定。 如果已知一个点的 V 面、H 面的两个投影，可以利用投影规律求它的第三个投影。

如图 3-15(a)所示，在 V、H 两投影面中，过空间中的点 A 作投影线，分别垂直于 H、V 两面，得出点 A 的 H 投影 a 和 V 投影 a'。 投影线 Aa 和 Aa' 所决定的平面，

图 3-14 麻省理工大学建筑形体拆解

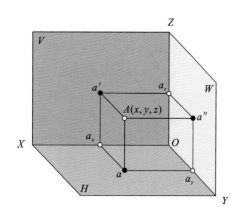

（a）

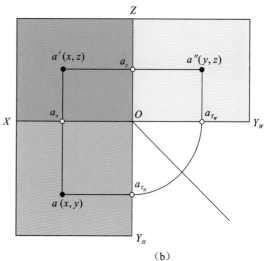

（b）

图 3-15 点的投影

与 H 面、V 面垂直相交，V 面和 H 面的交线 OX 必定垂直于 Aa 和 Aa' 所决定的平面，同时也垂直于该平面上过 a 和 a' 点的投影线，两条投影线的夹角也一定是 90°。将 V、H 两投影面展开之后，图 3-15（b）中的两个直角保持不变，合起来等于 180°，即 $a'a$ 成为一条垂直于 OX 的直线。

那么，这里的正投影规律是一点在两个投影面上的投影连线一定垂直于这两个投影面的交线，即垂直于投影轴。

3. 点的三面投影的正投影关系

A 的三面投影 a、a'、a'' 之间有如下三项正投影关系。

① 根据上述正投影规律可知，$aa' \perp OX$，且 OX 规定画成水平线，因此，一点的正面投影和水平投影必在同一铅直连线上。

② 根据上述正投影规律可知，a' 和 a'' 的连线一定垂直于 V 面和 W 面的交线 OZ。且 OZ 规定画成铅直线，因此，一点的正面投影和侧面投影必在同一水平连线上。

③ H 面和 W 面都垂直于 V 面，$aa_x = a''a_z = Aa'$，因此，一点的水平投影到 OX 轴的距离等于该点的侧面投影到 OZ 轴的距离，且都反映该点到 V 面的距离。

投影面的边框对作图没有作用，可以不画。

【例 3-1】 已知点 A 的 V 投影 a' 和 W 投影 a''，试求其 H 投影。

如图 3-16 所示，过已知投影 a' 作 OX 的垂直线，所求的 a 必在这条连线上。同时，a 到 OX 轴的距离必然等于 a'' 到 OZ 轴的距离。因此，截取 aa_x 等于已知的 $a''a_z$，定出 a 点。

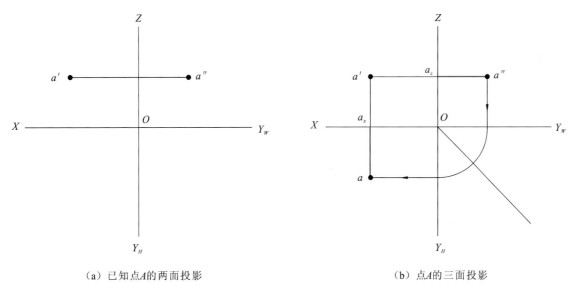

（a）已知点 A 的两面投影　　　　　　　　（b）点 A 的三面投影

图 3-16　求点的 H 投影

3.3.2　投影面垂直线

投影面垂直线垂直于某一个投影面，因而平行于另外两个投影面。垂直于 V 面的正面垂直线简称正垂线，垂直于 H 面的水平面垂直线简称铅垂线，垂直于 W 面的侧面垂直线简称侧垂线，如图 3-17 所示。

投影面垂直线的投影特点：投影面垂直线在它所垂直的投影面上的投影积聚为一点。由于投影面垂直线与其他两投影面平行，其上各点与相应的投影面等距，所以其他两个投影平行于相应的投影轴，并反映该线段的实长。

应注意：一条直线只要有一个投影积聚为一点，它必然是一条投影面垂直线，并垂直于积聚投影所在的投影面。

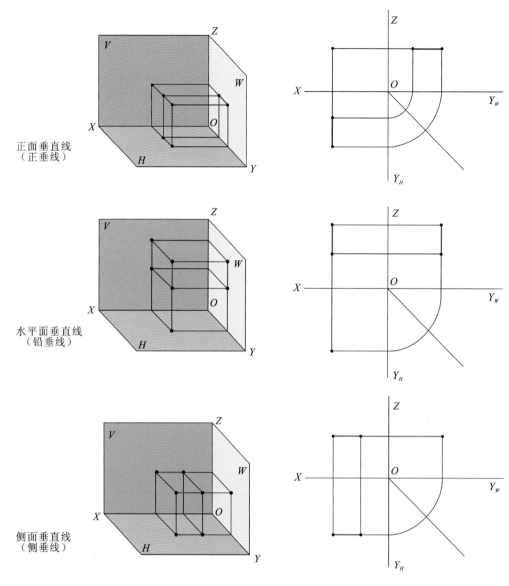

正面垂直线
（正垂线）

水平面垂直线
（铅垂线）

侧面垂直线
（侧垂线）

图 3-17　投影面垂直线

3.3.3　投影面平行线

投影面平行线平行于某一个投影面，但倾斜于其余两个投影面，如图 3-18 所示。

投影面平行线的投影特点：投影面平行线在它所平行的投影面上的投影是倾斜的，反映实长。这个实形投影与投影轴的夹角反映该投影面平行线对相应投影面倾角的实形。

应注意：一条直线如果有一个投影平行于投影轴，而另一个投影倾斜时，它就是一条投影面平行线，平行于该倾斜投影所在的投影面。

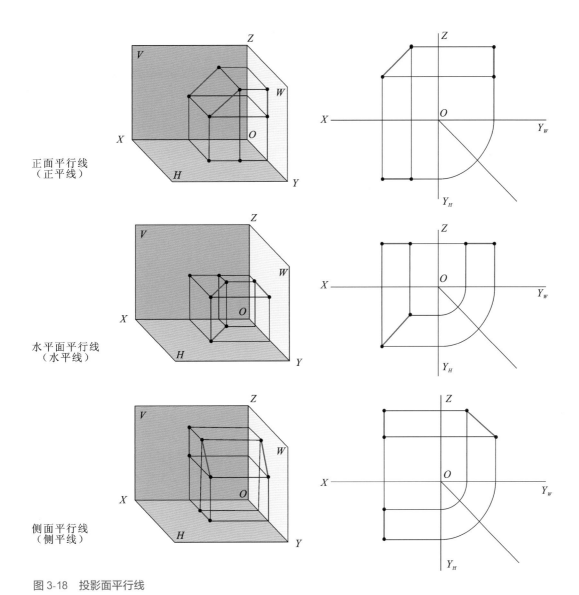

正面平行线
（正平线）

水平面平行线
（水平线）

侧面平行线
（侧平线）

图 3-18 投影面平行线

【例 3-2】 如图 3-19（a）所示，已知侧平线 AB 的 V、H 投影，以及线上一点 C 的 V 投影 c′，试求点 C 的 H 投影。

侧平线即侧面平行线。侧平线的 V、H 投影 a′b′ 和 ab 在同一个铅直方向上，无法根据 c′ 直接在 ab 上找到 c，要先作出 AB 的 W 投影 a″b″，然后根据 c′ 作 c″，再根据 c″ 作 c，如图 3-19（b）所示。

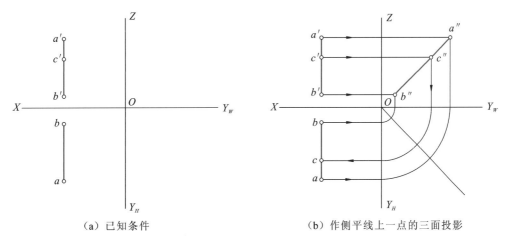

（a）已知条件   （b）作侧平线上一点的三面投影

图 3-19 侧平线上一点的 H 投影

3.3.4　一般位置线

一般位置线由于对投影面倾斜，它的投影不反映线段的实长。 它的投影与投影轴的夹角也不反映线段对投影面的倾角的实形。 如图 3-20 所示，无论是 ab 还是 a'b' 都不反映线段 AB 的实长。 那么在作图时，可以画出一般位置线上两个点的投影，将它们相连来找一般位置线的投影。

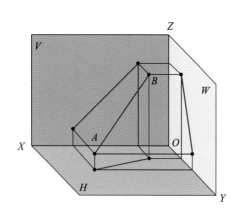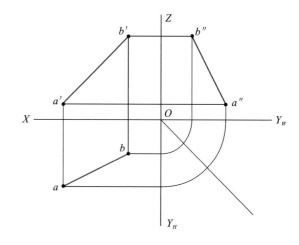

图 3-20　一般位置线

3.3.5　投影面垂直面

投影面垂直面的空间位置：投影面垂直面只垂直于某一个投影面，对其余投影面则倾斜，如图 3-21 所示。

投影面垂直面的投影特征：投影面垂直面在它所垂直的投影面上的投影积聚为一条倾斜线。 这个积聚投影与投影轴的夹角反映该平面对投影面的倾角。 倾角是指平面与投影面所夹的二面角。 投影面垂直面的其他投影都比真实形状要小，但反映原平面图形的类似形状。

应注意：一个平面只要有一个投影积聚为一条倾斜线，它必然垂直于积聚投影所在的投影面。

3.3.6　投影面平行面

面是广阔无边的，面在空间中的位置可以用不在同一直线上的三个点来确定。 在空间中的平面相对于基本投影面也有三种不同的位置，即平行、垂直和一般位置。

投影面平行面平行于某一个投影面，因而垂直于其余两个投影面，如图 3-22 所示。

投影面平行面的投影特点：投影面平行面在它所平行的投影面上的投影，反映该平面图形的实际形状。 由于投影面平行面又同时垂直于其他投影面，所以它的其他投影各积聚为一直线，平行于投影轴。

应注意：一个平面只要有一个投影积聚为一条平行于投影轴的直线，该平面就平行于非积聚投影所在的投影面。 那个非积聚投影反映该平面图形的真实形状。

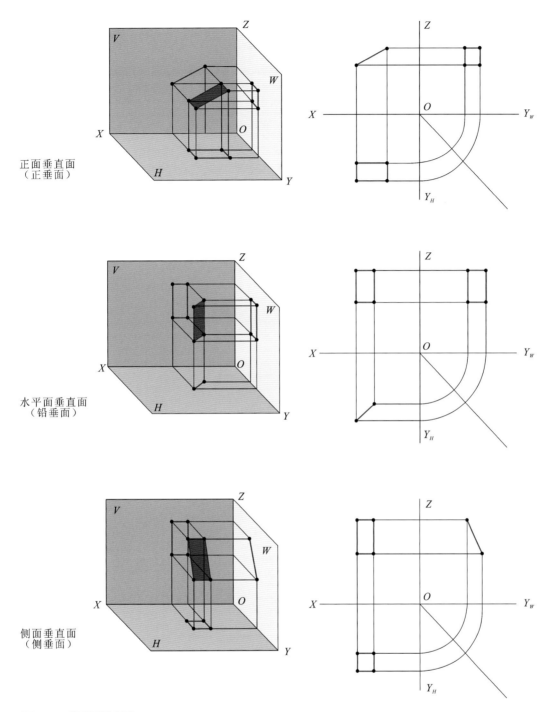

正面垂直面
（正垂面）

水平面垂直面
（铅垂面）

侧面垂直面
（侧垂面）

图 3-21　投影面垂直面

3.3.7　一般位置面

一般位置面的空间位置：一般位置面对三个投影面都倾斜，如图 3-23 所示。

一般位置面的投影特点：一般位置面的三个投影都没有积聚性，而且都反映原平面图形的类似形状，但比平面图形本身的真实形状要小。

应注意：一个平面的三个投影如果都是平面图形，它一定是而且必须是一般位置面。

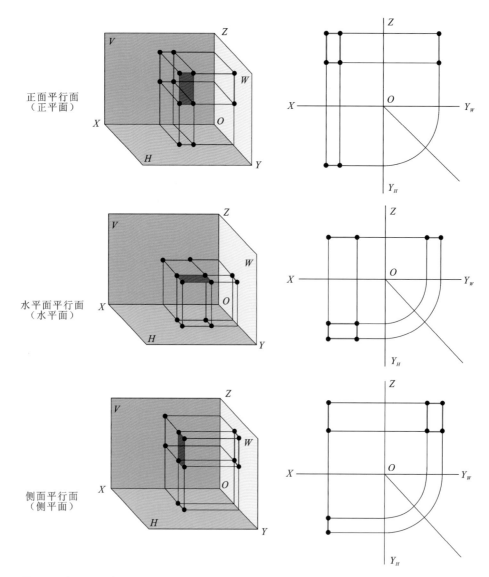

正面平行面
（正平面）

水平面平行面
（水平面）

侧面平行面
（侧平面）

图 3-22　投影面平行面

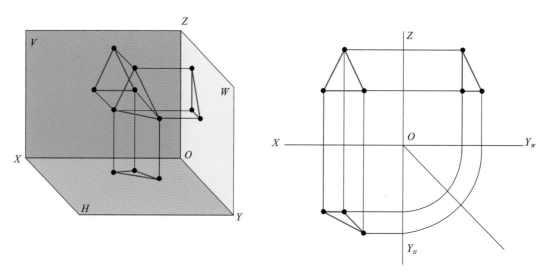

图 3-23　一般位置面

3.3.8 画形体三视图的步骤与要点

画形体三视图的步骤与要点如图 3-24 所示。

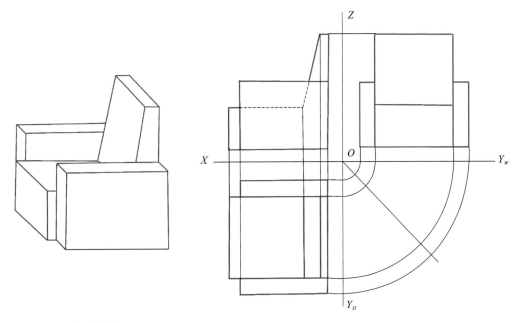

图 3-24　形体三视图

（1）观察形体的形状特征。 形体由若干侧面和底面围成。 作图之前，应先研究形体的特征，选择能反映形体主要特征的面作为主视图。

（2）一定要使形体处于稳定状态，要使投影面尽量平行于形体的主要侧面和侧棱，以便作出更多的实形投影。

（3）确定视图的数量，使物体在三个投影方向上都看得见结构。

本章要点

（1）三视图的投影规律。

（2）投影面体系的形成。

（3）利用已知条件求点的投影。

独立思考

（1）投影的种类有哪些？ 分别可以画出哪几种图？

（2）平行投影的特性有哪些？

（3）形体的基本视图有哪些，都是怎样形成的？

（4）已知一个点的 V 面、H 面的两个投影，如何求它的第三个投影？

（5）空间中的平面，相对于基本投影面有哪几种位置，分别有什么特征？

（6）画形体三视图的步骤和要点有哪些？

04

轴测投影图和透视投影图

轴测投影图和透视投影图经常用来表达设计意图。轴测投影作为一种平行投影,可以同时表现形体的长、宽、高三个方向的形状,并且具有立体感和可度量性。透视投影图虽然不能直接用来度量物体的长、宽、高等,但在效果表达上更接近人的真实观感。这两种投影图都是设计中常用的图示手段。

4.1 轴测投影的基本知识

第4.1节视频

1. 正投影图与正轴测图的对比

正投影图的优点是能够完整、准确地表示形体的形状和大小,而且作图简便,所以在设计实践中被广泛采用,但由于正投影图缺乏立体感,我们要经过一定的训练,有一定的读图能力才能看懂。

图 4-1(a)为物体的三面正投影图,因为每个投影只反映出形体的长、宽、高三个向度中的两个,缺乏立体感,所以不容易看出形体的形状。 而形体的正轴测图,如图 4-1(b)所示,仅需一幅单面的平行投影图,因为投影方向不平行于任一坐标轴和坐标面,所以能在一个投影中同时反映出形体的长、宽、高和不平行于投影方向的平面,具有较好的立体感,比较容易看出形体各部分的形状,还可以沿着图上的长、宽、高三个向度来度量尺寸。

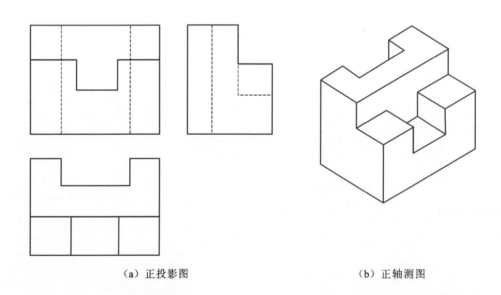

（a）正投影图　　　　　　　　　　　　（b）正轴测图

图 4-1　形体正投影图和正轴测图

轴测图有立体感是它的优点,但它也存在缺点。 一是轴测图对形体表达不全面,如图4-1(b)中的形体,它后面的槽开到什么位置,没有表示清楚;二是轴测图没有反映出形体各个侧面的真实形状,如形体上各侧面在轴测图中由矩形变成了平行四边形。

2. 轴测图的表现优势

轴测图（axonometric drawing）有自身的表现优势，可以在复杂中明确规则。 一些看起来混乱的复杂事物中往往暗含确定的规则，《设计心理学》一书的作者唐纳德·诺曼（Donald Norman）曾以混乱的书桌为例说明这种情况，看起来很凌乱的书桌隐藏了一些秩序。 他用"复杂"来描述世界的真实状态，用"费解"来描述思维的状态。"复杂"是千真万确的现实图景，换句话说，"复杂"是不可避免的；而"费解"则出自面对现实时的无能为力。 轴测图是一种抵抗"费解"的方式，它通过设置秩序、 确立规则来构筑范式，以此建构复杂世界，旨在帮助我们驯服与管理"复杂"，使迷惑和混沌变得清晰。

设计心理学

轴测图作为一种"准科学"图像，本着便于测量与制造的目的，将物体的平面、 立面、剖面同时呈现，弥补了其他投影图的损失信息，为建造者和研究者提供了精确的几何证明。 如图 4-2 所示，轴测图可以很清晰地表达建筑、水系、道路以及植物。 从本质上说，轴测图就是一个驯服"复杂"、管理"复杂" 的知识体系。

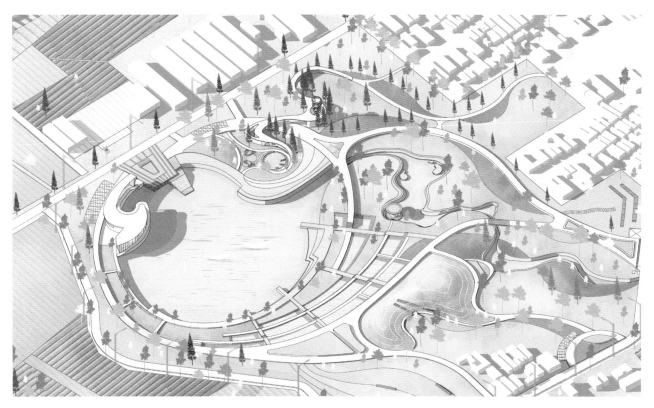

图 4-2　滨水空间轴测图表达

（图片来源：中国矿业大学环境设计专业吴桐设计及制图）

4.1.1　轴测图的形成

　　如图 4-3 所示，正投影图是将形体的主要侧面安放在平行于投影面的位置，由垂直于画面 P 的平行光线所形成的， 如果这些光线不垂直于画面，投影方向就会倾斜于投影面 P，所得到的就是斜轴测投影图。 如果投射方向 S 与轴测投影面 P 垂直，物体是倾斜放置的，物体上的三个坐标面和 P 面都斜交，这样所得的投影图称为正轴测投影图。

在轴测投影中，投影面 P 为轴测投影面。

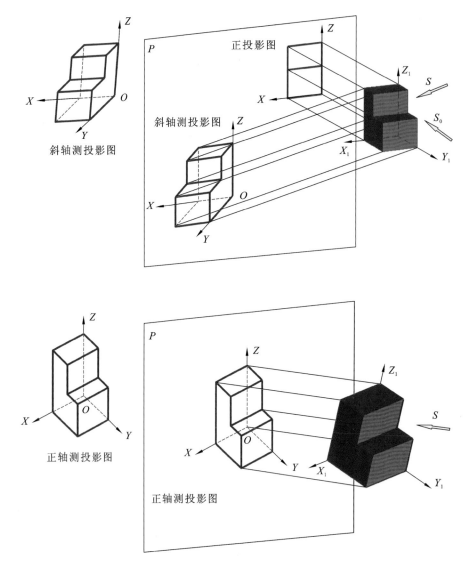

图 4-3　斜轴测投影图和正轴测投影图

4.1.2　轴测轴、轴间角和轴向伸缩率

三条坐标轴 OX、OY、OZ 的轴测投影 $O'X'$、$O'Y'$、$O'Z'$，称为轴测轴。

如图 4-4 所示，轴测轴之间的夹角，即 $\angle X'O'Y'$、$\angle X'O'Z'$、$\angle Y'O'Z'$，称为轴间角。在画图时，规定把 $O'Z'$ 轴画成铅直方向，$O'X'$ 和 $O'Y'$ 与水平线的夹角分别标记为 φ 和 σ，称为轴倾角。

轴测轴某段长度与它的实长之比，如设 $O'A_1/OA = p$，$O'B_1/OB = q$，$O'C_1/OC = r$，则 p、q、r 称为轴向伸缩率；方向 S 称为轴测投影方向，S 的 H 投影 s 和 V 投影 s' 与 OX 轴的夹角，分别标记为 ε_1 和 ε_2。

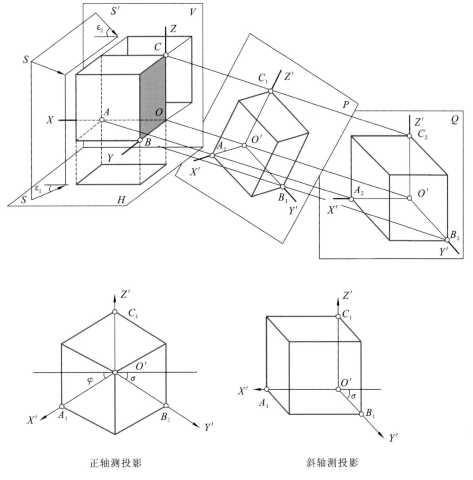

正轴测投影　　　　　　　　斜轴测投影

图 4-4　轴测投影

4.1.3　轴测投影的特征

（1）空间中互相平行的直线，它们的轴测投影仍然互相平行，因此，形体上平行于三个坐标轴的线段，在轴测投影上都分别平行于相应的轴测轴。

（2）空间中互相平行两线段的长度之比，等于它们平行投影的长度之比，因此，形体上平行于坐标轴的线段的轴测投影与线段实长之比，等于相应的轴向伸缩率。

4.2　正轴测投影

第4.2节视频

当投影方向 S 与轴测投影面 P 相互垂直时，所得的轴测投影称为正轴测投影。 轴测投影面 P 的位置或投影方向一经确定，两个轴倾角 φ 和 σ，三个轴向伸缩率 p、q、r，投影方向 ε_1、ε_2 之间的相互关系就可以根据式（4-1）~式（4-5）确定。

$$p^2 + q^2 + r^2 = 2 \tag{4-1}$$

$$\cos\varphi = \frac{\sqrt{1-q^2}}{p \cdot r} \tag{4-2}$$

$$\cos\sigma = \frac{\sqrt{1-p^2}}{q \cdot r} \tag{4-3}$$

$$\cos\varepsilon_2 = r \cdot \cos\sigma \tag{4-4}$$

$$\cos\varepsilon_1 = q \cdot \cos\sigma \tag{4-5}$$

五个方程式中一共有七个未知数，只要我们按实际需要给出其中两个数，就可以代入方程式，算出其余五个数值。根据三个轴向伸缩率之间不同的关系，正轴测投影可分为正等轴测投影、正二轴测投影和正三轴测投影。下面详细介绍正等轴测图画法。

正等轴测投影中三个轴向伸缩率相等，即$p=q=r$。正等轴测投影是最常用的一种轴测投影，它的两个轴倾角都是30°，通过计算，可得$p=q=r=0.82$，$\varphi=\sigma=30°$，在绘图中为了方便操作将它的轴向伸缩率简化为1，轴与轴之间的夹角是120°，此时画出来的图形比实际的轴测投影要大，这样可以直接按实际尺寸作图，如图4-5所示。

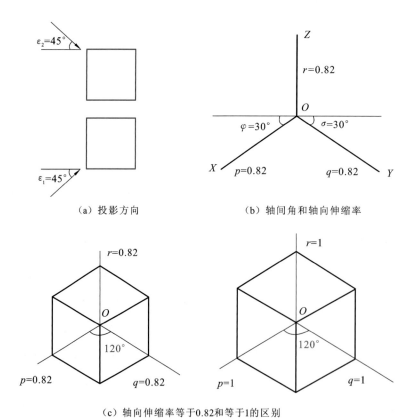

（a）投影方向　　　　　　　　（b）轴间角和轴向伸缩率

（c）轴向伸缩率等于0.82和等于1的区别

图4-5　正等轴测图

【例4-1】　已知基础的投影图，如图4-6(a)所示，求作它的正等轴测图。

分析与作图

(1)先分析该基础，想象它的实体是什么样，该基础由下部棱柱和上部棱台组成，可先画棱柱，再画棱台。

(2)画轴测轴时，应使OZ保持竖直，X轴、Z轴、Y轴之间的夹角均为120°，然后沿OX方向截取底面长度x_1，沿

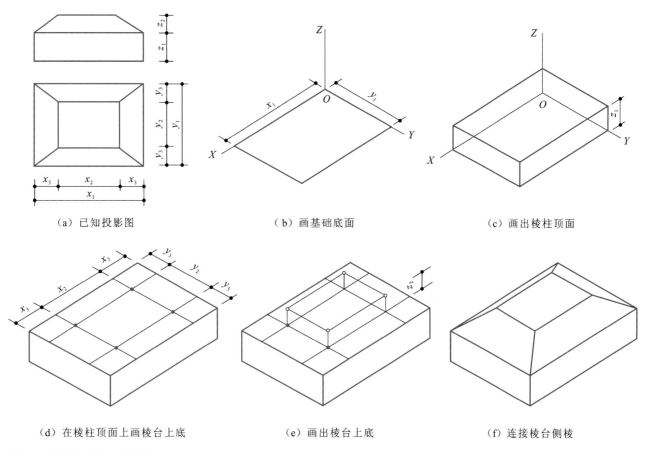

（a）已知投影图　　　　　　　　（b）画基础底面　　　　　　　　（c）画出棱柱顶面

（d）在棱柱顶面上画棱台上底　　　（e）画出棱台上底　　　　　　　（f）连接棱台侧棱

图 4-6　基础的正等轴测图画法

OY 方向截取宽度 y_1，画出棱柱底面［图 4-6（b）］。

（3）从底面各个顶点引铅直线，截取棱柱高度 z_1，连接各顶点，即可得到棱柱的正等轴测图。在一般情况下，画轴测图时不可见的线条就不用画了［图 4-6（c）］。

（4）棱台下面的底面与棱柱顶面重合。棱台的侧棱是一般线，其投影方向和伸缩率都未知，只能先画出它们的两个端点，然后连成斜线。要找出棱台顶面的四个顶点，可先画出它们在棱柱顶面上的投影，即棱台四顶点在棱柱顶面（也就是平行于底面 H 面）上的次投影，再画出竖向高度。为此，从棱柱顶面的顶点起，分别沿 OX 方向量取 x_3,x_2，沿 OY 方向量取 y_3,y_2，并各自引直线相应地平行于 oy 和 ox，得到四个交点［图 4-6（d）］。

（5）从已作出的四个交点，也就是次投影，竖向高度 z_2，得到棱台顶面的四个顶点［图 4-6（e）］。连接这四个顶点，得到棱台的顶面。这种根据一点的 X、Y、Z 坐标，作出该点轴测图的方法，称为坐标法。

（6）用直线连接棱台顶面和底面的对应顶点，作出棱台的侧棱，完成基础的正等轴测图。擦掉辅助线，描清楚形体［图 4-6（f）］。

【例 4-2】　已知如图 4-7（a）所示的台阶的投影图，求做台阶的正等轴测图。

分析与作图

（1）作图前应进行形体分析和形体猜想，图中的台阶由两侧栏板和三级踏步组成。以一侧栏板面和底面建立投影面体系，再逐个画出两侧栏板，然后再画踏步。

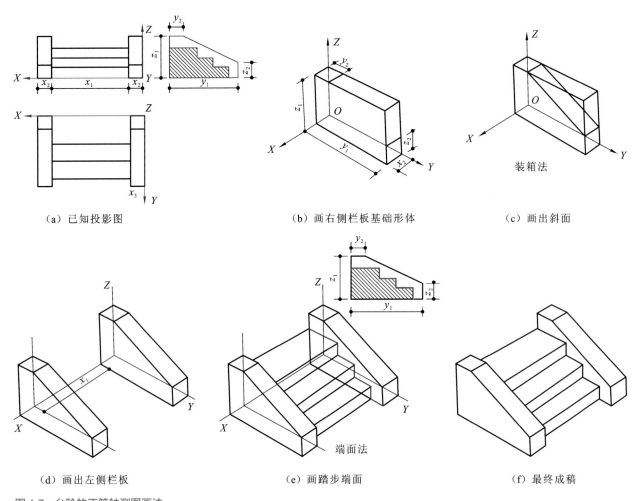

（a）已知投影图　　　　　　　（b）画右侧栏板基础形体　　　　　　（c）画出斜面

（d）画出左侧栏板　　　　　　（e）画踏步端面　　　　　　（f）最终成稿

图 4-7　台阶的正等轴测图画法

画侧栏板时,应先根据侧栏板的长、宽、高画出一个长方体,就是在 Y 轴截取 y_1 的长度,Z 轴截取 z_1 的长度,画出一侧栏板面,然后在 X 轴上截取 x_1 的长度,画出另一侧栏板面。斜面上斜边的方向和伸缩率都未知,只能先画出斜面的两条平行于 OX 方向的边,然后连接对应点,画出斜边。作图时,先在长方体顶面沿 OY 方向量 y_2,然后在正面沿 OZ 方向量 z_2,并分别引线平行于 OX[图 4-7(b)]。

（2）切去一角,画出斜面[图 4-7(c)]。这种做法好像是把侧栏板恰好装在一个长方体箱子里面,可以称为装箱法。

画出两斜边,得到栏板斜面后,可以用同样的方法画出另一栏板,注意要沿 OX 方向量出两栏板之间的距离 x_1[图 4-7(d)]。

（3）画踏步[图 4-7(e)]。一般在右侧栏板的内侧面(平行于 W 的面)上,先按踏步的侧面投影形状,画出踏步端面的正等轴测图,即画出各踏步在栏板内侧面上的次投影。注意每级高度和宽度的画法。

遇到底面比较复杂的棱柱体,可以先画端面,这种方法称为端面法。过端面各顶点引线平行于 OX,就得到完整的踏步了。

（4）擦掉辅助线,完善图像[图 4-7(f)]。

从以上两个例题可以看出,作轴测图始终是按三根轴测轴和三个轴向伸缩率来确定长、宽、高的方向和尺寸的。对于不平行于轴测轴的斜线,可以采用"坐标法"和"装箱法"来完成。

4.3 斜轴测投影

当投影方向倾斜于轴测投影面时，所得的斜投影叫作斜轴测投影。 以 V 面或 V 面的平行面作为轴测投影面，所得的斜轴测投影称为正面斜轴测投影。 以 H 面或 H 面的平行面作为轴测投影面，得到的则是水平面斜轴测投影。 画斜轴测图与画正轴测图一样，也是要先确定轴间角、轴向伸缩率、轴测类型和投影方向。

4.3.1 正面斜轴测投影

如图 4-8 所示，当空间形体的正面投影面（XOZ 面）与轴测投影面 P 平行或重合时，投影方向与投影面倾斜形成的正面斜轴测投影能同时反映出形体的三个向度，具有立体感。

斜轴测投影有以下特点。

（1）不管投影方向如何倾斜，平行于轴测投影面的平面图形，它的正面斜轴测图反映实形。如图 4-9（a）所示的砖，它的前侧面的正面斜轴测图是一个与砖前侧面形状、大小完全相等的矩形。 换句话说，正面斜轴测图中 $O'Z'$ 和 $O'X'$ 之间的轴间角是 90°，即 $\varphi = 0°$，两者的轴向伸缩率都等于 1，即 $p = r = 1$。 这个特性使得斜轴测图

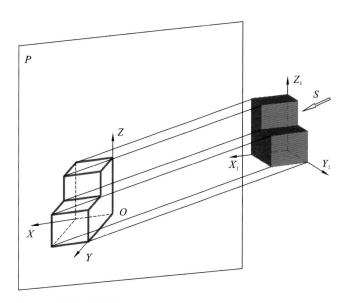

图 4-8　正面斜轴测图

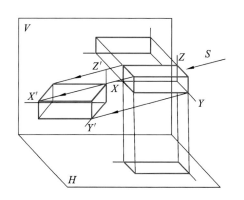

（a）砖的正面斜轴测图投影

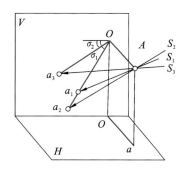

（b）宽度方向的轴向伸缩率和轴间角互不相关

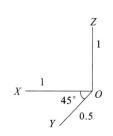

（c）常用的轴向伸缩率和轴倾角

图 4-9　斜轴测投影

的作图较为方便,对具有较复杂的侧面形状的形体,这个优点尤为显著。

(2)垂直于投影面的直线,它的轴测投影方向和长度将随着投影方向 S 的变化而变化,如图4-9(b)所示。当投影方向从 S_1 变为 S_2 时,可使正垂线(相对于 OY 轴)OA 投影 Oa_1 对水平线的倾角不变,而投影长度则由 Oa_1 变为 Oa_2,换句话说,OY 轴的轴倾角 σ_1 虽然没变,但是轴向伸缩率 q 却改变了。 而当投影方向从 S_1 变为 S_3 时,投影长度没变,也就是说 $Oa_3 = Oa_1$,水平线倾角从 σ_1 变为了 σ_2,相当于轴向伸缩率不变而轴倾角改变了。也就是说,正面斜轴测投影的 OY 轴的轴倾角 σ 和轴向伸缩率 q 互不相关,可以单独按照需要进行选择。 为了画图方便,通常取 OY 轴与水平线成 30°、45° 或 60° 角,轴向伸缩率可以取 0.5 或 1,如图4-9(c)所示。 当 $p=r=1$,$q=0.5$ 时称为正面斜二测投影,当 $p=r=q=1$ 时称为正面斜等测投影。

(3)互相平行的直线,其正面斜轴测图仍然互相平行。 平行于坐标轴的线段的正面斜轴测投影与线段实长之比,等于相应的轴向伸缩率。

【例4-3】 根据砖的投影图[图4-10(a)],作出砖的正面斜轴测图。

分析与作图

(1)看清投影图所表示的投影面,由图4-10(a)可知,正面斜轴测图中正立面反映实形。

(2)复制正立面投影图[图4-10(b)]。

(3)引宽度线。从正立面的各顶点引45°斜线,并截取 $y/2$ 的长度(Y 方向的轴向伸缩率是0.5)[图4-9(c)]。

(4)画出所有棱边[图4-9(d)]。

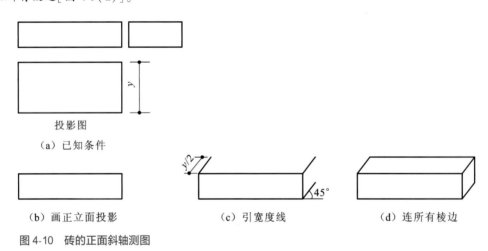

图 4-10 砖的正面斜轴测图

【例4-4】 在 OX 与 OY 轴的夹角是135°,轴向伸缩率 q 为0.5的投影图体系中,作出拱门的正面斜轴测图。已知投影图如图4-11(a)所示。

分析与作图

(1)拱门由地台、门身及顶板三部分组成,作轴测图时必须注意各部分在 Y 轴方向的相对位置。先画地台斜轴测图,并在地台面的对称线上,向后量取 $y_1/2$,定出拱门前墙面的位置线[图4-11(b)]。

(2)照搬正立面投影图上的前墙面及 Y 方向线[图4-11(c)]。

(3)绘制拱门斜轴测图,注意后墙面半圆拱的圆心位置及半圆拱的可见部分。在前墙面顶线中点作 Y 轴方向线,向前量取 $y_2/2$,定出顶板底面前缘的位置线[图4-11(d)]。

(4)画出顶板,完成轴测图[图4-11(e)]。

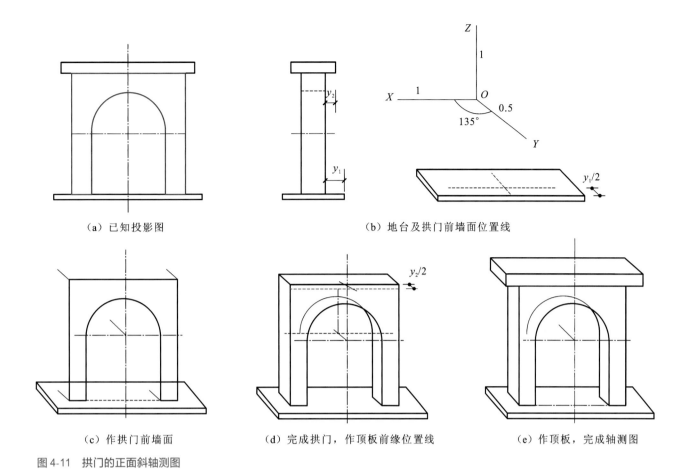

（a）已知投影图

（b）地台及拱门前墙面位置线

（c）作拱门前墙面

（d）完成拱门，作顶板前缘位置线

（e）作顶板，完成轴测图

图 4-11　拱门的正面斜轴测图

4.3.2　水平面斜轴测投影

　　保持形体不动，仍是进行正投影时的位置，用倾斜于 H 面的平行光线向 H 面投影，即可得到水平面斜轴测图，如图 4-12（a）所示。这时，OX 与 OY 之间的轴间角仍然是 90°，轴向伸缩率都是 1，也就是说，在水平面斜轴测图上能反映与 H 面平行的平面图形的实形。至于 OZ 与 OX 之间的轴间角以及 OZ 的轴向伸缩率，同样也可以单独任意选择。通常，轴间角 $\angle ZOX$ 取 120°，伸缩率仍然取 1，如图 4-12（b）所示。画图时，习惯把 OZ 画成铅直方向，则 OX 和 OY 分别与水平线成 30°和 60°角，如图 4-12（c）所示。水平面斜轴测图适合用来表现一栋

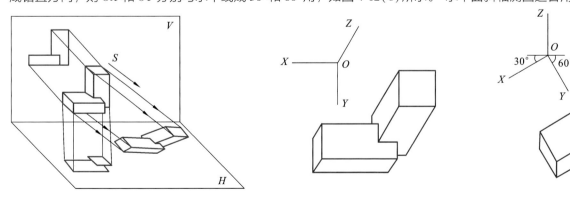

（a）水平面斜轴测图投影过程

（b）水平面反映实形，高度方向是倾斜的

（c）习惯把 OZ 轴画成铅直方向

图 4-12　水平面斜轴测图

房屋的水平剖面或一个区域的总平面，它可以反映出房屋内部布置，或一个区域中各建筑物、道路、设施等的平面位置及相互关系，以及建筑物和设施等的实际高度。

根据总平面图可以画出总平面的水平面斜轴测图，即将总平面图旋转 30°，然后在房屋的平面图上向上画出竖向高度，如图 4-13 所示。

（a）总平面图　　　　　　　（b）总平面图旋转30°　　　　（c）按房屋的实际高度画出竖向高度

图 4-13　总平面的水平面斜轴测图作图步骤

4.3.3　平行坐标面圆的轴测投影

在正轴测图中，与坐标面平行的圆的轴测投影均为椭圆。其轴测投影有近似画法和平行弦法两种画法。

1. 近似画法

在正等轴测投影中，平行于三个坐标面圆的正等轴测图均为椭圆，当平行于三个坐标面圆的直径相等时，其轴测投影——椭圆的大小也相同。椭圆长短轴的大小与方向如图 4-14 所示。

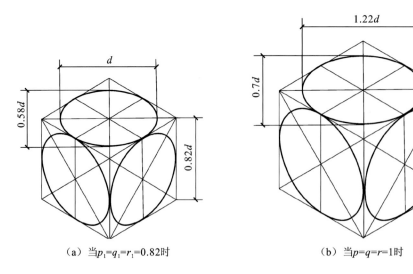

（a）当 $p_1=q_1=r_1=0.82$ 时　　　　　　（b）当 $p=q=r=1$ 时

图 4-14　平行坐标面圆的正等轴测投影

三个坐标面上椭圆的长短轴方向、位置不同，但画法一样。下面以一水平面中的正等轴测画法为例进行说明。

【例4-5】 设一直径为 d 的水平圆,如图4-15(a)所示,试完成其正等轴测图。

分析与作图

为作图方便,设 $p=q=r=1$。以圆心为坐标原点画出轴测轴,然后用4段圆弧连接成一扁圆近似表示所求椭圆。

作图步骤如下。

(1)画出圆的外切正方形的正等轴测图(菱形),并找出外切正方形上4个切点 A、B、C、D 及对称轴,如图4-15(b)所示。

(2)连接菱形的对角线,将切点 A、B 与顶点 E,切点 C、D 与顶点 F 相连,交长对角线于点 O_1、O_2,将 O_1、O_2 及 E、F 作为4段圆弧的圆心,分别以 O_1、O_2 为圆心,以 O_1A、O_2C 为半径画 $\overset{\frown}{AD}$ 及 $\overset{\frown}{CB}$,如图4-15(c)所示。

(3)以 E、F 为圆心,以 EB、FD 为半径画 $\overset{\frown}{BA}$ 及 $\overset{\frown}{DC}$,完成椭圆近似作图,如图4-15(d)所示。

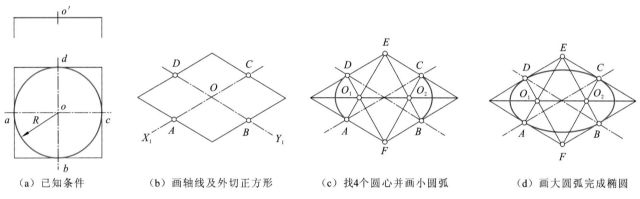

(a)已知条件　　　(b)画轴线及外切正方形　　　(c)找4个圆心并画小圆弧　　　(d)画大圆弧完成椭圆

图4-15　近似画法画圆的正等轴测图

上述画法也称菱形画法,只适用于正等轴测投影中圆的近似画法。其中椭圆长轴垂直于 O_1Z_1 轴,椭圆短轴平行于 O_1Z_1 轴。这种用4段圆弧相连近似表示圆的轴测投影的画法称四圆心法。

2. 平行弦法

平行弦法就是作出圆周平行弦上若干点的轴测投影,然后依次将各点相连得出椭圆的方法。这种方法适用于各种类型的轴测图。

在斜轴测投影中,与坐标面平行的圆的轴测图如图4-16所示。其中与轴测投影面平行的坐标面上的圆的投影仍是圆,而其余两坐标面上的圆的投影则为椭圆。

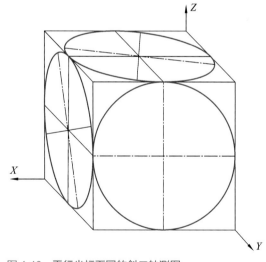

图4-16　平行坐标面圆的斜二轴测图

【例4-6】 给出一水平圆,如图4-17(a)所示,画出其正面斜二轴测图。

分析与作图

斜轴测投影中椭圆多采用平行弦法绘制。

作图步骤如下。

(1)画出轴测轴 O_1X_1 及 O_1Y_1,并取 $p=1$,$q=0.5$,故在 O_1X_1 轴上量取 $OA=OC=oa$(半径);在 O_1Y_1 轴上量取 $OB=OD=0.5ob$(半径),如图4-17(b)所示。

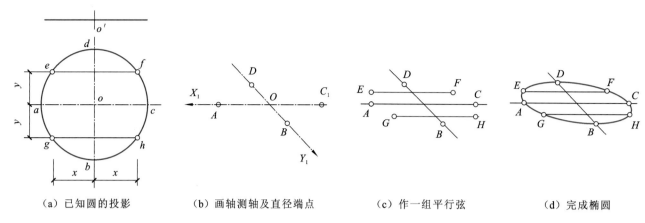

| （a）已知圆的投影 | （b）画轴测轴及直径端点 | （c）作一组平行弦 | （d）完成椭圆 |

图 4-17　平行弦法画圆的正面斜二轴测图

（2）根据所作平行弦 ef、gh 的 X、Y 坐标，画出其斜二轴测投影 EF 及 GH，见图 4-17（c）。

（3）依次光滑连接 A、E、D、F、C、H、B、G、A，即得所求椭圆，如图 4-17（d）所示。

4.3.4　曲面立体轴测投影的画法

常见的曲面立体多是回转体，而回转体的底面为圆。所以掌握了圆的轴测画法也就不难画出曲面立体的轴测图。

【例 4-7】　已知一圆柱的正投影图，如图 4-18（a）所示，求作其正等轴测图。

分析与作图

圆柱为直圆柱，上下两底面均与 H 面平行，故其正等轴测图为两个大小相同的椭圆，运用上述四圆心法可以画出上、下底面圆的轴测投影，圆柱表面的投影轮廓则是上下椭圆的公切线。

作图步骤如下。

（1）以上底面圆心为原点确定一坐标系，如图 4-18（a）所示。

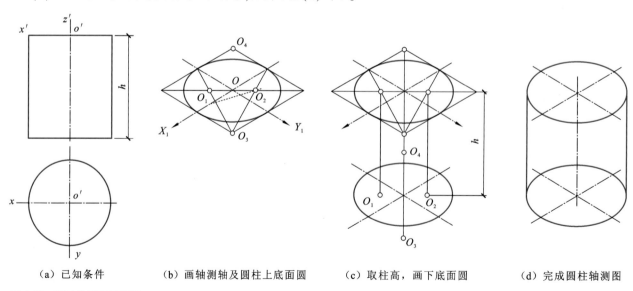

| （a）已知条件 | （b）画轴测轴及圆柱上底面圆 | （c）取柱高，画下底面圆 | （d）完成圆柱轴测图 |

图 4-18　圆柱的正等轴测图

（2）由于上底面圆为水平圆，则先不画 Z 轴，用四圆心法求得圆柱上底面圆的正等轴测投影，见图 4-18（b）。

（3）将四个圆心沿 Z 轴方向，向下截取柱高 h 得到下底椭圆的作图圆心的位置，用同样方法画出下底面圆的轴测图，见图 4-18（c）。

（4）作上、下椭圆的公切线得出圆柱的外形轮廓线，加深可见线即完成圆柱体的正等轴测图，见图 4-18（d）。

【例 4-8】 已知一圆锥的正投影图，如图 4-19（a）所示，求作圆锥的正面斜二轴测图。

分析与作图

由于正圆锥的底面是一个水平圆，其正面斜轴测图为一个椭圆，可用平行弦法求出，而正圆锥的外形轮廓线的轴测投影是过锥顶与底面椭圆相切的两直线。

作图步骤如下。

（1）取锥底圆心为坐标轴原点，画出斜二轴测轴，并取 $p=r=1$，$q=0.5$，见图 4-19（b）。

（2）用平行弦法画出锥底圆的轴测投影，并在 O_1Z_1 轴上截取锥顶高，如图 4-19（c）。

（3）过锥顶向底面椭圆作切线得出锥面外形轮廓线，擦去多余图线，加深可见投影轮廓线，完成作图，见图 4-19（d）。

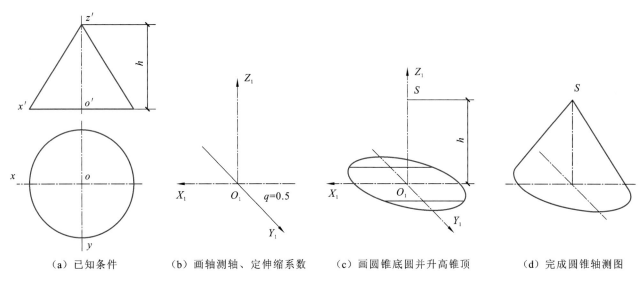

（a）已知条件　　　（b）画轴测轴、定伸缩系数　　　（c）画圆锥底圆并升高锥顶　　　（d）完成圆锥轴测图

图 4-19　圆锥的正面斜二轴测图

【例 4-9】 已知一形体的正投影图，如图 4-20（a）所示，求作该形体的正等轴测图。

分析与作图

从正投影图中可以看出：该形体是由两部分形体叠加而成，其轴测图在水平及正面均有椭圆，应分别依次由下而上或由上而下逐步绘出。

具体步骤如下。

（1）首先选取底部与上部形体结合面的前部中心为坐标原点 O 的投影 O_1，画出相应坐标轴的投影。

（2）先画出轴测轴，再画出结合水平面的轴测图，如图 4-20（b）所示。

（3）将底部形体各顶点棱线向下延伸，并取其等于底部形体高，画出底部形体；确定结合面上部前立面形体椭圆的中心 O_2，画出其上半个椭圆，沿 Y 轴方向平移圆心，如图 4-20（c）所示。

（4）画出形体立面后面的半个椭圆，最后擦去整个形体的多余作图线，并加深可见线，完成形体的轴测图，如图 4-20（d）所示。

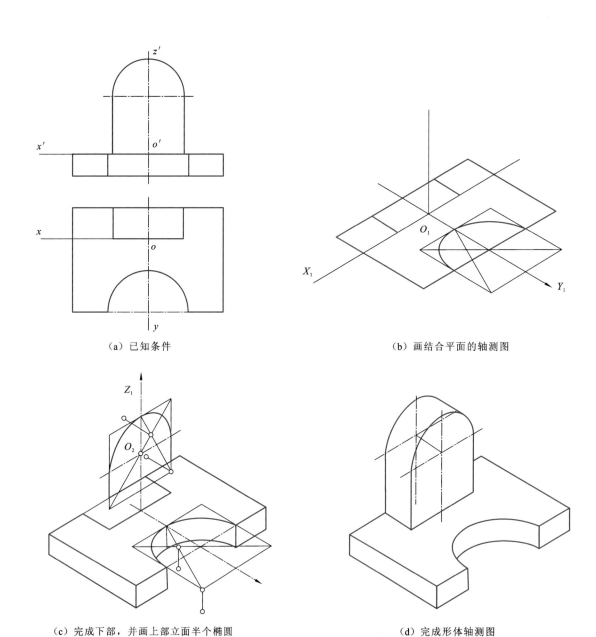

(a) 已知条件

(b) 画结合平面的轴测图

(c) 完成下部，并画上部立面半个椭圆

(d) 完成形体轴测图

图 4-20 形体正等轴测图

【例 4-10】 已知一形体的正投影图，如图 4-21(a)所示，求作该形体的正面斜二轴测图。

分析与作图

从正投影图中可以看出：该形体是由三部分形体叠加而成，其立面部分有曲面，应分别依次由结合面向上和向下逐步绘出。

具体步骤如下。

(1)首先选取底部与上部形体结合面的右后点为坐标原点。

(2)画出轴测轴，再画出结合水平面的轴测图，并完成底部形体，如图 4-21(b)所示。

(3)确定结合面上部里面形体半圆弧的中心 O_2，画出前立面的半圆，如图 4-21(c)所示。

(4)平移圆心，画出形体立面后部半圆并画出左侧立板。最后擦去整个形体的多余作图线，并加深可见线，完成形体的轴测图，如图 4-21(d)所示。

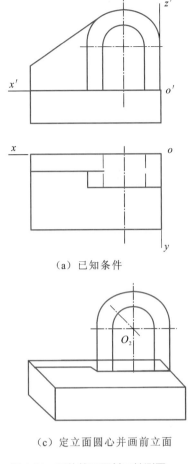

（a）已知条件

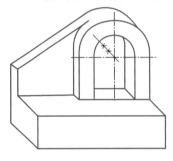

（b）画结合平面的轴测图及底板

（c）定立面圆心并画前立面

（d）完成形体轴测图

图 4-21　形体的正面斜二轴测图

4.4　透视投影的基本知识

第4.4节视频

透视学是文艺复兴时期重要的科学发现，它是人类视觉经验由感性认识到理性认识的表现。 透视是通过在二维平面图上展现三维的深度，来制造空间幻象，一定程度上还原了人们客观真实的视觉感知。 在文艺复兴盛期，透视技法在绘画中的运用达到了一个高峰。 如图 4-22 所示，达·芬奇的代表作《最后的晚餐》就采用了焦点透视法，画面中的直角垂直面被处理成倾斜面，与窗户面垂直的直角边线最终消失于一点，画面产生了平静、稳定的效果。

在设计过程中，特别是在初步设计阶段，往往需要绘制出所设计的场景透视图，显示出将来建成后的外貌，用以推敲所设计的空间造型是否美观，立面处理是否正确，进行各种方案的比较，以达到美观、实用、经济等设计目的。

随着计算机绘图技术的发展，绘图已不再依赖手工，但徒手作图及工具制图对形象思维训练仍具有相当大的优势。

图 4-22 《最后的晚餐》，1495—1497 年，421 cm × 903 cm，壁画，莱奥纳多·达·芬奇(Leonardo da Vinci, 1452—1519)，意大利

4.4.1 透视图的形成

透视图和轴测图一样，都是一种单面投影。 不同之处在于轴测图是用平行投影法画出的，而透视图则是用中心投影法画出的。 假设在人与空间之间设立一个铅垂面 V 作为投影面，也就是画面。 投影中心就是人的眼睛，在透视投影中称为视点 S。 投影线就是通过视点 S 与建筑物上各点的连线，例如 SA、SB 等，在透视投影中称为视线。 很明显，在作透视图时逐一求出各视线 SA、SB、SC，与画面 V 的交点 A^0、B^0、C^0，就是建筑物上点 A、B、C 的透视点。 将各透视点连接起来，即可画出建筑物的透视图，如图 4-23 所示。

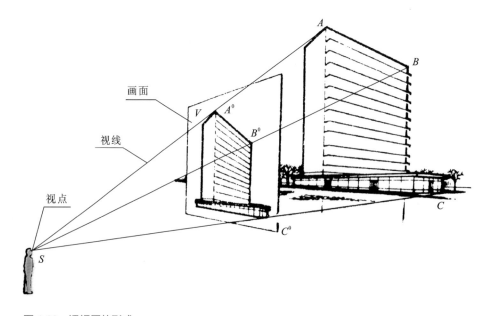

图 4-23 透视图的形成

与正投影图相比，透视图有一个很明显的特点，就是形体距离观察者越近，所得的透视投影越大；反之，则越小。

4.4.2 透视图的基本术语

　　如图 4-24 所示，放置物体的面叫基面，它与画面 P 的交线 OX 称为基线。 人所站立的位置叫站点，人眼所在的位置叫视点，站点是视点在基面上的正投影。 视点在画面上的正投影叫心点，以 s' 表示。 过视点的水平面是视平面，它与画面的交线是视平线（HH），心点一定在视平线上。 视高是指视平线到基面的垂直距离，它也是视点至基面的距离，视距是视点至画面的距离。

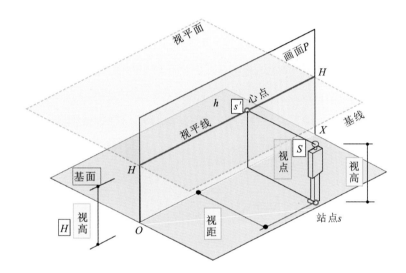

图 4-24　透视的基本术语

4.4.3 点的透视

　　如图 4-25 所示，现在有一过 A、B 点的直线，它与画面交于 N 点。

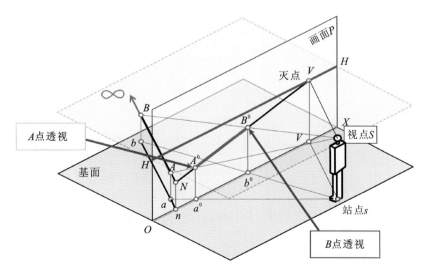

图 4-25　点的透视

如果在画面上画出过 A、B 点的直线的透视，那么线段 AB 的透视就迎刃而解了。 而直线的透视方向是迹点（直线与投影面的支点 N）与灭点的连线。 灭点就是该直线上无限远点的透视，也就是通过该直线上无限远点的视线与画面的交点。 把灭点定为 V，灭点的具体找法将在后续章节里讲解。

如果把 N 点与灭点 V 相连，NV 即是过 A、B 点的直线透视。 如何寻找 A 点的透视？ 可以先找出 A 点的水平投影 a 的透视 a^0，它是站点 s 和 a 的连线与基线 OX 的交点，再通过 a^0 作垂线交 NV 于 A^0 点，A^0 即是 A 点在画面 P 上的透视。 用同样的方法我们可以找到 B 点的透视。

4.4.4　透视的形式类别

一点透视又叫平行透视，通常可以看到物体的正面，而且这个面与我们的视角平行。 因为近大远小的变形，所以形体产生了纵深感。

如图 4-26(a)所示，当画面同时平行于建筑物的高度方向和长度方向时，平行于这两个方向的直线的透视都没有灭点，只有平行于宽度方向的直线透视有灭点，这类透视图称为一点透视。 由于一点透视可以同时看到观看者前面和左右侧面的情况，它一般用于画室内布置、庭院、长廊和街景等透视图。 它的作图方法与两点透视

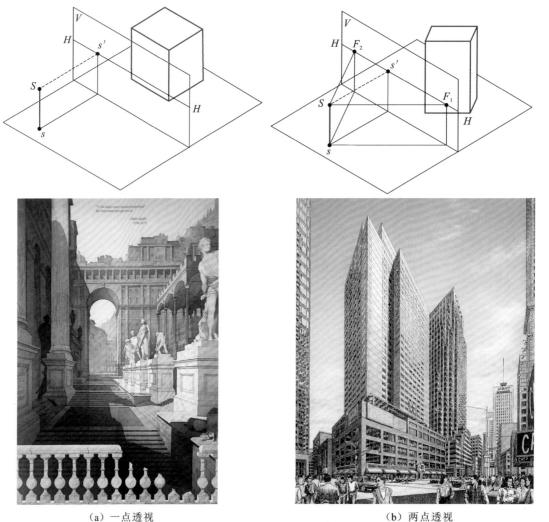

（a）一点透视　　　　　　　　　　　　　（b）两点透视

图 4-26　一点透视与两点透视

（图片来源：GRICE G.建筑表现艺术[M].天津：天津大学出版社,1999.）

基本相同。 一点透视中心点即灭点。

一点透视表现范围广，纵深感强，适合表现庄重、严肃的室内空间，缺点是比较呆板，与真实效果有一定距离，但是找好角度也能呈现灵活的效果。

两点透视又叫成角透视，可以看到物体两个面以上，相应的面和视角成一定的角度，如图4-26(b)所示。

两点透视所有垂直方向的线条都是垂直的，没有变化。 物体上的主要表面与画面倾斜，但它的铅垂线与画面平行，所作的透视图有两个灭点。

一点透视画面效果庄重、平静，能展现大空间的宏伟纵深感。

两点透视画面效果自由、活泼，表现出的空间比较接近人的真实感觉，缺点是若角度选择不好，容易产生变形。

4.4.5 视点的选择——站点和视高

如图4-27所示，站点的选择决定了观看物体的位置。 视高按照正常人的平均视点高度确定，一般为1.5～1.7 m，按此高度绘制的透视图与正常的视觉感受一致。

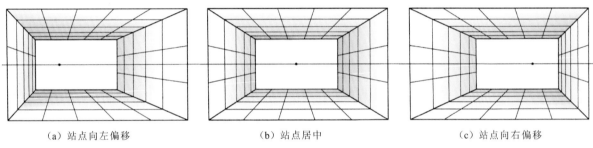

（a）站点向左偏移　　　　　　　　（b）站点居中　　　　　　　　（c）站点向右偏移

图4-27　站点的选择

站点定好之后，视距就确定了。 视距是指视点到画面的垂直距离。 如图4-28所示，当站点位于SB时，与对象物体距离过近，水平视角就大，其结果是视平线上的两灭点过近，透视产生变形。 将站点移至SA时，视平线上的两灭点距离较远，透视图像舒展，效果较佳。 由此可见，视距对透视效果的影响非常大。

4.4.6 视域与视角

如图4-29所示，当我们观察物体时，会形成一个以眼睛为顶点、以视线中心为轴线的锥体，锥体的顶角为视角，锥体与画面相交所得到的封闭圆形区域称为视域，观察到的物体在视域范围内只有部分是清晰的。 因此，一般情况下作图，视角常控制在60°

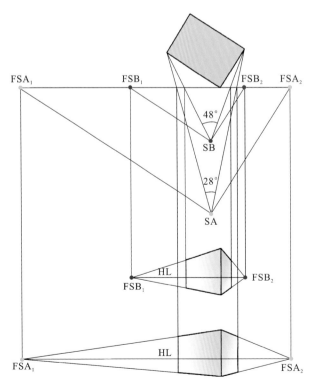

图4-28　视距对透视图的影响

内，以 28°～37°为宜。 在作室内透视图时，因受空间、场地的限制，视角可控制在 60°左右。 视角超过 90°时，画面透视效果会失真。

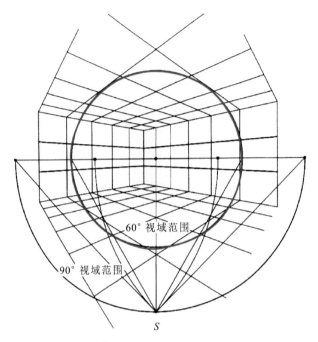

图 4-29　人的视域范围

4.4.7　画面与对象物体的相对位置

当视点与对象物体的位置保持不变，画面作平行地前后移动时，透视图会出现放大与缩小的变化，如图 4-30 所示，画面位于基线 GL_1 时，画面的透视图是放大的图像；画面处于物体的前面，画面位于基线 GL_3 时，画出的透视图是缩小的图像。 为了方便作图，常把画面与对象物体平面的某一点或边线接触，这个点或边线在画面上反映真实大小。

如图 4-31 所示，当画面与视点位置保持不变，改变对象物体的角度时，可绘制出各种侧重点不同的画面效果。 站点为 S，当对象的主要立面与画面平齐，即夹角为 0，透视图为一点透视（图 4-31 中绿色物体）；当对象物体的主要立面与画面的夹角等于 30°或 60°时，透视图主次分明（图 4-31 中蓝色和橙色物体）；当对象物体的主要立面与画面的夹角等于 45°时，透视图没有侧重点，画面呆板（图 4-31 中黄色物体）；而红色物体与画面平齐，画出的也是一点透视，但只能反映出两个面的情况。

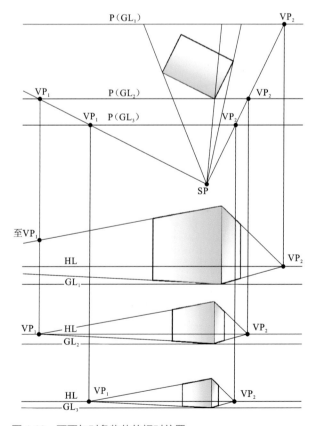

图 4-30　画面与对象物体的相对位置

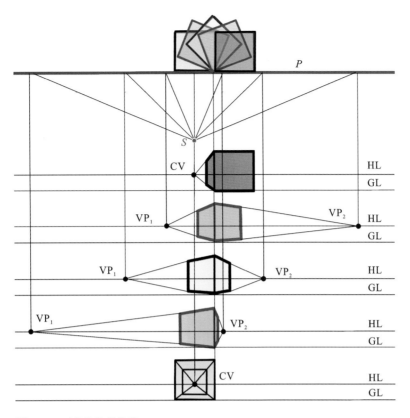

图 4-31　对象物体的角度

　　一些复杂的形体都是从基本形体变化而来的。 如图 4-32 所示，在绘图时可以先将复杂形体简化为基本形体，判断视点、视高的位置，再开始画图。

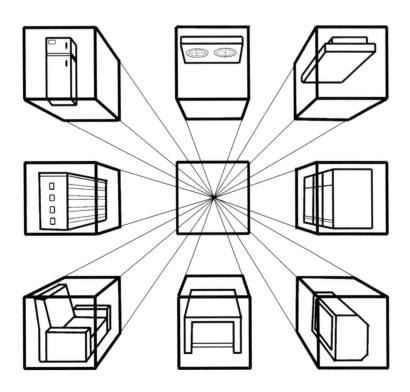

图 4-32　从基本形体到复杂形体

4.5 一点透视图

如图 4-33 所示，当画面同时平行于物体的高度方向和长度方向时，平行于这两个方向的直线的透视都没有灭点，只有垂直于画面的直线的透视有灭点，这个灭点就是心点，这类透视图就是一点透视。 一点透视作图方法简单，与两点透视作图方法基本相同。

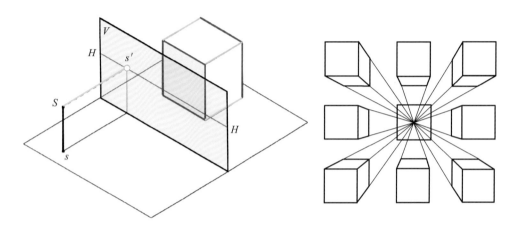

图 4-33　一点透视

【例 4-11】　作出如图 4-34(a)所示基面上的方形网格的一点透视。

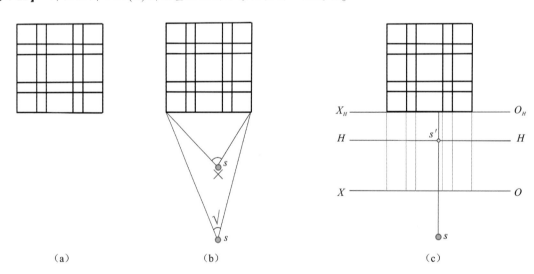

图 4-34　网格的一点透视 1

看清题意，注意布局。基面即 H 面，也就是地面。所选的站点应使视角在 30° 左右，如图 4-34(b)所示。

(1)如图 4-34(c)所示，作出画面上点的透视。布局时把方形网格的一条边紧靠画面，这样便于找到这条边上其他点的透视(直接引垂线即可)。

(2)如图 4-35(a)所示，作出网格中各竖向线的透视方向，即把找到的透视点与灭点 s′ 一一相连。

(3)如图 4-35(b)、(c)所示，作出网格中各水平线的透视。加粗透视线，如图 4-35(d)所示。

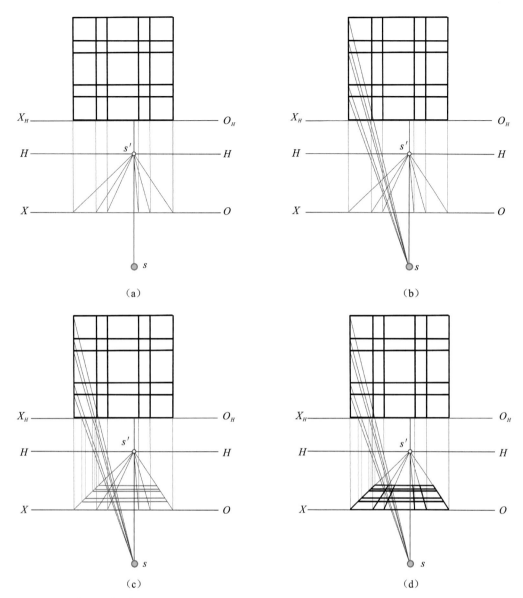

(a) (b) (c) (d)

图 4-35　网格的一点透视 2

【例 4-12】　如图 4-36 所示的室内平面图,双粗实线表示的是墙体,中间 8 个正方形是柱,左边四条细实线是窗,右边是门洞,上边是向房间开的双开门,中间的虚线是顶棚的凹槽在地面上的投影。

剖切符号 1—1 表示可以用假想的一个剖切面将这间屋子作垂直剖切,移去挡住视线的那部分。这里的剖切符号表示:假设对这间屋子进行垂直剖切,把房间的一部分拿走,可以看得到室内的情况。将画面紧靠在第二排柱子上,这样柱子上的这排线就可以作为画面上的真高线了,可以直接从立面图上量取尺寸用在透视图上。

作图步骤如下。

(1)选择合适的站点,将 1—1 剖面图与平面图对齐,以地面线 OX 为基线,以人们的正常视高为视平线的高度。如图 4-36 所示,从站点 s 引垂线与视平线 HH 相交,这个交点就是 s 的心点,也是灭点。

(2)如图 4-37 所示,求墙线和天棚轮廓线的透视。先从灭点引出透视方向线,来求各个端点的透视。

(3)如图 4-38 所示,求门窗的透视。

(4)如图 4-39 所示,求柱列的透视。首先画出柱列端部纵向轮廓线的透视方向,其次以求点的透视的方法来连线,最后把多余的辅助线擦除,得到一张室内的透视图。

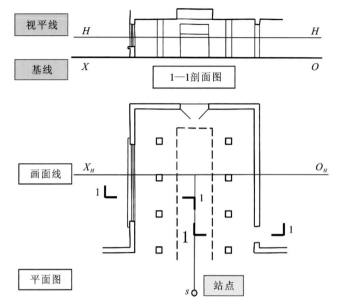

图 4-36　室内一点透视 1

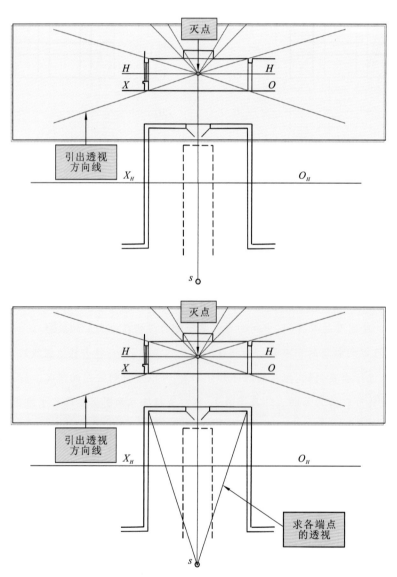

图 4-37　室内一点透视 2

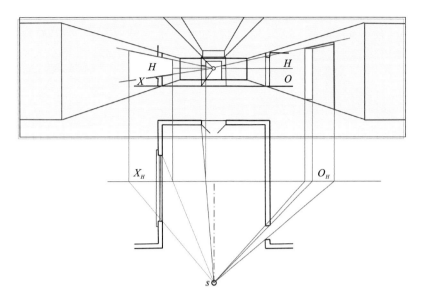

图 4-38　室内一点透视 3

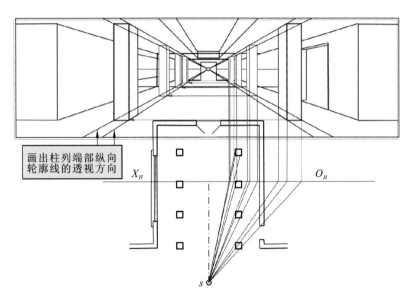

画出柱列端部纵向
轮廓线的透视方向

图 4-39　室内一点透视 4

4.6　两点透视图

一个基本形体上有大量的铅垂线和水平线，如果能够掌握它们的透视画法，就不难作出整栋建筑物的透视图。

【例 4-13】 当铅垂的画面与建筑物的正立面成一夹角时，所得的透视就是两点透视。其作图的方法和步骤如下。

（1）先要确定画面和视点的位置，如图 4-40 所示，当着手画长方体的透视图时，先要进行合理的布局，铅垂的

画面 V 习惯上与长方体的一根侧棱接触，并且与长方体的正立面成30°左右的夹角。如果把长方体看成一栋建筑，那么它就是与建筑物的一根墙角线接触。

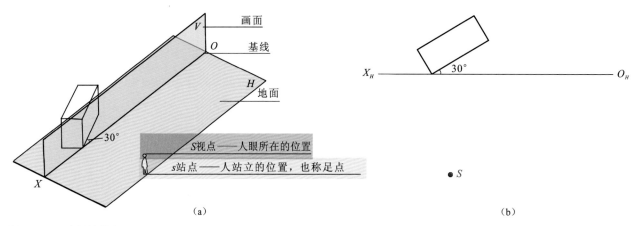

图4-40　两点透视的布局

（2）确定视平线和视角（图4-41）。透过视点的水平面称为视平面。所有水平的视线都在视平面上。视平面与画面的交线 HH，称为视平线。很明显，视平线平行于基线，它们之间的距离等于视点的高度，即视点到地面的垂直距离 Ss。在画面上，用与形体平面图同样的比例，取距离等于视点的高度，画一直线平行于基线 OX，就是视平线 HH。从视点 S 引两条水平线分别与长方体的最左和最右两条侧棱相连，这两条视线之间的夹角，就是视角。一般要求视角在28°～37°，这样画出的透视图效果较好。通过视点 S 垂直于画面的视线 Ss' 称为主视线。主视线必须大致是视角的角平分线。这些都是布局时应该注意的。视角的 H 投影反映实形，因此可直接在 H 面上进行布局。

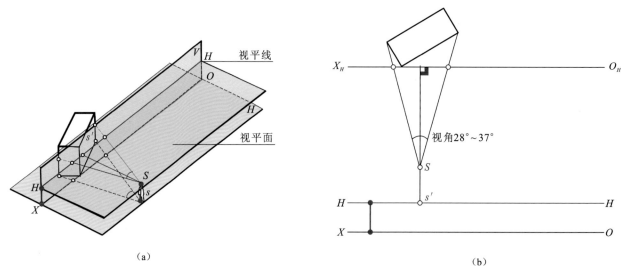

图4-41　视平线与视角的选择

（3）求水平线的灭点（图4-42）。长方体共有四根平行于长度方向的水平线 AB、ab、CD、cd。如前所述，它们透视的延长线，必相交于一个灭点 F_1。如果先求出灭点 F_1，以后作图会非常方便。直线的灭点就是该直线上无限远点的透视，即通过该直线上无限远点的视线与画面的交点。从几何学可知，两平行直线相交于无限远点，因而，通过直线上无限远点的视线，必与该直线平行。

如图4-42（a）所示，通过视点 S 所引的视线只有一根，即 SF_1，平行于长方体上长度方向的所有直线，它与画面

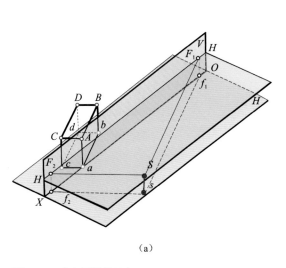

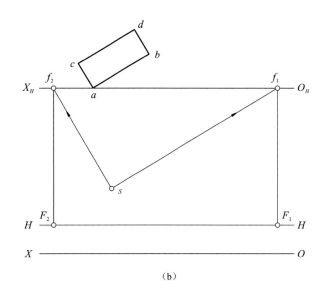

图 4-42　求水平线的灭点

的交点 F_1 就是所求的灭点。由此可得：互相平行的直线必有一个共同的灭点。由于长度方向是水平的，所以视线 SF_1 是水平线，它与画面的交点 F_1 必位于视平线 HH 上。也就是说：水平线的灭点必位于视平线上。

在图 4-42(b)透视图上求灭点的方法：作图时，先过站点 s 引直线平行于建筑物的长度方向，即 sf_1 平行于 ab，与 O_HX_H 相交于 f_1，得到灭点的水平投影。过 f_1 引铅直线与 V 面上的视平线 HH 相交，即得灭点 F_1。

用同样的方法可求得宽度方向的灭点 F_2。由此可以引申：凡不平行于画面的平行线组，都有它们各自的灭点。

(4) 求地面线 ab 的透视(图 4-43)。先观察图 4-43(a)中物体的空间情况，由于地面线 ab 的端点 a 在画面上，所以 a 点的透视 a^0 与 a 重合，也就是迹点。不难看出，连线 a^0F_1 就是线段 ab 无限延长之后的透视，称为 ab 的透视方向。求出透视方向后，只要采用视线交点法在其上求出线段另一端点 b 的透视 b^0，则 a^0b^0 就是线段 ab 的透视。如图 4-43(b)所示，连 sb 交 O_HX_H 于 b_H，然后引垂线交 a^0F_1 于 b^0，b^0 就是 b 点在画面上的透视，连接 a^0、b^0，即可得到地面线 ab 的透视。

由此可见，求一直线段的透视，可以先求出它的透视方向，然后用视线交点法，在透视方向上求出其端点的透视。

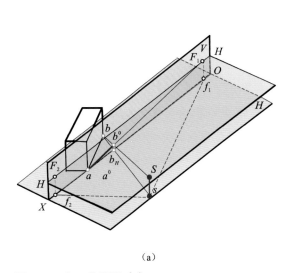

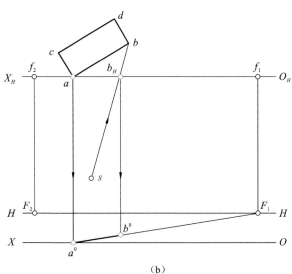

图 4-43　求 ab 的透视 a^0b^0

（5）求长方体底面的透视（图4-44）。按同样的方法求出 ac 的透视 a^0c^0。由于 ac 平行于宽度方向，它的透视方向必定指向 F_2。最后分别连 b^0F_2 和 c^0F_1，交于 d^0，则 $a^0b^0d^0c^0$ 就是长方体底面的透视。

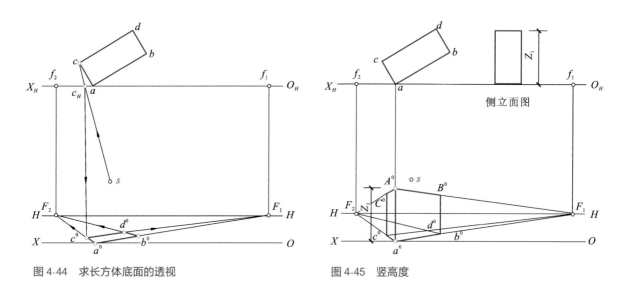

图 4-44　求长方体底面的透视　　　　　　图 4-45　竖高度

（6）竖高度。长方体的四根侧棱都是铅垂线，平行于画面，因而过视点与侧棱平行的视线平行于画面，与画面没有交点。由此可得：平行于画面的平行线组没有灭点，它们的透视与线段本身平行。所有平行于高度方向的直线，它们的透视仍是铅直线。但应特别注意，只有当平行于高度方向的线段与画面重合时，它的透视高度才等于实高。若该线段离开画面，它的透视高度则变短或变长，符合近大远小的规律。

作透视图时，可直接从已作出的底面透视的各个顶点引铅垂线，然后截取相应的透视高度。如图4-45所示，长方体的四条侧棱高度相等，但只有侧棱 Aa 与画面重合，因而它的透视 A^0a^0 等于实高，我们把这条线称作真高线，意思是有真实高度的透视线。而其他侧棱 Bb、Cc 等都在画面之后，它们的透视高度都比实高短。作图时先量取 A^0a^0 等于实际高度 Z_1，然后过 A^0 分别引线到 F_1 和 F_2，与过 b^0 和 c^0 所竖的高度线相交，即得 B^0 和 C^0。这是由于在长方体上 AB 平行于 ab，它们的透视 A^0B^0 和 a^0b^0 必相交于灭点 F_1。同理 A^0C^0 和 a^0c^0 必相交于 F_2。由此可得，截取一线段的透视高度时，可利用平行线的透视交于同一灭点的特性，把已知高度从画面引渡过去。在竖高度的同时，作出了 AB 和 AC 的透视 A^0B^0 和 A^0C^0。长方体背后其他线条都看不见，不必画出。至此完成了长方体的透视图。

需要注意的是，前面所述作图步骤是把水平面 H 放在整个屏幕的上方，把透视图放在下方，如果倒换过来，方法也是一样的，如图4-46（a）所示。

图4-46（b）中把 H 面置于下方，使得形体主要展示的面与画面成大约30°的夹角，选择站点 s，此时可以尝试让视角略大于30°。过 s 点作 sf_1 平行于 ad，作 sf_2 平行于 ab，得到灭点 f_1、f_2。在画面中，如果视平线 HH 距离 OX 的高度超过物体高度 H 就会看到长方体最上面的面，如果低于物体高度 H 则看不到长方体最上面的面。但注意，视平线 HH 与 OX 的距离不要与物体高度一样，否则画出的透视图会缺少立体感，应选择比物体高一些的距离来作视平线 HH。

不同视角、视高画出的形体如图4-47所示。图4-47（a）主要表现了它的正立面，图4-47（b）中的形体正立面和顶面虽然都关注到了，但由于选择的站点离画面较近，视角比较大，形体有些变形。因此，合理地选择站点和视高，以及想主要表现的面，是做好透视图的关键，当然合理程度的变形也会使画面更有灵气。

如图4-48所示，如果仍是刚才的长方体，但形体与画面有一定的距离，即形体并不与画面相交，那么该怎样画它的透视图呢？

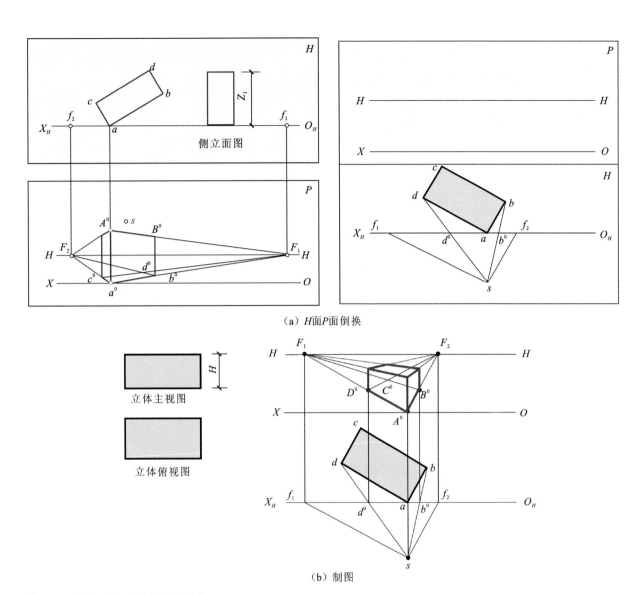

（a）H面P面倒换

（b）制图

图 4-46 倒换 H 面 P 面制图步骤不变

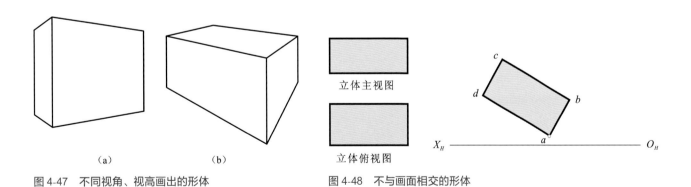

（a）　　　　　　　　（b）

图 4-47 不同视角、视高画出的形体　　　　图 4-48 不与画面相交的形体

如图 4-49（a）所示，先按之前所学找到 f_1、f_2，延长 da 交 O_HX_H 于 t 点，即假设形体是与画面相交的，在 H 面上过 t 点，引垂线交画面的 OX 于 T，连 TF_1，连 Sa 交 O_HX_H 于 a^0，过 a^0 引垂线交 TF_1 于点 A^0，那么这个点就是点 a 的透视，连 Sd 交 O_HX_H 于 d^0，过 d^0 引垂线交 TF_1 于点 D^0，这个点就是点 d 的透视，如图 4-49（b）所示。

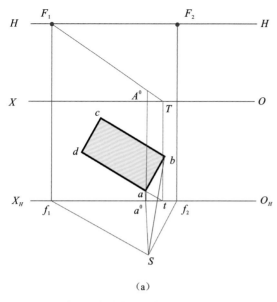

(a)

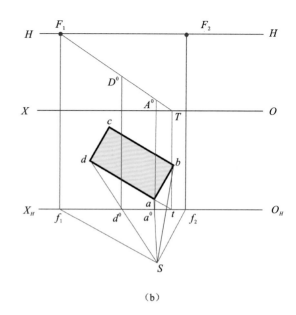

(b)

图 4-49　不与画面相交的形体的透视图画法 1

　　如图 4-50(a)所示,作垂直于 OX 的直线,使其高度为 H,那么这条线可以作为真高线,将真高线的下端点与 F_2 相连,与过 A^0 的水平线交于 a',过 a' 作铅垂线,与真高线的上端点和 F_2 的连线交于 e',过 e' 作水平线交过 A^0 的垂线于 E^0,从而找到长方体另一个顶点的透视,同理,依次找出长方体其余顶点的透视,最后连接各点得到长方体的透视,如图 4-50(b)所示。

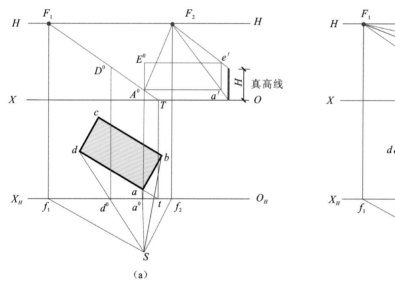

(a)

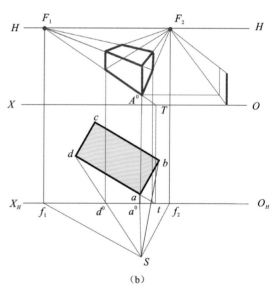

(b)

图 4-50　不与画面相交的形体的透视图画法 2

　　图 4-50 中,S 的视距过近,长方体透视效果略有失真。前文曾讲解过视点过偏或视距过近,则视角增大,易产生失真现象,正常视角(视圆锥的顶角)一般是以视中线(视点到画面的垂线)为对称轴的 60° 以内的角度,若超过此角度,透视图则会产生失真现象。如图 4-51 所示,S_1 的视距过近,在透视的高度和宽度上都超过正常视角,右侧大楼在透视图上形成锐角,圆顶盖似乎歪斜,S_2 的视角正常,无失真现象。

　　怎样找出设立视点的理想范围呢?如图 4-52 所示,按照视角不大于 60° 并以视中线为对称轴(即视中线任意一侧的夹角不大于 30°)的原则,将 60° 三角板底边平行于画面,斜边向着中心并靠住建筑平面左右的两个最边点,作两斜线(与画面线成 60° 角)aA 及 bB 并交于 P 点。$\angle aPb$ 为 60°。在 $\angle aPb$、$\angle aPB$、$\angle bPA$ 范围内,建筑物都越出 60° 的正常视角,产生失真现象。只有 $\angle APB$ 范围内的任意点所见到的建筑物都在正常视角之内,透视图不会失真。

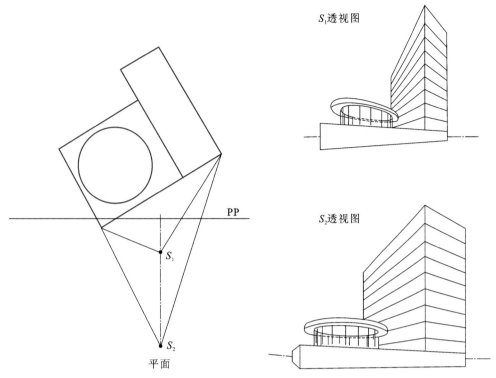

图 4-51　视角不同时,透视效果对比

(图片来源:钟训正.建筑画环境表现与技法[M].北京:中国建筑工业出版社,1985.)

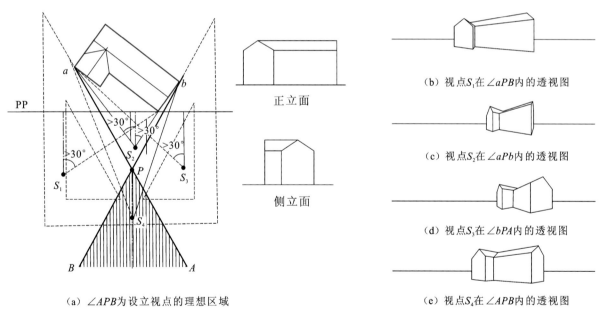

(a) ∠APB为设立视点的理想区域

(b) 视点S_1在∠aPB内的透视图

(c) 视点S_2在∠aPb内的透视图

(d) 视点S_3在∠bPA内的透视图

(e) 视点S_4在∠APB内的透视图

图 4-52　设立视点的理想范围

(图片来源:钟训正.建筑画环境表现与技法[M].北京:中国建筑工业出版社,1985.)

在视点与画面关系不变的情况下,视点距建筑物愈近,所见建筑物形象愈大,反之,则愈小。

如果建筑物与画面的关系不变,效果则恰好相反。视距愈近,则透视图形愈小,透视现象加剧而逐渐产生畸变;反之,视距愈远,则透视图愈大(无限远处则成立面图),透视现象愈平缓。因此,值得注意的是,同一个平面,视距远反而能画出大的透视图,如图4-53所示。

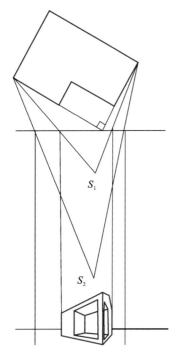

（a）S_1的视距过近，图形小，形象失真

（b）S_2的视距正常，图形适中，无失真现象

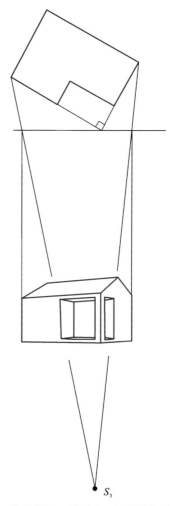

（c）S_3的视距远，图形大，透视现象平缓

图 4-53　视距不同时，透视效果对比

（图片来源：钟训正.建筑画环境表现与技法［M］.北京：中国建筑工业出版社，1985.）

在具体制图时，应充分把握透视规律，根据要表现的设计重点来绘制。对于设计师来说，绘制图纸是表达设计构思的一种手段而绝非目的。绘图只是把计划中的构筑物形体如实地展现于画面中。

【例 4-14】　画出图 4-54 中台阶的两点透视。

作图步骤如下。

（1）如图 4-55 所示，使画面与左栏板接触，确定站点 s，并根据台阶高度定出基线 $O_H X_H$ 和视平线 HH。

（2）作左栏板的透视（图 4-56）。先画出栏板长方体，再量取实高，采取视线交点法确定斜面两端平行于长度方向的两边的位置，并画出两斜边的透视，它们必相交于灭点 F_2。

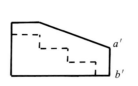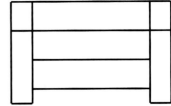

图 4-54　已知条件

（3）用同样的方法画出右栏板的透视（图 4-57）。右边栏板两斜边的透视也必定相交于灭点 F_2。

（4）作踏步端面的透视（图 4-58）。延伸右栏板左侧与画面相交，交线为图中右边的真高线，在此线上量取踏面高度，利用视线交点法定出步级及各梯面的位置。

（5）从踏步端面透视各角点引线至 F_1，画出踏步透视（图 4-59）。擦去看不见的线，完成台阶透视图。

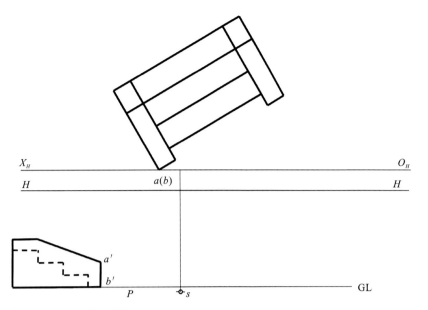

图 4-55　台阶的两点透视 1

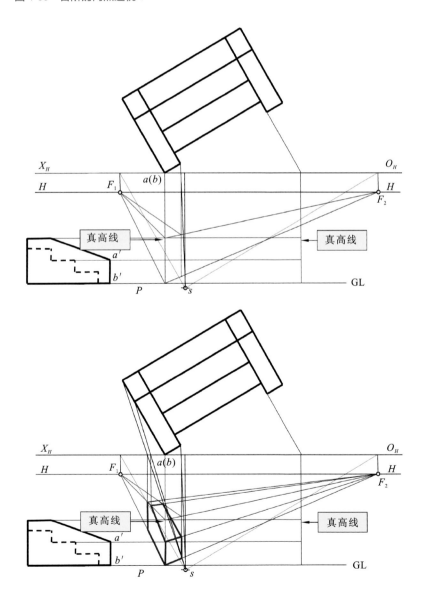

图 4-56　台阶的两点透视 2

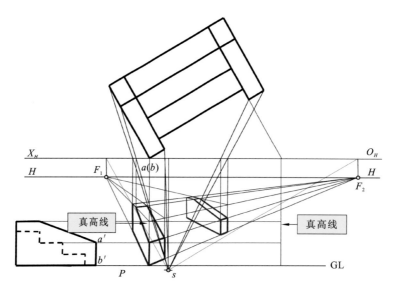

图 4-57　台阶的两点透视 3

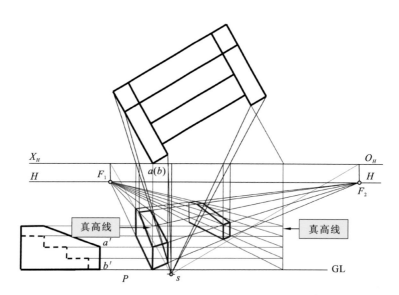

图 4-58　台阶的两点透视 4

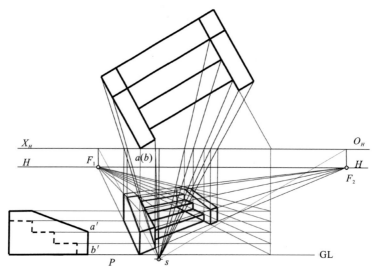

图 4-59　台阶的两点透视 5

台阶的透视图与轴测图对比,轴测图的图面表现相对较弱,不过有些尺寸可以直接量取,透视图效果更接近人观察到的形象,但无法在透视图上量取尺寸(图 4-60)。

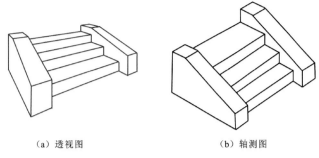

（a）透视图　　　　　　（b）轴测图

图 4-60　台阶的透视图和轴测图

【例 4-15】　如图 4-61 所示,已知房屋的正立面图、右立面图和平面图,尝试作出房屋的透视图。

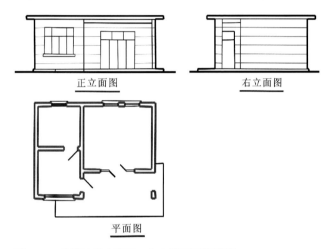

正立面图　　　　　　右立面图

平面图

图 4-61　房屋的正立面图、右立面图和平面图

看清题意,仔细观看平面图,对照立面图来理解。

作图步骤如下。

(1)确定画面位置、站点、视平线,找灭点,如图 4-62 所示。一般图纸主要表现的是主立面,也就是正立面的效果,因此让画面线与主立面成 30°夹角,紧靠墙角位置。

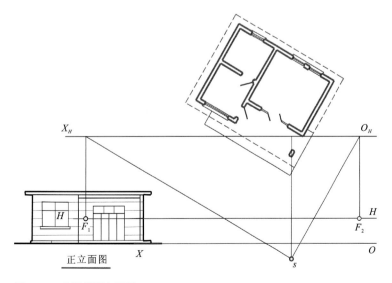

图 4-62　房屋的两点透视 1

站点与两边墙角连线夹角在30°左右。以正常人的视角表现建筑主立面的话,选择1.5～1.7 m的视平面高度为宜。

(2)先画屋盖、外墙和柱子的透视。延长正立面图上房屋屋檐,平面上的屋檐虚线与画面交点是迹点,通过它们向下作垂线与房屋屋檐延长线的交点是迹点的透视,将它们各自与两边的灭点相连。再依次用同样的方法作屋檐各个端点的透视,如图4-63所示。

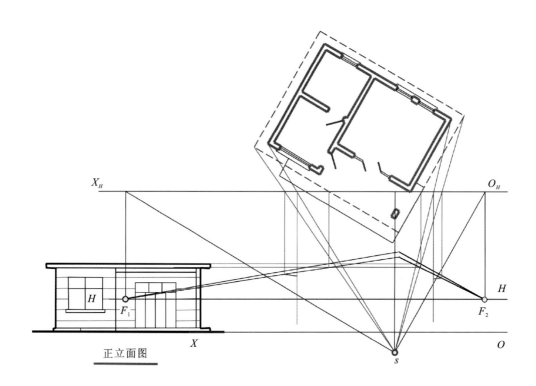

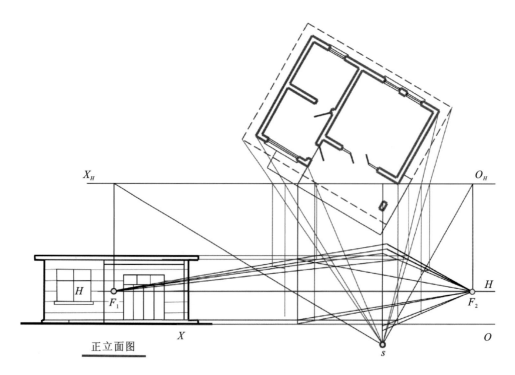

图4-63　房屋的两点透视2

对于不与画面相交的墙角线,可以适当延长,使其交于画面,如图4-64所示。

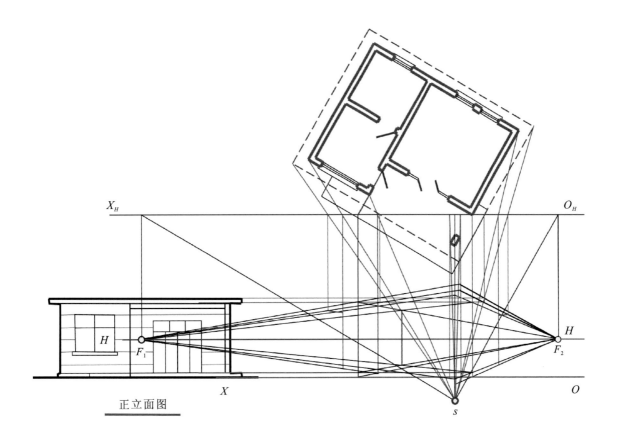

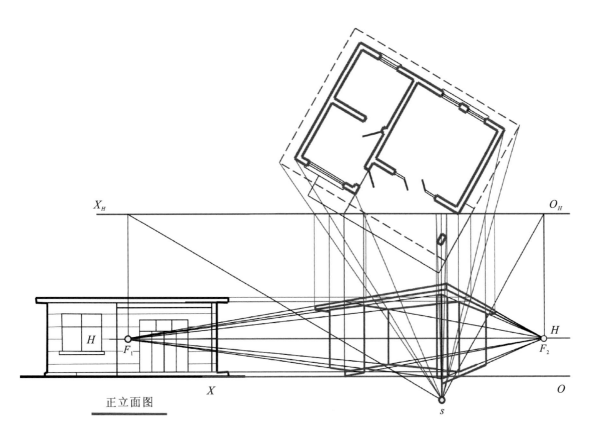

图4-64 房屋的两点透视3

（3）再用视线法同样画走廊与门窗线，注意不与画面相交的线要利用它们的延长线在画面上找迹点，作真高线，如图4-65、图4-66所示。

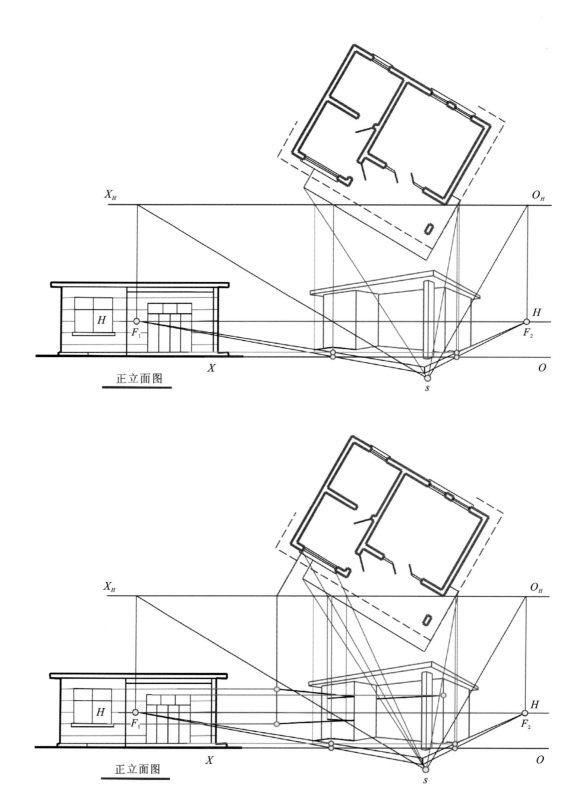

图4-65　房屋的两点透视4

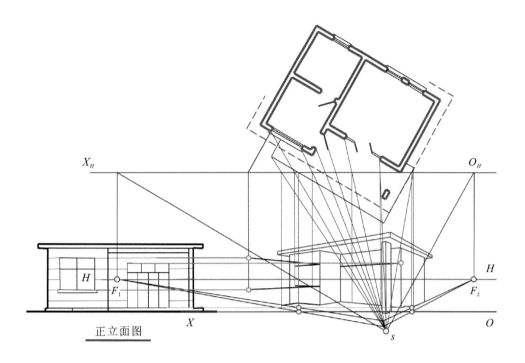

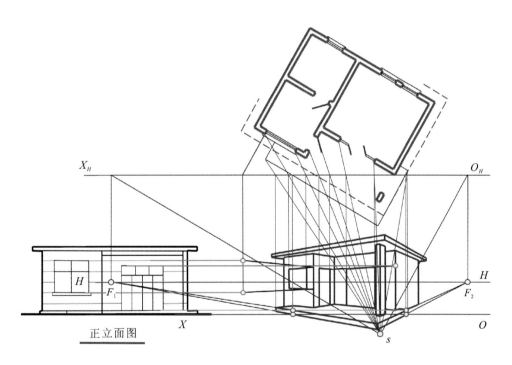

图 4-66　房屋的两点透视 5

　　以投影规律作为基础的设计表现图，其作用在于传达和沟通设计。初学者可用初步掌握的技法来进行实物速写，提高迅速记录和表达形象的能力，如图 4-67 所示。

图 4-67　水彩写生练习

（图片来源：胡彬绘）

　　平面图、立面图、轴测图、透视图等都是为了阐述设计师的构思理念，在运用时应该进行系统性的把握，如图 4-68 所示。

图 4-68　各种类型图纸的综合表现

（图片来源：GRICE G.建筑表现艺术［M］.天津：天津大学出版社，1999.）

（1）正轴测投影图的成图原理及画法。

（2）斜轴测投影图的成图原理及画法。

（3）透视投影图的成图原理及画法。

（1）轴测投影与正投影的区别是什么？ 轴测投影有什么特点？

（2）轴测轴、轴间角和轴向伸缩率是什么？

（3）正等轴测图的轴间角是多少？

（4）如何画圆的正等轴测图？

（5）透视图有几种类型，它们是如何形成的，各自有什么特点？

（6）如何选择视平线和视角？

（7）透视图的基本术语有哪些？

05

建筑设计制图与识图

人是建筑的主要使用者,也是建筑的设计者和建造者。任何建筑都是在一定物质基础之上完成的,它需要空间、材料和建造技术。建筑物的建造施工需要建筑设计师根据建设任务,对施工过程和使用过程中存在的或可能发生的问题,事先做好通盘的设想,拟定解决这些问题的办法、方案,并用设计图纸准确表达出来。建筑工程的设计图纸是建筑设计师根据正确的制图理论和方法,按照国家统一的建筑制图规范,将设计思想和设计意图准确地表现出来,作为项目建设、施工组织、工程验收和各工种在制作、建造工作中互相配合协作的共同依据。因此,从事建筑行业的设计师和其他工程技术人员都必须掌握基本的建筑设计制图和识图的基本技能。

5.1　建筑设计制图概述

第5.1节视频

　　在建筑工程中,从设计到施工各个阶段都离不开建筑设计的工程图纸。 实际上,建筑设计图纸就是借助一系列图形、符号、数字和字母的标注,以及必要的文字说明等工程语言,准确、完整地表达出建筑物的外部造型、形状大小、内部空间布置、各部分的相对位置关系,以及设备、材料、技术要求等,从设计到施工所必需的技术资料。

5.1.1　建筑的组成及其作用

　　建筑是供人们日常生活、生产、工作和学习的主要场所,是人类生存和发展的物质基础。 建筑根据使用功能和使用对象可以分为民用建筑和工业建筑。 一幢建筑是由基础、墙或柱、楼(地)面、屋面、楼梯、门、窗等组成的,如图 5-1 所示。

　　① 基础。 基础是建筑埋在地面以下的最下端部分。 它承受了建筑的全部荷载,并将这些荷载传给地基。

　　② 墙或柱。 墙或柱是建筑垂直竖向的承重构件,它们承受了屋顶和各楼层传下来的各种荷载,并最终传给基础。 外墙部分同时也是建筑的围护构件,抵御风雪(雨)及寒暑对室内的影响,而内墙也同时起着分隔房间的作用。

　　③ 楼(地)面。 楼面是建筑的水平承重和分隔构件,它将楼层的荷载通过楼板传给柱或墙。 地面则是指底层室内地坪,它只承受首层房间的荷载。

　　④ 屋面。 屋面是建筑顶部的围护和承重构件,主要起抵御风、雨、雪,以及保温、隔热和隔声的作用,同时承受自重及外部荷载。

　　⑤ 楼梯。 楼梯是多层和高层建筑中联系上下层的垂直交通设施,也是火灾等灾害发生时的紧急疏散通道。

　　⑥ 门。 门是具有人员出入、疏散、采光、通风、防火等多种功能的设施。

　　⑦ 窗。 窗主要起到采光、通风、传递、观察的作用。

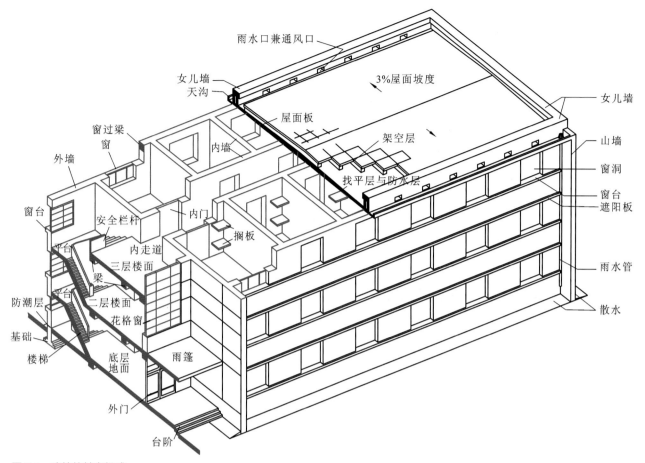

图 5-1 建筑的基本组成

此外，建筑还有通道、烟道、电梯、阳台、勒脚、雨篷、台阶、天沟、雨水管等配件和设施，它们在房屋中根据使用要求，发挥着各自的作用。

5.1.2 建筑施工图的内容

建筑施工图是将建筑物的平面布置、外形轮廓、尺寸大小、结构形式、构造和材料做法等内容，按照相应国家标准的规定，用正投影方法，详细、准确地画出的图样。它是用以组织和指导建筑施工、经济核算、工程监理、建筑建造的一套图纸。

建筑设计一般分为初步设计和施工图设计两个阶段，但对一些技术上复杂的工程项目，还需要增加技术设计阶段，或称扩大初步设计阶段。

（1）初步设计阶段。

初步设计是根据建设单位的设计任务和要求，现场调研和收集设计基础资料，通过绘制出的平面图、立面图、剖面图和总平面布置图等设计图纸，提出工程建设实施的初步方案，给出设计方案的技术和经济指标，并编制项目的总概算。但要注意的是，初步设计的图纸和相关文本文件只用来进行方案比较和项目审批，不能作为施工依据。

（2）施工图设计阶段。

施工图设计是在审批通过的初步设计图纸的基础上，按照施工要求，对设计方案进一步具体化、明确化，通过详细的计算和安排，绘制出正确、完整的用于指导施工的图纸，并编制施工图预算。

一幢建筑全套施工图包括建筑施工图、结构施工图、给水排水施工图、暖通空调施工图、电气施工图等各专业图纸。本书只针对建筑施工图进行说明。

建筑施工图主要是表达建筑物的总体布局、外部造型、内部布置、细部构造、内外装饰和施工要求等内容。它包括建筑设计说明和建筑总平面图、建筑平面图、建筑立面图、建筑剖面图和建筑详图等。

5.1.3　建筑施工图的绘制和相关规定

设计师应依据深度规定和制图标准，按照一定的逻辑模式正确表达施工图的相关内容。深度规定主要是指《建筑工程设计文件编制深度规定》和《民用建筑工程建筑施工图设计深度图样》（09J801），制图标准主要包括《房屋建筑制图统一标准》（GB/T 50001—2017）、《总图制图标准》（GB/T 50103—2010）和《建筑制图标准》（GB/T 50104—2010）。

5.1.4　建筑施工图常用的符号和记号

1. 定位轴线

为了方便建筑施工时的定位放线和图纸查阅，建筑物中承重的墙、柱、大梁、屋架等主要承重构件，都必须画出定位轴线来确定其位置。

根据国家标准规定，定位轴线应用细单点长画线绘制。轴线编号应注写在轴线端部的圆圈内，圆圈采用细实线绘制，直径一般为8 mm，详图上圆直径为10 mm。

在平面图上，定位轴线的编号一般标注在图样的下方或左侧，横向编号采用阿拉伯数字表示，按从左向右的顺序编写；竖向编号采用大写拉丁字母表示，按从下向上的顺序编写（拉丁字母的I、O、Z不得用作轴线编号，以免与数字混淆），如图5-2所示。在图形复杂的平面图中，定位轴线可以采用分区编号，如图5-3所示。编号的注写方式为"分区号-分区编号"，采用阿拉伯数字或大写拉丁字母表示。

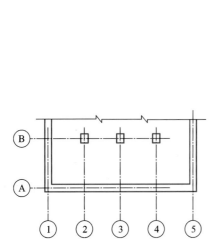

图5-2　定位轴线的编号

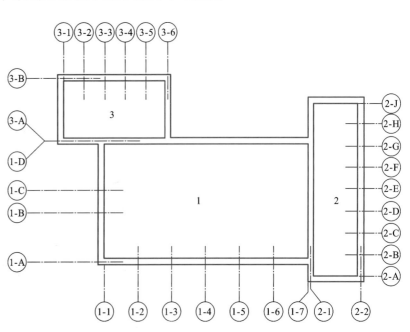

图5-3　定位轴线的分区编号

对于非承重的隔墙、次要构件等，需要采用附加定位轴线来确定其位置，也可以标注其与附近定位轴线的有关尺寸来确定。 附加定位轴线的编号采用分数形式表示。 两根轴线间的附加轴线，用分母表示前一轴线的编号，分子表示附加轴线的编号，编号通常用阿拉伯数字按顺序编号，如图 5-4 所示。

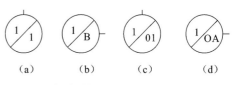

图 5-4　附加定位轴线的编号

在进行详图绘制时，通用详图中的定位轴线，一端只画圆，不注写轴线编号。 如果该详图适用于几根轴线，应同时标注有关轴线的编号，如图 5-5 所示。

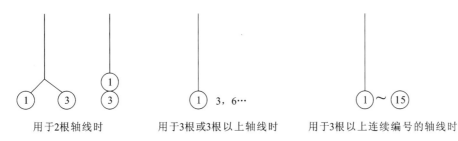

用于2根轴线时　　用于3根或3根以上轴线时　　用于3根以上连续编号的轴线时

图 5-5　详图的轴线编号

对于一些特殊形状的平面，比如圆形与弧形平面图中的定位轴线，其径向轴线以角度进行定位，其编号采用阿拉伯数字表示，从左下角或 −90°开始，按逆时针顺序编写；而环向轴线采用大写拉丁字母表示，按从外向内的顺序注写，如图 5-6 所示。 折线形平面图中定位轴线的编号可按图 5-7 所示的形式注写。

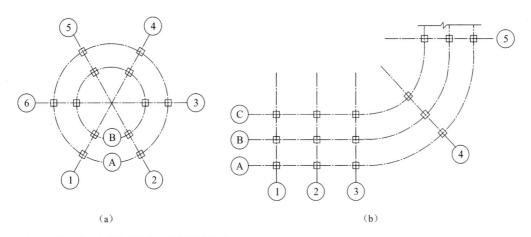

（a）　　　　　　　　　　　　　　　　（b）

图 5-6　圆形与弧形平面图中定位轴线的编号

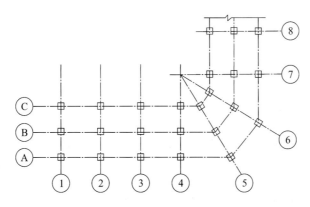

图 5-7　折线形平面图中定位轴线的编号

2. **索引符号、详图符号与引出线**

(1)索引符号。

建筑施工图中的某一局部或构件，由于比例较小或细部构造较复杂，往往需要另见详图，这时就会采用索引符号画出详图的位置。索引符号是由直径为 8～10 mm的圆和水平直径组成的，圆及水平直径用细实线绘制，如图 5-8(a)所示。

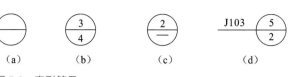

图 5-8　索引符号

索引符号的上半圆内用阿拉伯数字注明该详图的编号，在下半圆中用阿拉伯数字注明该详图所在图纸的编号，如图 5-8(b)所示。如果索引出的详图与被索引的详图在同一张图纸内，应在下半圆中间画一段水平细实线来表示，如图 5-8(c)所示。另外，索引出的详图如采用标准图，则应在索引符号水平直径的延长线上加注该标准图集的编号，如图 5-8(d)所示。

当索引符号用于索引剖视详图时，应在被剖切的部位绘制剖切位置线，并以引出线引出索引符号，引出线所在的一侧应为剖视方向，如图 5-9 所示。

零件、钢筋、杆件、设备等的编号一般以直径为 4～6 mm 的细实线圆表示，同一图样应保持一致，其编号应用阿拉伯数字按顺序编写，如图 5-10 所示。

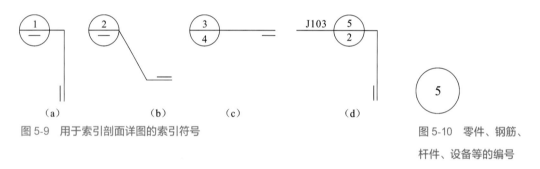

图 5-9　用于索引剖面详图的索引符号

图 5-10　零件、钢筋、杆件、设备等的编号

(2)详图符号。

详图符号是用来表示详图位置和编号的符号，详图符号的圆使用直径为 14 mm 的粗实线绘制。当详图与被索引的图样同在一张图纸内时，应在详图符号内用阿拉伯数字注明详图的编号，如图 5-11(a)所示。如果不在同一张图纸内，应用细实线在详图符号内画一水平直径，在上半圆内注明详图编号，在下半圆内注明被索引的图纸编号，如图 5-11(b)所示。

(3)引出线。

当图样上某些部位需要引出文字说明、符号编号和尺寸标注等时，常使用引出线进行注写。引出线一般采用水平方向的直线，或与水平方向成 30°、45°、60°、90°角的直线，并经上述角度再折为水平线。文字说明一般注写在水平线的上方或水平线的端部，如图 5-12(a)、(b)所示。索引详图的引出线应与水平直径线相连接，如图 5-12(c)所示。

(a) 与被索引图样同在一张图纸内的详图符号　(b) 与被索引图样不在同一图纸内的详图符号

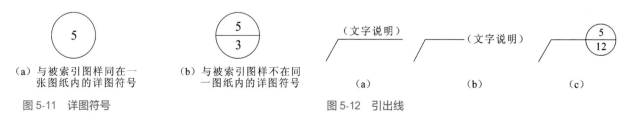

图 5-11　详图符号

图 5-12　引出线

同时引出几个相同部分的引出线宜互相平行，也可画成集中于一点的放射线，如图 5-13 所示。

多层构造或多层管道共用的引出线必须通过被引出的各层，并用圆点示意对应各层次。 文字说明一般注写在水平线的上方或水平线的端部，说明的顺序自上而下，并且应与被说明的层次一一对应。 如果层次为横向排序，则自上而下的说明顺序应与由左至右的层次相对应，如图 5-14 所示。

图 5-13　共用引出线

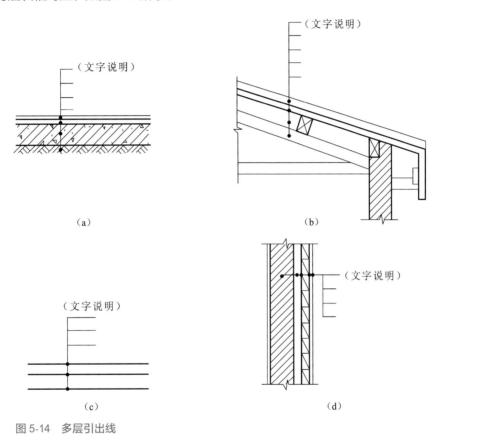

图 5-14　多层引出线

3. 标高符号

标高表示建筑物各部分的高度，是建筑物某一部位相对于基准面的竖向高度。 在建筑施工图的总平面图、平面图、立面图和剖面图中，建筑物各部分或各个位置的高度主要用标高来表示。 在一般建筑中，通常取底层室内主要地面作为相对标高的基准面。

标高符号应以等腰直角三角形表示，并以细实线绘制，如图 5-15(a)所示。 当标注位置不够时，可按图 5-15(b)所示形式绘制。 具体画法如图 5-15(c)、(d)所示。

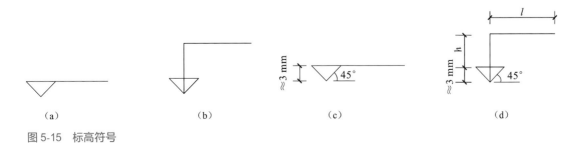

图 5-15　标高符号

总平面图室外地坪标高符号用涂黑的三角形表示，具体画法如图 5-16 所示。

标高符号的尖端应指至被注高度的位置。 尖端一般向下，空间不够也可以向上。 标高数字应注写在标高符号的上侧或下侧，如图 5-17 所示。

标高数字应以米为单位，注写到小数点后第三位。 在总平面图中，可注写到小数点后第二位。 零点标高应注写成 ±0.000，正数标高不需要注 "＋"，负数标高应注 "－"，例如 3.000、－0.600。 如果在图样的同一位置需表示几个不同标高时，标高数字可按图 5-18 所示形式注写。

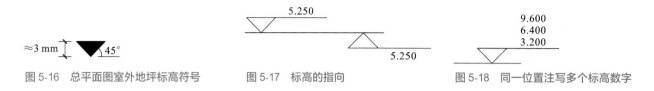

图 5-16　总平面图室外地坪标高符号　　　图 5-17　标高的指向　　　图 5-18　同一位置注写多个标高数字

4. 其他符号

（1）对称符号和连接符号。

当建筑物或构配件的图形对称时，可以在图形的对称中心处绘制对称符号，以省略另一半图形。 对称符号用对称线和两端的两对平行线组成。 对称线用单点长画线绘制，平行线用实线绘制，其长度为 6～10 mm，每对间距一般为 2～3 mm。 对称线垂直平分于两对平行线，两端一般超出平行线 2～3 mm，如图 5-19 所示。

连接符号用来表示构件图形两个部位的相接关系，折断线表示需要连接的部分。 当两部位相距过远时，折断线两端靠图样一侧注写大写拉丁字母表示连接编号。 两个被连接的图样应用相同的字母编号，如图 5-20 所示。

（2）指北针。

指北针是用来表示建筑物朝向的符号。 其形状如图 5-21 所示，圆的直径宜为 24 mm，用细实线绘制。 指针尾部的宽度宜为 3 mm，指针头部注写 "北" 或 "N"。

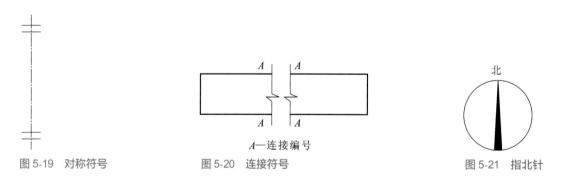

图 5-19　对称符号　　　图 5-20　连接符号　　　图 5-21　指北针

5.1.5　建筑施工图识读的方法和步骤

1. 准备工作

建筑施工图的绘制是投影理论、图示方法和有关专业知识的综合应用，如果想准确读懂施工图纸的内容，就必须做好相应的准备工作。

① 正确掌握投影原理，熟悉建筑物的基本构造。

② 熟悉相关的标准，掌握建筑施工图的图示内容和表达方法。

③ 熟识建筑施工图中常用的图例、符号、线型、尺寸和比例的意义。

2. 识读方法和步骤

同学们必须掌握正确的建筑施工图识读方法和步骤。在识读整套图纸时，应按照"总体了解、顺序识读、前后对照、重点细读"的方法进行识读。

① 总体了解。一般是先看图纸目录、总平面图和设计总说明，大致了解工程概况，如设计单位、建设单位、建设地点、周围环境、施工技术要求等。先对照目录检查图纸是否齐全，采用了哪些标准图，以及是否备齐这些标准图；再深入阅读建筑平面图、立面图、剖面图等基本图样，详细了解整个建筑物的总体布局、外部造型、内部布置、细部构造等技术要求。

② 顺序识读。在施工图识读时，依照由外向里、由大到小、由粗至细，先整体后局部，先文字后图样，先图形后尺寸的原则仔细阅读。

③ 前后对照。在施工图识读时，要注意平面图、立面图、剖面图对照着看，基本图样和详图对照着看，图形与文字对照着看，重点看轴线及各种尺寸关系，以熟悉整个建筑工程的技术要求。

④ 重点细读。细读有关施工图的重点部位，特别注意各类图纸之间的联系，及时发现问题，避免发生矛盾、造成损失。

想要正确熟练地识读建筑施工图，还需要深入施工现场，对照图纸观察实物。

5.2 建筑设计说明和建筑总平面图

第5.2节视频

5.2.1 建筑设计说明

设计说明是建筑施工图设计的纲要，不仅对设计和施工起到控制和指导的作用，也为施工、审查、建设单位了解建筑的设计意图提供依据。

建筑设计说明的主要内容如下。

（1）设计依据：依据性文件名称和文号，如批文、本专业设计所执行的主要法规和所采用的主要标准及设计合同等。

（2）项目概况：内容一般包括建筑名称、建设地点、建设单位、建筑面积、建筑基底面积、项目设计规模等级、设计使用年限、建筑层数、建筑高度、建筑防火分类和耐火等级、人防工程类别和防护等级、人防建筑面积、屋面防水等级、地下室防水等级、主要结构类型、抗震设防烈度等，以及能反映建筑规模的主要技术经济指标，如住宅的套型和套数（包括套型总建筑面积等）、旅馆的客房间数和床位数、医院的床位数、车库的停车泊位数等。

（3）设计标高：工程的相对标高与总图绝对标高的关系。

（4）用料说明和室内外装修：①墙体、墙身防潮层、地下室防水、屋面、外墙面、勒脚、散水、台阶、坡道、油漆、涂料等处的材料和做法，墙体、保温等主要材料的性能要求，可用文字说明或部分文字说明，部分直接在图上引注或加注索引号，其中应包括节能材料的说明；②室内装修部分除用文字说明外，亦可用表格形式表达，在表上填写相应的做法或代号；较复杂或较高级的民用建筑应另行委托室内装修设计；凡属二次装修的部分，可不列装修做法表和进行室内施工图设计，但对原建筑设计、结构和设备设计有较大改动时，应征得原设计单位和设计人员的同意。

（5）对采用新技术、新材料和新工艺的做法说明及对特殊建筑造型和必要的建筑构造的说明。

（6）门窗表及门窗性能（防火、隔声、防护、抗风压、保温、隔热、气密性、水密性等）、窗框材质和颜色、玻璃品种和规格、五金件等的设计要求。

（7）幕墙工程（玻璃、金属、石材等）及特殊屋面工程（金属、玻璃、膜结构等）的特点，节能、抗风压、气密性、水密性、防水、防火、防护、隔声的设计要求，饰面材质、涂层等主要的技术要求，并明确与专项设计的工作及责任界面。

（8）电梯（自动扶梯、自动步道）选择及性能说明（功能、额定载重量、额定速度、停站数、提升高度等）。

（9）建筑防火设计说明，包括总体消防及建筑单体的防火分区、安全疏散、疏散人数和宽度计算、防火构造、消防窗设置等。

（10）无障碍设计说明，包括总体及建筑单体内的各种无障碍设施要求等。

（11）建筑节能设计说明，包括设计依据、项目所在地气候分区、建筑分类、围护结构的热工性能限值、围护结构的构造组成和节能技术措施、建筑体形系数计算、窗墙面积比计算和围护结构热工性能计算等。

（12）根据工程需要采取的安全防范和防盗要求及具体措施，隔声、减振、降噪、防污染、防辐射等的要求和措施。

（13）需要专业公司进行深化设计的部分，对分包单位明确设计要求，确定技术接口的深度。

（14）当项目按绿色建筑要求建设时，应有绿色建筑设计说明。

（15）当项目按装配式建筑要求建设时，应有装配式建筑设计说明，包括概况和设计依据、建筑专业相关的装配式建筑技术选项内容和拟采用的技术措施、装配式建筑特有的建筑节能设计内容等。

（16）其他需要说明的问题。

5.2.2 建筑总平面图

1. 总平面图的概念和用途

将拟建工程一定范围内的新建、原有和将拆除的建筑物及其周边地形地貌状况，用水平投影方法和相应的图例得到的图样，称为总平面布置图，简称总平面图。建筑总平面图是用来表达新建建筑的平面形状、位置、朝向及其与周边环境的关系的。它是工程建设区域的总平面设计、新建筑施工定位、道路和绿化规划、土方施工等的重要依据。

2. 总平面图的主要图示内容

（1）保留建设场地内的地形和地物，标出地形测量坐标网或建筑坐标网及其坐标值。

（2）场地范围的测量坐标和施工坐标（或定位尺寸），道路红线、建筑控制线、用地红线等的位置。

（3）场地四邻原有及规划的道路、绿化带等的位置（主要坐标或定位尺寸），周边场地用地性质以及主要建筑物、构筑物、地下建筑物等的位置、名称、性质、层数。

（4）建筑物、构筑物的定位坐标或相互关系尺寸、名称或编号、层数和室内设计标高等。

（5）广场、停车场、运动场地、道路、围墙、无障碍设施、排水沟、挡土墙、护坡等的定位（坐标或相互关系尺寸）。如有消防车道和扑救场地，应注明。

（6）指北针或风玫瑰图。

（7）建筑物、构筑物使用编号时，应列出"建筑物和构筑物名称编号表"。

（8）图纸说明：设计依据、尺寸单位、比例、建筑的绝对标高、坐标及高程系统、补充图例、主要技术经济指标和工程量表等。

上面所列内容应根据建设工程的特点和实际情况而定。

3. 总平面图的图示方法

（1）总平面图的图线宽度 b 应根据图样的复杂程度和比例，按《房屋建筑制图统一标准》（GB/T 50001—2017）中图线的有关规定选用。

（2）总平面图制图应根据图纸功能，依据《总图制图标准》（GB/T 50103—2010）表 2.1.2 规定的线型选用。

（3）总平面图制图采用的比例宜为 1∶300、1∶500、1∶1000、1∶2000，一个图样一般只选用一种比例。

（4）总平面图中的坐标、标高、距离以米为单位。坐标以小数点后三位数标注，不足以"0"补齐；标高、距离以小数点后两位数标注，不足以"0"补齐。

（5）建筑物、构筑物、铁路、道路方位角（或方向角）和铁路、道路转向角的度数，注写到"秒"，特殊情况应另加说明。

（6）总平面图应按上北下南方向绘制。根据场地形状或布局，可向左或右偏转，但不宜超过 45°。同时图中应绘制指北针或风玫瑰图，如图 5-22 所示。

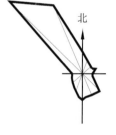

图 5-22　风玫瑰图

（7）坐标网格应以细实线表示。测量坐标网应画成交叉十字线，坐标代号宜用"X、Y"表示；建筑坐标网应画成网格通线，自设坐标代号宜用"A、B"表示，如图 5-23 所示。坐标为负数时，应标注"—"号，为正数时，"+"号可以省略。

（8）总平面图上有测量和建筑两种坐标系统时，应在附注中注明两种坐标系统的换算公式。

（9）表示建筑物、构筑物位置的坐标应根据不同设计阶段要求标注，当建筑物与构筑物与坐标轴线平行时，可标注其对角坐标。与坐标轴线成角度或建筑平面复杂时，宜标注三个以上坐标。根据工程具体情况，建筑物、构筑物也可采用相对尺寸进行定位。

（10）建筑物、构筑物、铁路、道路、管线等还应标注以下部位的坐标或定位尺寸：建筑

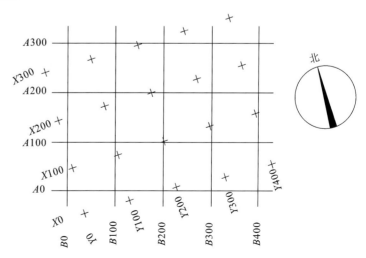

图 5-23　坐标网格

物、构筑物的外墙轴线交点；圆形建筑物、构筑物的中心；皮带走廊的中线或其交点；铁路道岔的理论中心，铁路、道路的中线或转折点；管线的中线交叉点和转折点；挡土墙起始点、转折点，墙顶外侧边缘等。

（11）建筑物应以接近地面处的±0.000 标高平面作为总平面。

（12）总平面图中标注的标高一般为绝对标高，当标注相对标高时，则应注明相对标高与绝对标高的换算关系。

（13）标高符号按照现行国家标准《房屋建筑制图统一标准》（GB/T 50001—2017）的有关规定进行标注。

（14）总平面图上的建筑物、构筑物应注写名称，名称宜直接标注在图上。 当图样比例小或图面无足够位置时，也可编号列表标注在图内。 当图形过小时，可标注在图形外侧附近处。

（15）总平面图上的铁路线路、铁路道岔、铁路及道路曲线转折点等，也应进行编号。

4. 总平面图的识读

现以如图 5-24 所示的某学校校园的总平面图为例，说明总平面图的识读方法。

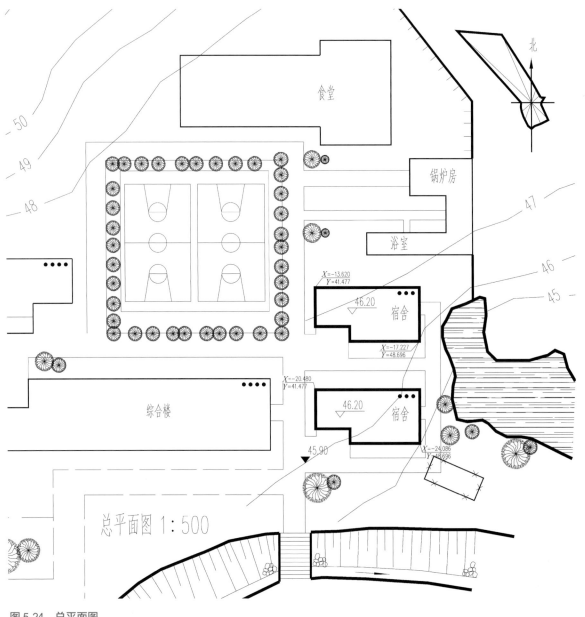

图 5-24　总平面图

（1）总平面图由于所绘区域范围较大，所以一般绘制时会采用较小的比例，比如 1∶500、1∶1000、1∶2000 等。 从图 5-24 中可以看出，此学校校园的总平面图比例为 1∶500。 图中图例采用了《总图制图标准》（GB/T 50103—2010）表 3.0.1 中所规定的图例。

（2）从总平面图中可以了解项目用地及周边的工程性质、地形地貌和周围环境等情况。 如图 5-24 所示，新建工程是某学校校园内两幢相同的学生宿舍楼，每幢层数为三层，底层地面绝对标高为 46.20 m，它的北向是浴室、锅炉房和食堂；西向有综合楼和篮球场；此外，周围还有待拆房屋、水面和道路等。

（3）在总平面图中，等高线用来表示地形的自然状态和起伏情况，从图 5-24 中所注的底层地面和等高线的标高，可知该用地西北高、东南低，自西向东倾斜，从而可了解雨水的排流方向，并可计算填挖土方的数量。

（4）新建房屋的位置在总平面图上的标定方法有两种：一是以邻近原有永久性建筑物的位置为依据，标注相对尺寸；二是用坐标确定位置，通常应标注出建筑三个角的坐标。 当建筑与坐标轴平行时，可只标注出其对角坐标，如图 5-24 中宿舍楼标注出了对角的两个坐标。

（5）总平面图上应标注指北针或风玫瑰图来注明建筑的朝向和该地区的常年风向频率。 风玫瑰图是根据当地风向资料，将全年中不同风向的天数用同一比例画在一个十六方位线上，然后用实线连接成多边形（虚线表示夏季的风向频率），其箭头表示北向，最大数值为主导风向。 如图 5-24 中右上角所示，该地区全年最大的主导风向为西北风。

另外，在总平面图中，还需表达出新建建筑四周的道路、绿化规划及管线布置等情况。

5.3 建筑平面图

第5.3节视频

5.3.1 建筑平面图的概念和用途

1. 建筑平面图的概念

假想用一个水平剖切平面沿门窗洞口的某个位置剖切，去掉上面部分，对剖切面以下部分作水平正投影，得到的水平剖面图，称为建筑平面图。 建筑平面图实质上就是建筑物各层的水平剖面图。

一般来说，建筑有几层，就应画出几个平面图，并在图形的下方标注相应的图名、比例等。 建筑平面图包括以下几种。

沿建筑底层窗洞口剖切所得到的平面图，称为底层（首层、一层）平面图。 底层平面图主要反映整个底层的平面布置情况，比如房间的分隔和组合、出入口、门厅、走廊、楼梯、门窗等的布置和相互关系，建筑室内外相关的其他构配件的位置和大小，以及标高、剖切符号、指北针等符号和图例等。

当建筑中间各层的房间数量、大小和布置相同时，可只画一个平面图表示，称为标准层平面图。 标准层平面图主要反映中间各层的平面布置情况。

建筑最上面一层的平面图称为顶层平面图。 顶层平面图主要反映建筑顶层的平面布置情况。

在房屋的上方，向下作屋顶外形的水平投影而得到的投影图称为屋面平面图。屋面平面图主要表示屋面的形状、排水方向和坡度等，因为内容相对简单，一般可用缩小比例绘制。

此外，当不同楼层平面布置基本相同，只有局部不同时，对于不同部分可以用局部平面图来表示，如卫生间、楼梯间等。

2. 建筑平面图的用途

建筑平面图主要是表达建筑物的平面形状，房间的布置、形状和大小、墙和柱的位置、厚度和材料，门窗的类型和位置，以及其他建筑构配件的位置和大小等。它是建筑施工图最基本的图样，是施工放线、砌墙、门窗安装和室内装修及编制预算的重要依据。

5.3.2 建筑平面图的图示内容和方法

1. 建筑平面图的图示内容

（1）承重和非承重墙、柱及其定位轴线和轴线编号；内外门窗位置、编号及定位尺寸，门的开启方向；房间的名称或编号。

（2）轴线总尺寸或外包总尺寸、轴线间尺寸、柱距（开间）和跨度（进深）尺寸、门窗洞口尺寸、分段尺寸。

（3）墙身厚度（包括承重和非承重墙）、柱（壁柱）截面尺寸和与轴线关系尺寸。

（4）室内外地面标高、楼层标高（底层地面为±0.000）。

（5）电梯、自动扶梯和步道、楼梯（含消防梯）的位置和上下方向及主要尺寸。

（6）主要结构和建筑构配件的位置、尺寸和索引，如中庭、天窗、地下室、地沟、地坑、重要设备和设备机座、各种平台、夹层、检查孔、墙上预留洞、阳台、雨篷、台阶（踏步）、坡道、散水、排水沟、通风道、垃圾道、消防梯等的位置尺寸与标高等。

（7）主要建筑设备和固定家具的位置及相关索引，如卫生器具、水池、台、橱、柜、隔断等。

（8）剖面图的剖切符号、编号及指北针（一般只注写在底层平面图中）。

（9）标注有关平面节点详图或详图索引符号。

（10）平面图尺寸和轴线，如为对称平面，可省略重复部分的分尺寸；楼层平面除开间、跨度等主要尺寸及轴线编号，与底层相同的尺寸可省略；楼层标准层可共用一个平面，但须注明层次范围及标高。

（11）屋面平面图应绘制女儿墙、檐口、天沟、坡度、坡向、雨水口、屋脊（分水线）、变形缝、楼梯间、水箱间、电梯机房、天窗、屋面上人孔、消防梯及其他构筑物、详图索引符号等。

（12）建筑平面较长、较大时，可分区绘制，但须在各分区底层平面上绘出组合示意图，并注明分区编号。

（13）根据工程性质及复杂程度，应绘制复杂部分的局部放大平面图。

（14）具体内容可根据具体工程项目的实际情况进行取舍。

2. 建筑平面图的图示方法

（1）建筑平面图的图线是根据图样的复杂程度和比例，按照《房屋建筑制图统一标准》（GB/T 50001—2017）的有关规定进行选用的，如图5-25所示。被剖切到的墙或柱断面轮廓线用粗实线表示；没有剖切到的可见轮廓

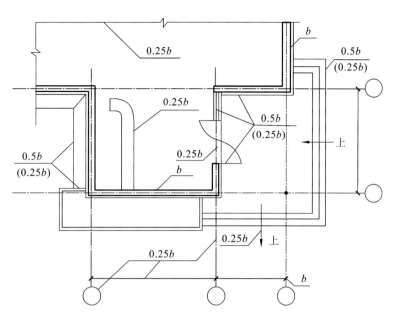

图 5-25　平面图图线宽度选用示例

线，如窗台、台阶、梯段、散水等用中实线表示；其他尺寸线、尺寸界线、引出线、标高符号等图线用细实线表示；轴线应用细单点长画线来表示。

（2）建筑平面图的常用比例是 1∶50、1∶100、1∶150、1∶200 和 1∶300，其中 1∶100 使用最多。因为建筑平面图绘制比例相对较小，所以一般采用图例表示建筑的构造及配件，《建筑制图标准》（GB/T 50104—2010）也规定了各种常用构造及配件图例，如表 5-1 所示。比例大于 1∶50 时，平面图应画出抹灰层的面层线，并画出各层材料图例；比例等于 1∶50 时，抹灰层的面层线可根据需要确定；比例为 1∶200～1∶100 时，抹灰层面层线可不表示，只表达简化的材料图例。

表 5-1　常用构造及配件图例

序号	名称	图例	备注
1	墙体		1.上图为外墙，下图为内墙； 2.外墙细线表示有保温层或有幕墙； 3.应加注文字或涂色或图案填充表示各种材料的墙体； 4.在各层平面图中防火墙宜着重以特殊图案填充表示
2	隔断		1.加注文字或涂色或图案填充表示各种材料的轻质隔断； 2.适用于到顶与不到顶隔断
3	玻璃幕墙		幕墙龙骨是否表示由项目设计决定
4	栏杆		—

序号	名称	图例	备注
5	楼梯	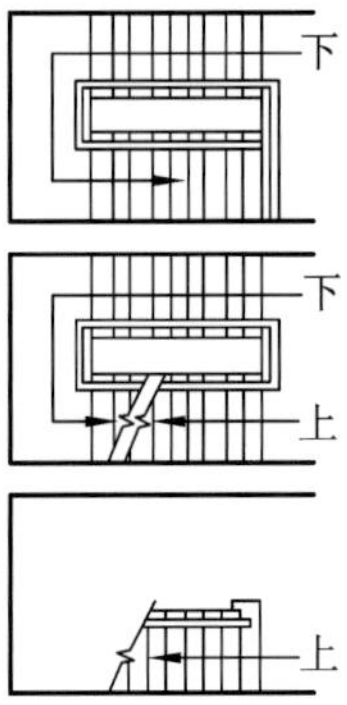	1.上图为顶层楼梯平面,中图为中间层楼梯平面,下图为底层楼梯平面; 2.需设置靠墙扶手或中间扶手时,应在图中表示
6	坡道	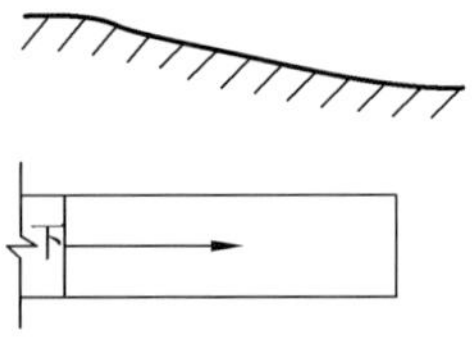	长坡道
		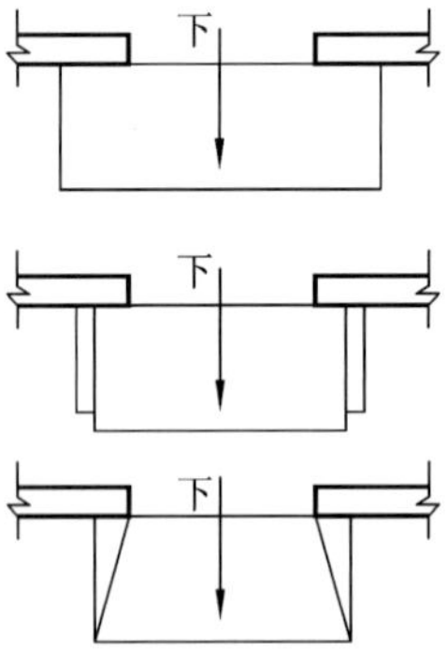	上图为两侧垂直的门口坡道,中图为有挡墙的门口坡道,下图为两侧找坡的门口坡道
7	台阶	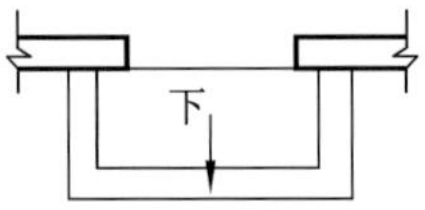	—
8	平面高差	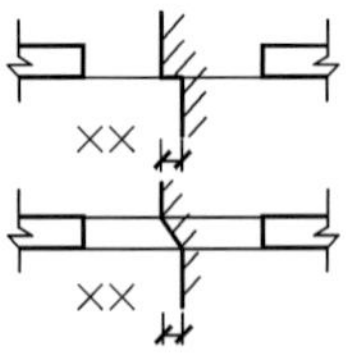	用于高差小的地面或楼面交接处,并应与门的开启方向协调
9	孔洞		阴影部分亦可填充灰度或涂色代替
10	检查口		左图为可见检查口,右图为不可见检查口

序号	名称	图例	备注
11	墙预留洞、槽	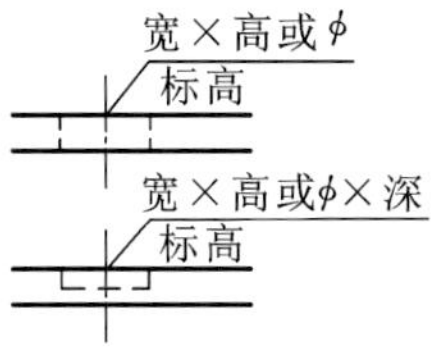 宽×高或φ 标高 / 宽×高或φ×深 标高	1.上图为预留洞,下图为预留槽; 2.平面以洞(槽)中心定位; 3.标高以洞(槽)底或中心定位; 4.宜以涂色区别墙体和预留洞(槽)
12	地沟	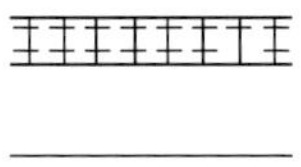	上图为有盖板地沟,下图为无盖板明沟
13	烟道	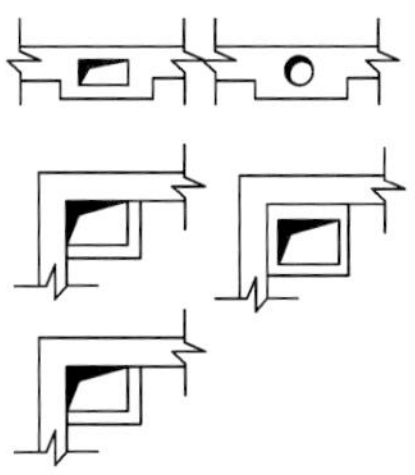	1.阴影部分亦可填充灰度或涂色代替; 2.烟道、风道与墙体为相同材料,其相接处墙身线应连通; 3.烟道、风道根据需要增加不同材料的内衬
14	风道		
15	新建的墙和窗	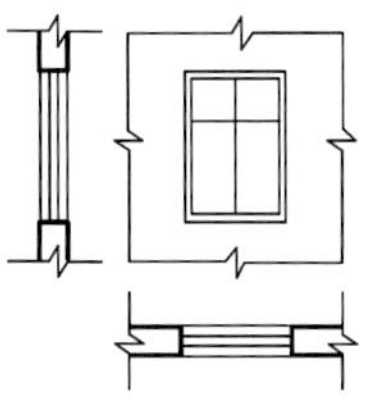	—
16	改建时保留的墙和窗	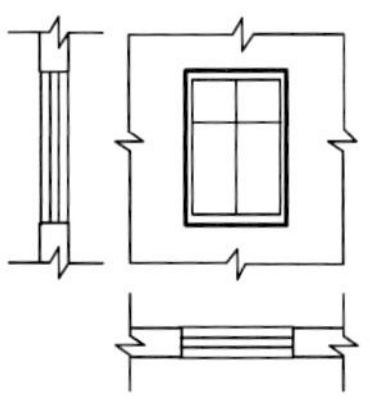	只更换窗,应加粗窗的轮廓线

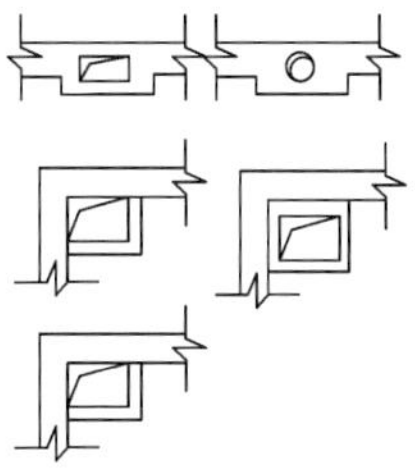

序号	名称	图例	备注
17	拆除的墙	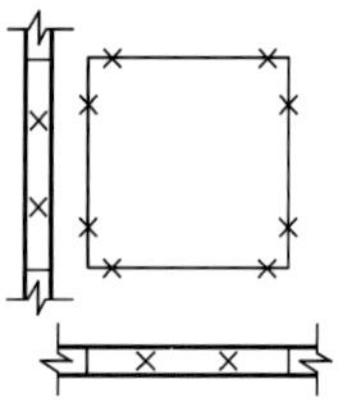	—
18	改建时在原有墙或楼板新开的洞	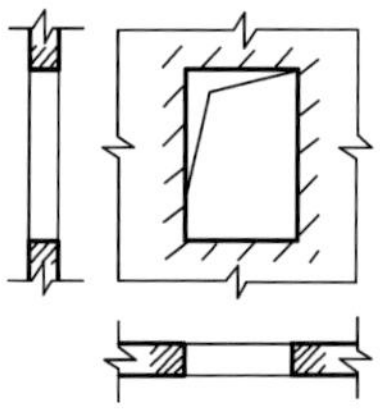	—
19	在原有墙或楼板洞旁扩大的洞	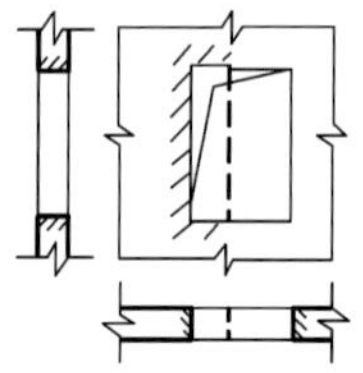	图示为洞口向左边扩大
20	在原有墙或楼板上全部填塞的洞	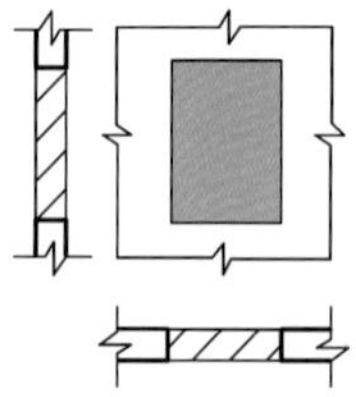	全部填塞的洞 图中立面填充灰度或涂色

（3）建筑平面图通常标注三道尺寸，最外面一道是外包尺寸，表示建筑外轮廓的总长或总宽的尺寸；中间一道是轴线间的尺寸，表示房间的开间或进深的尺寸；最里面一道是细部尺寸，表示建筑各细部构件的大小和位置，比如墙柱的大小和位置、门窗间墙体以及各细小部分的构造尺寸等。

另外，平面图还需要标注某些局部尺寸，比如内墙厚度、内墙门窗洞口宽度、台阶、坡道、花池和散水等细部尺寸。

（4）建筑平面图应注明各个房间的名称或编号。编号应注写在直径为 6 mm 的细实线绘制的圆圈内，并应在同张图纸上列出房间名称表。

（5）对于平面较大的建筑，可分区绘制平面图，但每张平面图均应绘制组合示意图。各区分别用大写拉丁字母编号。在组合示意图中，需要提示的分区采用阴影线或填充的方式表示。

5.3.3 建筑平面图的识读

现以某学校学生宿舍的底层平面图为例，如图 5-26 所示，说明建筑平面图的识读方法。

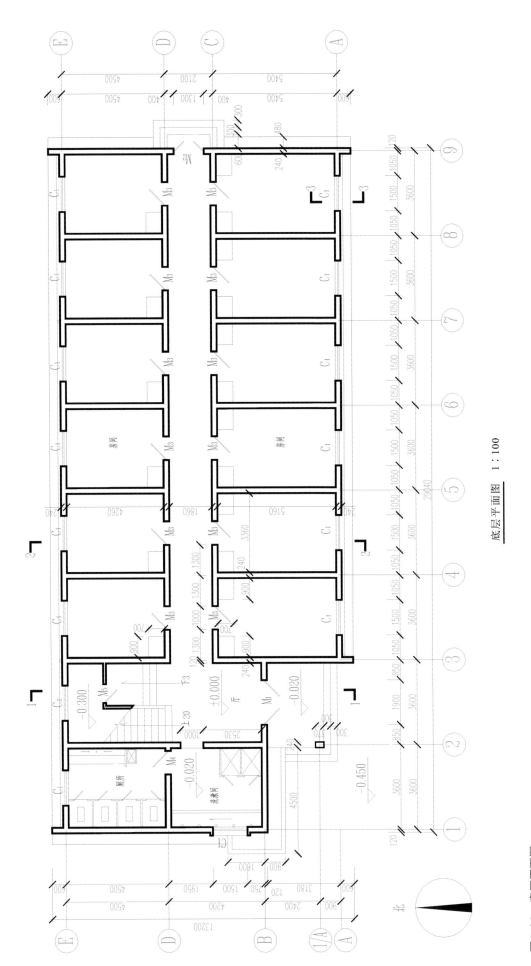

底层平面图 1 : 100

图5-26 底层平面图

（1）从平面图的图名、比例和文字说明可知，该图为某学生宿舍底层平面图，比例为 1 ： 100。 从图样左下角指北针可以看出，此建筑为坐北朝南。

（2）从平面图的形状可以看出，该宿舍楼平面基本形状为一字形，外墙总长 29040 mm、总宽 13200 mm，由此可计算出此建筑的占地面积。

（3）从平面图中定位轴线的编号及其间距可以看到承重墙体的位置和各房间的尺寸大小。 本例横向轴线从①到⑨共计 8 个开间，每个开间均为 3600 mm；竖向轴线从Ⓐ到Ⓔ有 5 条定位轴线，一个附加定位轴线，其中Ⓐ～Ⓒ和Ⓓ～Ⓔ为房间的进深，尺寸分别为 5400 mm 和 4500 mm，Ⓒ～Ⓓ为内走廊的轴线距离，宽度为 2100 mm。

（4）从平面图中可以看出，该宿舍楼为内廊式建筑，房间布置在走廊两侧，西侧第二开间（轴线②～③）设置了主要入口和楼梯间，走廊最东侧设有一个次要入口，楼梯间西侧为洗漱间和厕所。

（5）从平面图中可以了解到平面各部分的尺寸（包括外部尺寸和内部尺寸）和标高。 平面图中的标高通常采用相对标高，常规将底层室内主要房间地面标高定为 ± 0.000。 在本例底层平面图中，室内地面标高为 ± 0.000，门厅外平台处标高为 － 0.020，室外地坪标高为 － 0.450。

（6）从平面图中门窗的图例和编号可以看出门窗的类型、数量和位置。 门窗一般采用专门的代号标注，其中门的代号为 M，窗的代号为 C，代号后面用数字表示它们的编号，如 M1，M2…和 C1，C2…，同一编号的门窗代表它们是同一类型。 每个工程的门窗编号、名称尺寸、数量及其所选标准图集的编号等内容，都会在首页图上的门窗表中列出。

（7）从平面图中还可以了解其他细部（如楼梯和各种卫生设备等）的配置和位置情况。 图中实例设有一部楼梯，一个洗漱间和厕所，洗漱间内有洗手池和淋浴间，厕所有蹲坑及小便池。

（8）从平面图中可以看到，建筑外部设有台阶和散水，具体尺寸见图中所注。

（9）从底层平面图中还可以看到建筑剖面图的剖切位置（1—1 和 2—2）、索引符号等在底层平面图中，方便与后面的剖面图对照查阅。

其他层的平面图和底层平面图表达略有不同，主要反映在各层楼梯图例不同，其次各层标高也不同。 另外，底层平面图上一般都有室外的台阶、散水、指北针等，其他楼层平面图只需要表示下一层的雨篷、遮阳板、屋顶平台等。

5.3.4　建筑平面图的绘制

现以某学校学生宿舍的底层平面图为例说明平面图的绘制步骤，如图 5-27 所示。

（1）画定位轴线、墙或柱轮廓线，如图 5-27（a）所示。

（2）定门窗洞口的位置，画细部，如楼梯、台阶、盥洗室、厕所、散水等，如图 5-27（b）所示。

（3）标注轴线编号、标高尺寸、内外部尺寸、门窗编号、索引符号以及注写其他文字说明。 在底层平面图中，应明显绘制剖切位置线，并在图外适当的位置画上指北针图例，以表明方位。 在平面图下方写出图名及比例等，完成平面图。

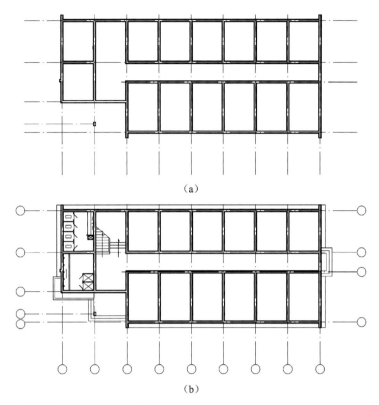

(a)

(b)

图 5-27　建筑平面图绘制步骤

5.4　建筑立面图

第5.4节视频

5.4.1　建筑立面图的概念和用途

1. 建筑立面图的概念

在与建筑物各个外立面平行的投影面上所作的正投影图，称为建筑立面图。建筑立面图有以下三种命名方式。

（1）按建筑立面的主次命名，如正立面图、背立面图和侧立面图等。

（2）按建筑物的朝向命名，如南立面图、北立面图、东立面图和西立面图等。

（3）按立面图两端的轴线编号命名，如①～⑨立面图和Ⓐ～Ⓔ立面图等。

2. 建筑立面图的用途

建筑立面图是建筑外垂直面正投影的可视部分，用来表示建筑物的外貌特征、各部分配件的形状、相互关系以及外立面装修做法等，是建筑施工中进行高度控制和外墙装饰的技术依据，是建筑施工图的重要图样。

5.4.2 建筑立面图的图示内容和方法

1. 建筑立面图的图示内容

(1)在立面图中应标注建筑物两端的定位轴线和编号，方便与平面图对照阅读。

(2)立面图要绘制室内外地面线、墙身勒脚、台阶、坡道、花池、门窗、雨篷、阳台、室外的楼梯、墙柱、外墙的空洞、女儿墙墙顶、檐口、雨水管、外墙面分格线和其他装饰构件等。

(3)在立面图中应标注外墙各主要部位的标高，比如室内外地面、台阶、雨篷、阳台、屋顶、檐口、女儿墙、门窗洞口上下位置等处的标高或高度。

(4)在立面图中还应标注外墙各部分构造、装饰节点详图索引。用图例、文字或列表说明外墙各部位所用材料、色彩和做法。

2. 建筑立面图的图示方法

(1)建筑立面图中的图线应根据图样的复杂程度和比例，按《房屋建筑制图统一标准》（GB/T 50001—2017）的有关规定选用。

为了使立面图图形表达清晰和有立体感，立面图绘制一般采用多种线型。比如建筑立面最外围的轮廓线用粗实线表示；台阶、花池、雨篷、阳台、檐口、门窗洞口等用中实线表示；门窗扇、栏杆、花格、雨水管、墙面分格线、有关说明的引出线和标高符号等均用细实线表示；室外地坪线用加粗实线表示。

(2)建筑立面图的绘制比例应与平面图保持一致，门窗按规定图例绘制。

(3)建筑立面图应表达出包括投影方向可见的建筑外轮廓线和墙面线脚、构配件、墙面做法及必要的尺寸和标高等。标高一般标注在图形外，用引出线从所需标注处引出，统一竖向排在一列。

(4)平面形状曲折的建筑物，可绘制展开立面图。圆形或多边形平面的建筑物可分段展开绘制立面图，但均应在图名后加注"展开"二字。

(5)较简单的对称式建筑物或对称的构配件等，在不影响构造处理和施工的情况下，立面图可绘制一半，并应在对称轴线处画对称符号。

(6)在建筑立面图中，相同的门窗、阳台、外檐装修、构造做法等可在局部重点表示，并绘出其完整图形，其余部分可只画轮廓线。

(7)在建筑立面图中，应绘制清楚外墙面分格线，注明各部位所用材料、色彩和做法。

(8)有定位轴线的建筑物，应按照两端定位轴线编号标注立面图名称。无定位轴线的建筑物可按朝向或外立面主次确定立面图名称。

5.4.3 建筑立面图的识读

现以某小型博物馆的Ⓔ～Ⓐ立面图为例，如图 5-28 所示，说明立面图的识读方法。

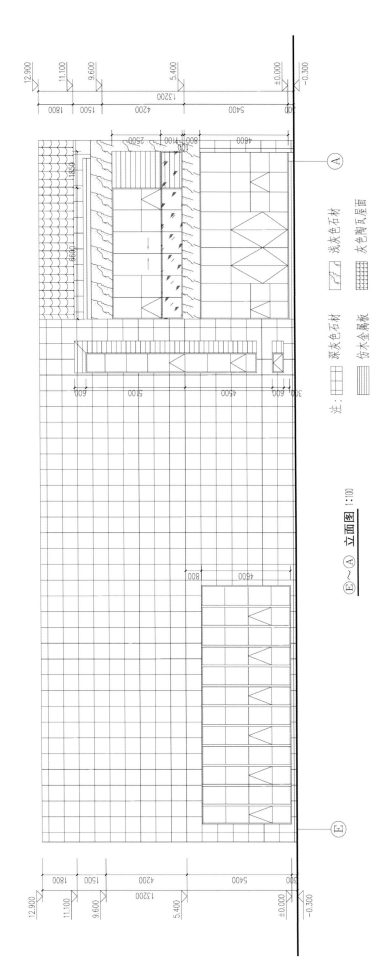

图5-28 建筑立面图

（1）从图名和轴线的编号并对照建筑平面图（图 5-29）可知，该图是表示建筑西向的立面图（Ⓔ～Ⓐ立面图），比例是 1∶100。

（2）从立面图中可以看到建筑西向立面的外貌特征，该建筑物最右端底层有台阶，判断可知必有一个出入口，正好与建筑平面图相对应。

（3）立面图一般必须标注室内外地坪、檐口、女儿墙、雨篷、门窗、台阶等处的标高（所注标高为完成面标高），尺寸主要以标高的形式注出。 从图中可以看到，建筑室内外高差为 300 mm，女儿墙顶端标高为12.900。

（4）从图中墙身分格线、图例和文字说明可知，外墙立面主要采用深灰色石材，主入口上部采用少量浅灰色石材和仿木金属板，屋顶局部采用了灰色陶瓷瓦屋面。

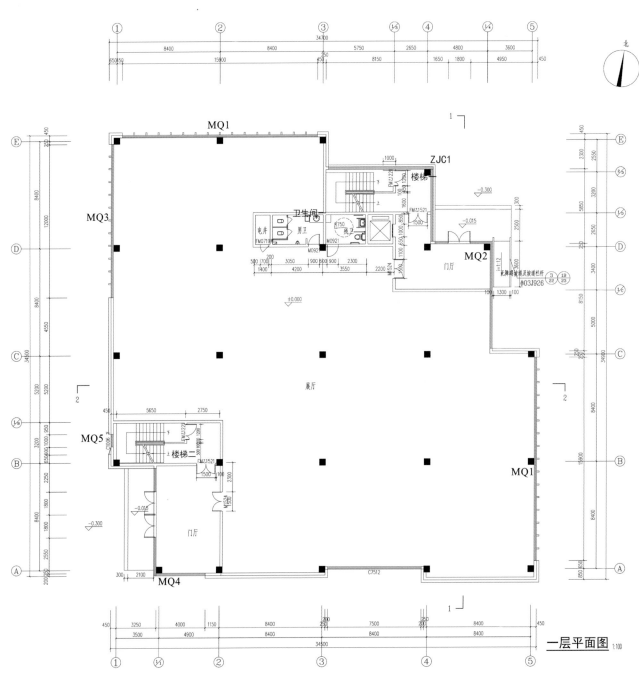

图 5-29　建筑平面图

5.4.4 建筑立面图的绘制

现以某小型博物馆的Ⓔ～Ⓐ立面图为例，说明立面图的绘制步骤，如图 5-30 所示。

（1）画室外地坪线，外墙轮廓线，屋面线，如图 5-30（a）所示。

（2）根据层高、各部分标高和平面图门窗洞口尺寸，画出立面图中门窗洞口、檐口、台阶、阳台等细部的外形轮廓，如图 5-30（b）所示。

（3）画出门窗扇、墙面分格线，并按规定线型加深图线。 两端画上首尾轴线及编号，注写标高、图名、比例及有关文字说明。

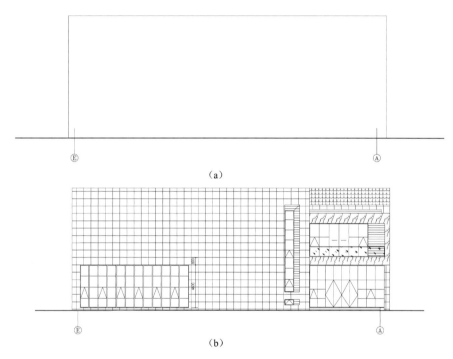

图 5-30　立面图的绘制步骤

5.5　建筑剖面图

第5.5节视频

5.5.1　建筑剖面图的概念和用途

1. 建筑剖面图的概念

假想用一个或多个垂直于外墙轴线的剖切平面将建筑剖开，去掉靠近观察者的部分，对剩余部分所作的正投影图，称为建筑剖面图。

根据建筑的具体情况和施工的实际需要，建筑剖面图有横剖面图和纵剖面图。 横剖面图是沿建筑宽度方向平行于纵向轴线的剖面图。 纵剖面图是沿建筑长度方向平行于横向轴线的剖面图。

2. 建筑剖面图的用途

建筑剖面图用于表示建筑物内部结构、构造形式、垂直方向的高度、分层情况、楼地面和屋顶的构造以及各构配件在垂直方向的相互关系等。它与建筑平面图、立面图互相配合来表达建筑的整体情况，是建筑施工图的重要图样和施工的主要依据之一。

5.5.2 建筑剖面图的图示内容和方法

1. 建筑剖面图的图示内容

（1）绘制墙、柱、定位轴线和轴线编号。

（2）绘制室外地坪、底层地面、地坑、地沟、各层楼板、夹层、平台、吊顶、屋架、屋面、天窗、檐口、女儿墙、门、窗、楼梯、台阶、坡道、散水、阳台、雨篷、洞口及其他装修等剖切或可见的内容。

（3）标注门窗洞口高度、层间高度、室内外高差、女儿墙高度、阳台栏板高度及总高度（室外地坪至檐口或女儿墙顶）等外部尺寸；标注地坑（沟）深度、隔断、洞口、平台、吊顶等内部尺寸。

（4）标注室外地坪、底层地面、各层楼面、楼梯平台、地下各层地面的标高，门窗洞口标高，屋面、檐口、女儿墙顶、高出屋面的水箱间、楼梯间、机房顶部等建筑物或构筑物的标高。

（5）根据需要标注相关的节点构造详图索引符号和文字说明。

2. 建筑剖面图的图示方法

（1）建筑剖面图的图线应根据图样的复杂程度和比例，按《房屋建筑制图统一标准》（GB/T 50001—2017）的有关规定选用。

在剖面图中，室内外地面线用加粗实线表示；剖切到的墙身、楼板、屋面板、楼梯段、楼梯平台等轮廓线用粗实线表示；未剖切到的可见轮廓线（如门窗洞口、楼梯段、楼梯扶手和内外墙轮廓线）用中实线表示；门窗扇、分格线、雨水管等用细实线表示；尺寸线、引出线和标高符号等也用细实线表示。

（2）剖面图的绘制比例与平面图、立面图应保持一致。当比例大于 1∶50 时，剖面图应绘制抹灰层、保温隔热层等与楼地面、屋面的面层线，并应画出详细的材料图例；比例等于 1∶50 时，剖面图应绘制出保温隔热层、楼地面、屋面的面层线，抹灰层的面层线可根据需要确定；比例小于 1∶50 时，剖面图可只画出楼地面、屋面的面层线，抹灰层不必绘制；比例为 1∶200～1∶100 时，剖面图可只画出楼地面、屋面的面层线，断面画出简化的材料图例；比例小于 1∶200 时，屋面的面层线和材料图例都不需要画出。

（3）应根据设计需要选择建筑室内外空间比较复杂，层高和层数有变化，能反映全貌、构造特征以及有代表性的部位进行剖切，同时在底层平面图中标明对应的剖切符号。

（4）剖面图中还应包括剖切面和投影方向可见的建筑构造、构配件及必要的尺寸、标高等。

（5）在剖面图中，凡需要绘制详图的部位，都要画上索引符号。

5.5.3 建筑剖面图的识读

现以某学校学生宿舍中的 1—1 剖面图为例，如图 5-31 所示，说明剖面图的识读方法。

（1）由图 5-31 可知，该图为 1—1 剖面图，比例为 1∶100，与平面图、立面图相同。

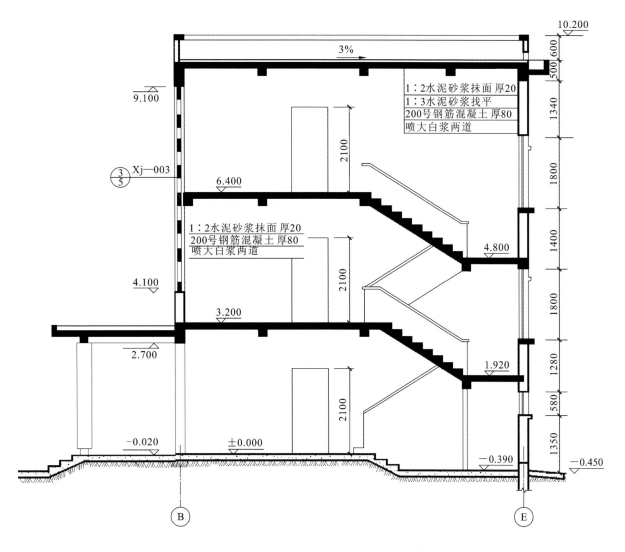

10.200

3%

600
500

9.100

1340

1:2水泥砂浆抹面 厚20
1:3水泥砂浆找平
200号钢筋混凝土 厚80
喷大白浆两道

6.400

2100

3/5 Xj—003

1800

1:2水泥砂浆抹面 厚20
200号钢筋混凝土 厚80
喷大白浆两道

4.100

2100

4.800

1400

3.200

2.700

1800

2100

1.920

1280

−0.020

±0.000

−0.390

580

1350

−0.450

B

E

1—1剖面图 1:100

图 5-31　建筑剖面图

（2）由图名、轴线编号以及对应平面图（图 5-26）上的剖切位置和轴线编号可知，1—1 剖面图是横剖面图，剖切位置在②～③轴之间的门窗洞口处，剖切后向左投影。

（3）由图 5-31 可知，此房屋的垂直方向承重构件是用砖砌筑的，而水平方向承重构件是由钢筋混凝土构成的，所以它属于混合结构形式。图中可以看到墙体与梁板、门窗洞口等的连接情况。

（4）由图 5-31 可知，剖面图绘制了主要承重墙的轴线，标注了轴线编号以及轴线的间距尺寸。在外侧竖向注出了建筑的主要部位，即室内外地坪、楼地面、檐口或女儿墙顶面等处的标高及高度方向的尺寸。

（5）在剖面图中，外墙窗格另见详图，详图选用标准图集 XJ—003。

5.5.4　建筑剖面图的绘制

现以某学校学生宿舍中的 1—1 剖面图为例，说明剖面图的绘制步骤，如图 5-32 所示。

（1）绘制定位轴线、室内外地坪线、各层楼地面线和屋面线，并画出墙身，如图 5-32（a）所示。

（2）确定门窗位置及细部，如梁、板、檐口、女儿墙等，如图 5-32（b）所示。

（3）标注标高尺寸和其他尺寸，并书写图名、比例及有关文字说明。

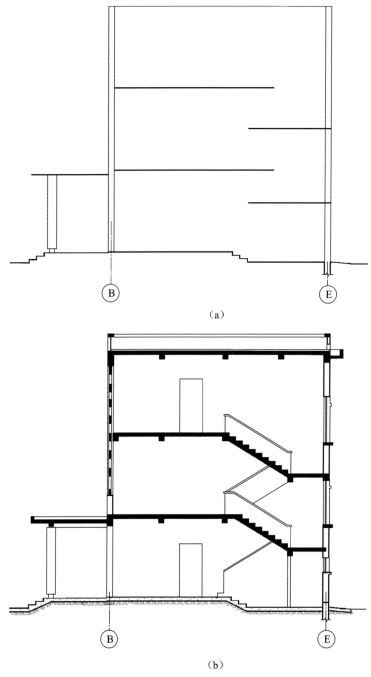

（a）

（b）

图 5-32　建筑剖面图的绘制步骤

5.6　建筑详图

第5.6节视频

5.6.1　建筑详图的一般知识

1. 建筑详图的概念和用途

　　建筑平面图、立面图、剖面图通常采用较小的比例绘制，因此建筑物的部分细部构造无法清晰表达。 根据建筑施工的需要，建筑物的某些建筑构配件和局部构造节点采用较大比例将其形状、大小、材料和做法，按照正投影图绘制的图样，称为建筑详图。

建筑详图是建筑平面图、立面图、剖面图等基本图样的深化和补充，是建筑细部施工、建筑构配件制作及编制预算的重要依据。

2. 建筑详图的图示内容和方法

建筑详图的图线应根据图样的复杂程度和比例，按《房屋建筑制图统一标准》（GB/T 50001—2017）的有关规定选用。 建筑详图的绘制比例一般采用 1∶10、1∶20、1∶25、1∶30、1∶50 等。

建筑详图的图示内容和方法，一般是根据该部位构造的复杂程度而定。 有的只需要一个剖面详图就能表达清楚，比如墙身详图；有的还需要另加平面详图，比如楼梯间、厕所等，或者立面详图，比如门窗、阳台等；有时还需要另加轴测图作为补充说明。

在建筑详图中标注的详图符号应与建筑平面图、立面图、剖面图中需要绘制详图部位的索引符号对应一致，以便相关图样对照识读。

对于套用标准图或通用图的建筑构配件和构造节点，只需要注明所套用图集的名称、编号或页次，可不必另画详图。

建筑详图一般包括外墙、楼梯、台阶、阳台、雨篷等构造详图，门、窗、幕墙、浴厕设施等配件和设施详图，及其室内外装饰方面的构造、线脚、图案等装饰详图。 下面以外墙详图和楼梯详图为例介绍建筑施工图中建筑详图的制图知识。

5.6.2 外墙详图

1. 外墙详图的概念和用途

外墙详图也称外墙大样图或者外墙剖面图，它实际上是建筑剖面图中外墙部分的局部放大图。 外墙详图是墙体砌筑、室内外装修、门窗安装、编制施工预算以及材料估算的重要依据。

2. 外墙详图的图示内容和方法

外墙详图主要用于表示建筑墙体与屋面(檐口)、楼地面的连接，门窗过梁、窗台、勒脚、散水、明沟、雨篷等处的构造。

外墙详图的图示方法如下。

(1)详图一般采用 1∶20 等较大比例绘制。

(2)通常采用折断画法。 若多层房屋中，楼层各节点相同，可只画底层、顶层或加一个中间层来表示。 画图时往往在窗洞中间处断开，成为几个节点详图的组合。

(3)详图的线型与剖面图一样，但由于比例较大，所有内外墙应用细实线画出粉刷线并标注材料图例。

(4)详图上所注尺寸与建筑剖面图基本相同。

3. 外墙详图的识读

现以某学校学生宿舍的外墙剖面详图 3—3 剖面为例，如图 5-33 所示，说明外墙详图的识读方法。

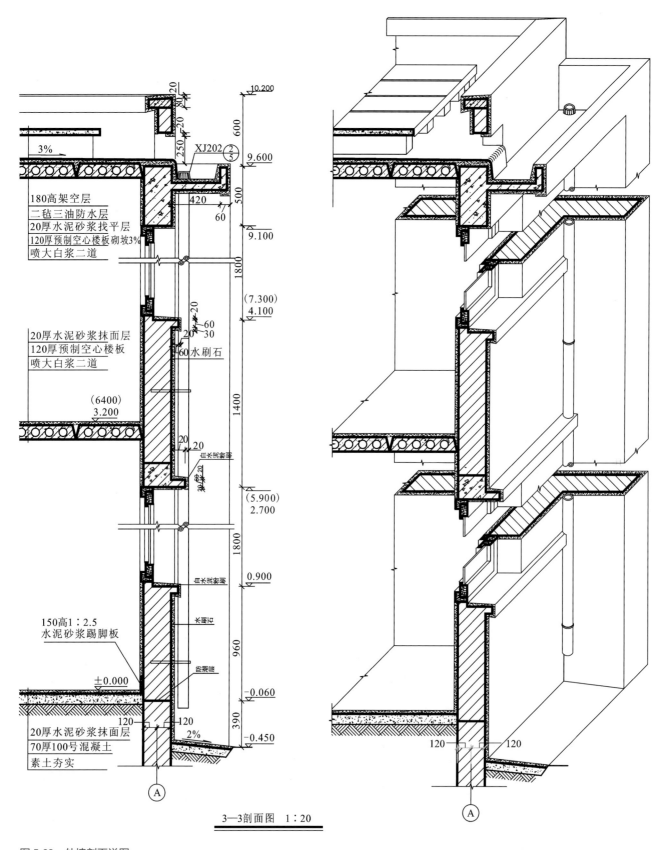

图 5-33　外墙剖面详图

3—3剖面图　1:20

180高架空层
二毡三油防水层
20厚水泥砂浆找平层
120厚预制空心楼板砌坡3%
喷大白浆二道

20厚水泥砂浆抹面层
120厚预制空心楼板
喷大白浆二道

150高1:2.5
水泥砂浆踢脚板

20厚水泥砂浆抹面层
70厚100号混凝土
素土夯实

（1）根据剖面详图的编号，对照建筑平面图 5-26 所示相应的剖切符号，可知该详图的具体剖切位置和投影方向，详图为Ⓐ轴线上⑧～⑨轴墙身剖面，砖墙的厚度为 240 mm。该详图比例为 1：20。

（2）从该详图可以看到，构造层次较多的地方，比如屋面、楼地面等处，都用分层构造说明的方法表示。

（3）从详图可知，底层及标准层窗过梁由圈梁代替，顶层窗过梁单独设置，楼板为预制钢筋混凝土空心楼板，窗框位置设于定位轴线内侧。

（4）该详图详细标注了室内外地坪、楼面、屋面、窗台、圈梁或过梁以及檐口等处的标高，还标注了窗台、檐口等部位的高度尺寸及细部尺寸。同时，从图中还能看到建筑散水坡度 2%，屋面排水坡度 3%。

5.6.3 楼梯详图

1.楼梯详图的概念和用途

楼梯是多层和高层建筑上下层联系的重要交通设施，主要由楼梯段（包括踏步、梯板或斜梁）、休息平台、栏杆或栏板等组成。楼梯详图主要表示楼梯的类型、结构形式、各部位的尺寸及踏步、栏板等装修做法，是楼梯施工放样的主要依据。

楼梯的建筑详图一般包括楼梯平面图、剖面图和节点详图。

2.楼梯平面图

（1）楼梯平面图的概念和用途。

用一个水平剖切平面在楼梯间每层楼地面以上某个位置剖切后，向下作正投影所得到的图样，称为楼梯平面图，如图 5-34 所示。

楼梯平面图实际上是建筑各层平面图中楼梯间的局部放大图，主要表示梯段的长度和宽度、上行或下行方向、踏步数、休息平台宽度、栏杆（栏板）和扶手的位置及其平面形状等。

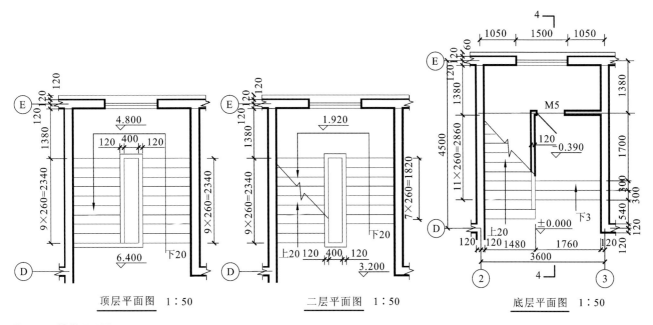

图 5-34 楼梯平面图

（2）楼梯平面图的图示内容和方法。

楼梯平面图选用线型与建筑平面图一样。绘制比例一般采用 1∶50。

对于多层或高层建筑，一般都要绘制出每层的楼梯平面图。若中间各层的楼梯位置及其梯段数、踏步数和大小都相同，则可只画出底层、中间层（标准层）和顶层三个平面图。

在楼梯平面图中，各层平面图应注出该楼梯间的定位轴线。底层平面图中还应注明楼梯剖面图的剖切位置。楼梯平面图中还要标注楼梯间的开间和进深尺寸、楼地面和平台面处的标高以及各细部的详细尺寸。另外，梯段的水平投影长度尺寸可以和踏步数、踏步宽的尺寸合并注写。

在楼梯平面图中，各层被剖切到的梯段，均在平面图中以 45°折断符号表示。同时在每一梯段处应画带有箭头的指示线，在指示线尾部注写"上"或"下"字样及踏步数，表示从该层楼地面上行或下行的方向和踏步总数。

通常各层楼梯平面图应画在同一张图纸内，并互相对齐，以便对照识读。

（3）楼梯平面图的识读。

现以某学校学生宿舍中的楼梯平面图为例，如图 5-34 所示，说明楼梯平面图的识读方法。

对照建筑底层平面图（图 5-26），从楼梯平面图可知，此楼梯位于横向②～③、纵向Ⓓ～Ⓔ处。开间 3600 mm，进深 4500 mm，墙的厚度为 240 mm，楼梯段的宽度为 1360 mm，梯井的宽度为 400 mm。

由楼梯底层平面图上的指示线可以看出楼梯的走向。从楼梯二层和顶层平面图可看出，休息平台的宽度为 1380 mm。楼梯段长度尺寸为 260×9 mm＝2340 mm，表示该梯段有 9 个踏面，每一个踏面宽度为 260 mm。

从各图中可以看到楼地面、休息平台的标高均已标出。在底层平面图中，还标注了楼梯剖面图对应的剖切位置及编号（4—4）。

（4）楼梯平面图的绘制。

现以图 5-34 中所示的二层楼梯平面图为例，说明楼梯平面图的绘制步骤。

① 画出楼梯间的定位轴线和墙厚、门窗洞位置，确定平台宽度、梯段宽度和长度。

② 采用两平行线间距任意等分的方法划分踏步。

③ 绘制栏板（或栏杆）、上下行箭头，注写标高、尺寸、剖切符号、图名、比例及有关文字说明等。

2. 楼梯剖面图

（1）楼梯剖面图的概念和用途。

用一个竖直剖切平面，沿梯段的长度方向从上到下将楼梯间剖开，向另一未剖到的梯段方向作正投影所得到的图样，称为楼梯剖面图。

楼梯剖面图主要表示建筑的层数、楼梯的段数、踏步数、类型及其结构形式，以及楼地面、休息平台、栏杆或栏板等的相互关系和构造做法。

（2）楼梯剖面图的图示内容和方法。

楼梯剖面图中一般要注明地面、楼面、休息平台面等处的标高，梯段、栏杆或栏板、窗洞等的高度尺寸，以及踏步的踏面宽度、踢面高度、踏步级数和局部构配件的索引符号。

楼梯剖面图一般与其平面图画在同一张图纸上，通常采用 1∶50 等比例进行绘制。

在多层和高层建筑中，若中间各层楼梯构造相同，则采用折断画法（与外墙剖面详图处理方法相同）。若楼梯间屋面没有特殊之处，一般省略不画。

（3）楼梯剖面图的识读。

现以某学校学生宿舍中的楼梯剖面图为例，如图 5-35 所示，说明楼梯剖面图的识读方法。

对照楼梯平面图（图 5-34），可在楼梯底层平面图中找到 4—4 剖面图（图 5-35）相应的剖切位置，4—4 剖面图是从右往左作正投影而得到的。该剖面图墙体轴线编号为 Ⓓ 和 Ⓔ，其轴线尺寸为 4500 mm。

从 4—4 剖面图中可以看出，该宿舍楼有三层，每层的梯段数和踏步数详见图中所示。剖面图的左侧注有每个梯段高，如 12×160 mm = 1920 mm，8×160 mm = 1280 mm，10×160 mm = 1600 mm 等。其中，前面的 12、8 和 10 表示踏步数，160 mm 表示踏步高。

从剖面图中的索引符号可知，楼梯段踏步、扶手、栏板还另有详图。

（4）楼梯剖面图的绘制。

现以图 5-35 所示的某学校学生宿舍中的楼梯剖面图为例，说明楼梯剖面图的绘制步骤。

① 画出定位轴线，确定室内外地面、楼面、休息平台位置及墙身、楼（地）面厚度。

② 用等分两平行线间距离的方法划分踏步的宽度、步数和高度。

③ 绘制楼梯段、门窗、平台梁及栏杆等细部。

④ 在剖切到的轮廓范围内画上材料图例，注写标高和高度尺寸，在图下方注上图名及比例等。

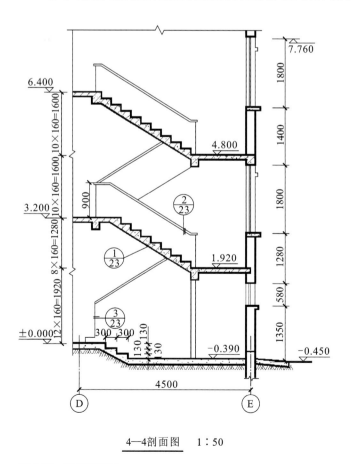

图 5-35　楼梯剖面图

3. 楼梯节点详图

楼梯平面图、剖面图只表达了楼梯的基本形状和主要尺寸，还需要详图表达各节点的构造和细部尺寸。

楼梯节点详图主要包括楼梯踏步、扶手、栏杆或栏板等详图。 楼梯节点通常采用建筑构造通用图集中的做法，以表明它们的断面形式、细部尺寸、材料和构造节点及面层装修做法等，如图 5-36 所示。

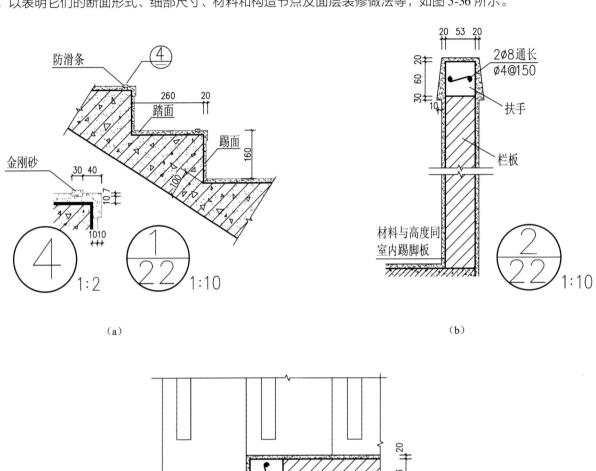

图 5-36　楼梯节点详图

06

室内设计制图与识图

通常情况下，人们对室内设计的理解非常简单，认为室内设计就是装修房间，谁都能会一些。普通住宅规模、体量较小，当业主要求不是很高时，貌似人人都可以进行装修，但是如果对建筑空间的风格和品质要求较高，室内设计除应满足基本功能需求外，还应满足空间、形式、材料和工艺水平等的要求，设计就不能仅仅停留在装修层面了。面对具有复杂性和挑战性的空间设计时，专业设计师的作用就会凸显出来。规模、体量比较大，功能空间比较复杂的建筑，对室内设计师的要求会更高。室内设计师如未经过专业训练，将很难能满足此类设计工作的要求。随着国民生活水平的日益提高，人们对建筑室内环境品质的要求也越来越高。随着社会的不断发展，在室内设计领域，新的材料、技术和工艺也不断出现，室内设计的专业属性日益加强，其专业制图已成为从事室内设计、装饰装修以及工程监理等工作的人员必须掌握的一门专业技术基础知识。

6.1 室内设计制图概述

第6.1节视频

室内设计图纸是室内设计人员根据设计制图理论和方法，按照国家统一的建筑制图规范，将设计思想和设计意图准确表现出来的图纸。设计者通过室内设计工程图纸进行室内方案设计、深化设计及施工图设计等。不同阶段的设计图纸绘制深度不同，如施工图阶段的图纸需要说明室内空间的平面布置、界面处理、装修构造、材料工艺与做法，是指导室内工程施工的重要依据。室内设计图纸必须做到规范化和标准化，因此，必须严格按照国家建筑制图标准相关规定进行绘制，以提高室内设计制图的工作效率。

6.1.1 室内设计制图的依据

室内设计制图没有建筑设计制图那么严格以及规范的要求，建筑设计制图有很多相关的国家明文规范要求，室内设计制图则是以建筑设计制图的相关标准为基础。市面上主流的设计公司，一般根据自己的需求，编制适合自己的制图标准。因此，在室内设计行业，每家公司的制图标准是不一样的，这会导致图纸最终呈现的效果有所区别，但不同公司仍是采用正投影法绘图，且绝大多数是套用现行的建筑制图国家标准，制图遵循的原理也都是相同的。同学们应熟悉国家标准《建筑制图标准》（GB/T 50104—2010）（图 6-1）、行业推荐标准《房屋建筑室内装饰装修制图标准》（JGJ/T 244—2011）（图 6-2）等关于设计制图的标准。此外，国内一些影响力较大的设计公司也会有公司专属的出图标准，同学们在学习及工作中可作为参考书籍使用。如 dop 公司编写的《dop 室内施工图制图标准》（图 6-3）。

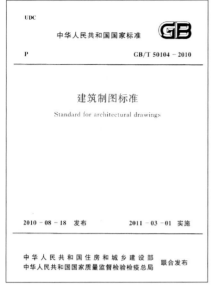

图 6-1 《建筑制图标准》(GB/T 50104—2010)

图 6-2 《房屋建筑室内装饰装修制图标准》(JGJ/T 244—2011)

图 6-3 《dop 室内施工图制图标准》

6.1.2 室内设计制图的目的

室内设计工作大体上可以分为四个阶段，即前期准备阶段，初步方案设计阶段，深入、定稿阶段，设计实施阶段。 不同的阶段有不同的设计要求及规范。

室内施工图是应用于室内装饰项目设计实施阶段的施工图纸，用于表现设计意图、配合报价、指导施工。正规工程项目的室内施工图由具备国家认可的设计资质的设计单位进行绘制，图纸最终以工程蓝图的形式呈现，图纸上需要有相关设计人员的签名及设计公司的施工图签。

在室内设计制图中，一套完整、规范的设计图纸数量比较多，为方便阅者快速地查阅、归档，应编制相应的图纸目录。 图纸目录是对设计图纸的汇总，应涵盖室内设计施工图的全套图纸，大致有设计说明、原始结构图、结构改造图、平面图、立面图、天花图、水电图和节点详图等。

6.1.3 室内施工图绘制的基本知识

室内设计可以理解为建筑设计的内延，作为建筑设计的分支，室内施工图原则上应该遵循建筑制图标准。由于室内设计的多样性和特殊性，工作中，每个公司都有各自的习惯与标准，图纸标准并不统一。

1. 室内施工图的要求

（1）图纸体系清晰：图纸目录体系编制完整；图纸索引逻辑清晰。

（2）表达准确：符合方案设计要求；图纸正确率高；图纸表达符合国家或行业相关标准的要求。

（3）合规：图纸内容符合国家相关法律、法规的规定；图纸深度符合报价、施工的要求。

2. 室内施工图的作用

（1）如实体现方案设计，保证创意效果。

（2）指导现场施工，保证施工工艺的可实施性。

（3）用于项目招投标工作。

（4）用于向相关职能部门报审、报批。

3. 室内施工图的图纸构成

下面我们以常规住宅为例，来展示一套完整的室内施工图应由哪些图纸构成。

室内施工图的图纸构成往往并不固定，会根据项目的不同而有所变化，但是一般情况下，一套完整的室内施工图应该包括目录、设计说明、材料表、平面图体系（里面包含了平面布置图、地坪布置图、天花布置图等）、立面图、门表图、节点图等（图6-4）。

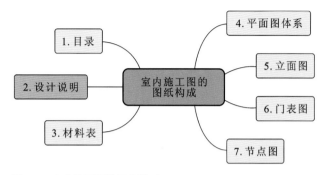

图6-4　室内施工图的图纸构成

（1）目录。

目录（图6-5）是把一套施工图包含的内容编写出来，让看图的人知道这一套施工图中包含了哪些内容。目录一般以表格形式编写，显示该套施工图中的图纸张数，以及每张图纸的图名、图号、出图日期等相关信息。

（2）设计说明。

设计说明（图6-6）主要包括项目情况、设计依据、施工要点、材料工艺、注意事项等内容。

（3）材料表。

材料表（图6-7）是以材料为对象，从材料编号、规格、使用位置等方面，对于一套图纸使用的材料进行归纳、整理、说明，让看图的人明确地知道这套施工图中某处使用的材料类型、某种材料的编号等相关信息。

（4）平面图体系。

① 平面布置图（图6-8）。平面布置图是对整个空间布局划分和空间内容的表达，主要包括墙体、活动家具、固定家具、门窗等信息。

② 地坪布置图（图6-9）。地坪布置图是对空间地面材质的表达，主要包括地坪材质、板块分割、材料标注、尺寸标注、地坪标高、起铺点等信息。

③ 天花布置图（图6-10）。天花布置图是对空间天花造型、所用材料、灯具点位的表达，主要包括各个空间的天花造型、材质、标高、灯具定位等。

（5）立面图。

立面图（图6-11）是以平面布置图、天花布置图为基础，将所在区域内的平面信息通过投影形成的立面图形，主要包括建筑楼板、门窗、天花造型剖面、立面造型、材质及尺寸标注等信息。

（6）门表图。

在门的数量、种类较多时，我们可以按一定的规则对门进行归纳分类，形成门表图（图6-12），以便在图纸中进行查找。例如，同样是一个木门，一个尺寸是800 mm，另一个尺寸是900 mm，当材料造型都一样时，我们就可将它们合并成一个类型，给予统一的编号。

（7）节点图。

节点图（图6-13）是表明细部构造的图纸，主要包括造型关系、材料、尺寸等信息。

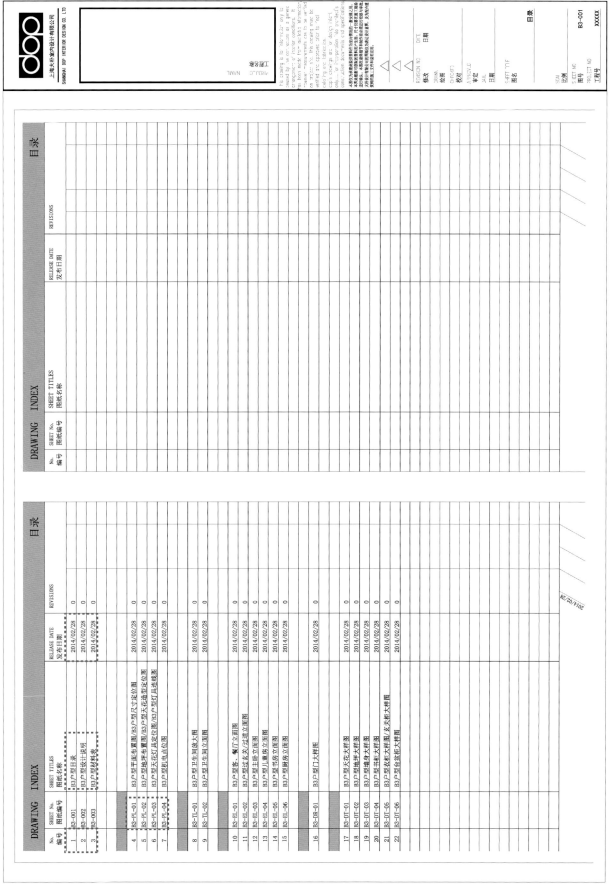

No. 编号	SHEET No. 图纸编号	SHEET TITLES 图纸名称	RELEASE DATE 发布日期	REVISIONS
1	B3-001	B3户型目录	2014/02/28	0
2	B3-002	B3户型设计说明	2014/02/28	0
3	B3-003	B3户型材料表	2014/02/28	0
4	B3-PL-01	B3户型平面布置图/B3户型尺寸定位图	2014/02/28	0
5	B3-PL-02	B3户型地坪布置图/B3户型天花造型定位图	2014/02/28	0
6	B3-PL-03	B3户型天花灯具定位图/B3户型灯具连线图	2014/02/28	0
7	B3-PL-04	B3户型机电点位图		
8	B3-TL-01	B3户型卫生间放大图	2014/02/28	0
9	B3-TL-02	B3户型卫生间立面图	2014/02/28	0
10	B3-EL-01	B3户型客、餐厅立面图	2014/02/28	0
11	B3-EL-02	B3户型过玄关过道立面图	2014/02/28	0
12	B3-EL-03	B3户型主卧立面图	2014/02/28	0
13	B3-EL-04	B3户型儿童房立面图	2014/02/28	0
14	B3-EL-05	B3户型书房立面图	2014/02/28	0
15	B3-EL-06	B3户型厨房立面图	2014/02/28	0
16	B3-DR-01	B3户型门大样图	2014/02/28	0
17	B3-DT-01	B3户型天花大样图	2014/02/28	0
18	B3-DT-02	B3户型地坪大样图	2014/02/28	0
19	B3-DT-03	B3户型墙身大样图	2014/02/28	0
20	B3-DT-04	B3户型书柜大样图	2014/02/28	0
21	B3-DT-05	B3户型衣柜大样图/玄关大样图	2014/02/28	0
22	B3-DT-06	B3户型台盆柜大样图	2014/02/28	0

图6-5 目录

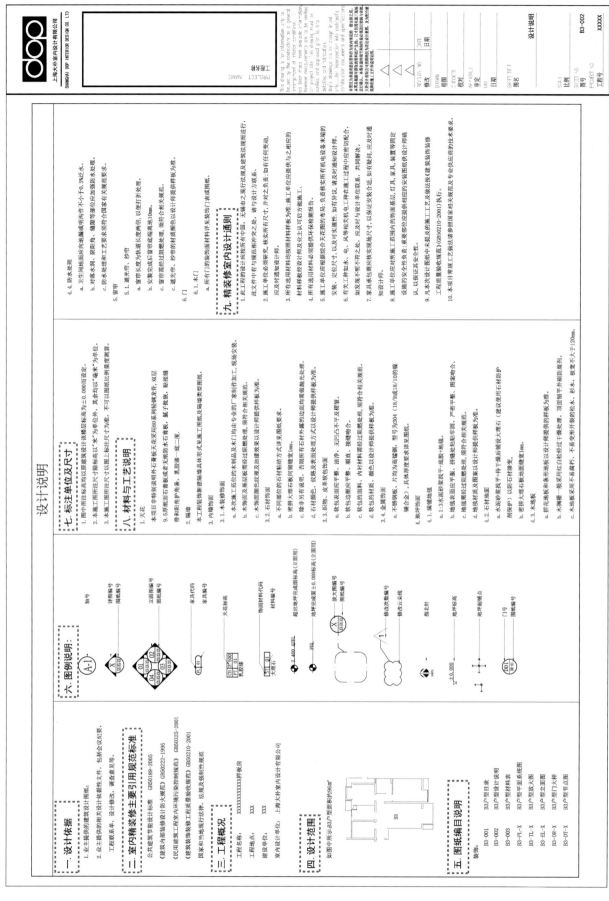

图6-6 设计说明

材料表

代表符号	名称	使用区域及用途	产品规格	防火等级	代表符号	名称	使用区域	产品规格	防火等级
					UP-03	皮革硬包	主卧室床头背景		
STONE	石材				UP-04	皮革硬包	主卧室床头背景收边/电视背景收边		
ST-01	法国米黄大理石	客厅地面，厨房地面，卫生间地面	18mm厚		UP-05	皮革硬包	衣柜柜门，书柜		
ST-02	西班牙米黄大理石	卫生间墙面、窗台板	18mm厚						
ST-03	米兰灰大理石	卫生间淋浴间地面，挡水，围边，门槛	18mm厚						
ST-04	老虎玉大理石	洗手间台面	18mm厚		GLASS	玻璃			
ST-05	人造石	厨柜台面	12mm厚		GL-01	银镜	洗手台	6mm厚	
					GL-02	超白钢化玻璃	卫生间淋浴间隔断	12mm厚	
CERAMIC TILE	瓷砖				METAL	金属			
CT-01	仿大理石米黄砖	厨房墙面	300*600		MT-01	玫瑰金不锈钢	收边，嵌条		
CT-02	防滑地砖	阳台地面	300*600		MT-02	黑钛镜面不锈钢	部分收口		
CT-03	贝壳马赛克	卫生间墙面	15*30		MT-03	镜面不锈钢	淋浴间玻璃收口		
					MT-04	拉丝不锈钢	厨房墙面		
WOOD	木饰面								
WD-01	酸枝木饰面	门，门套，收边	0.6mm厚木皮		PAINT	油漆			
WD-02	白色钢琴烤漆饰面	橱柜吊柜			PT-01	乳胶漆	天花顶面		
					PT-02	防水乳胶漆	卫生间		
WOOD FLOOR	木地板								
WF-01	木地板	主卧地面	450*50*15/900*60*15						
WF-02	木地板	书房，儿童房地面	920*127*15						
WALL PAPER	墙纸								
WP-01	墙纸	客厅墙面							
WP-02	手绘墙纸	客厅背景墙面							
WP-03	墙纸	主卧室墙面							
WP-04	墙纸	儿童房室墙面							
WP-05	墙纸	书房墙面							
WP-06	墙纸	儿童房室墙面							
SOFT ROOL	软包								
UP-01	皮革硬包	客厅电视背景							
UP-02	皮革硬包	客厅墙面							

上海大朴室内设计有限公司

SHANGHAI DOP INTERIOR DESIGN CO. LTD

工程名称

本图仅为承建商提供资料作为室内情况的一般安排之用。本图是根据可获取的资料而产生的，尺寸仍需在施工现场进行确认。本图在最终细节和制作前必须进行校核与审批。大朴设计有限公司的图纸仅为表达设计意图，及为配合建筑师的施工文件和说明而用。

修改	日期
绘图	
校对	
审定	
日期	
图名	材料表
比例	
图号	B3-003
工程号	XXXXX

图6-7 材料表

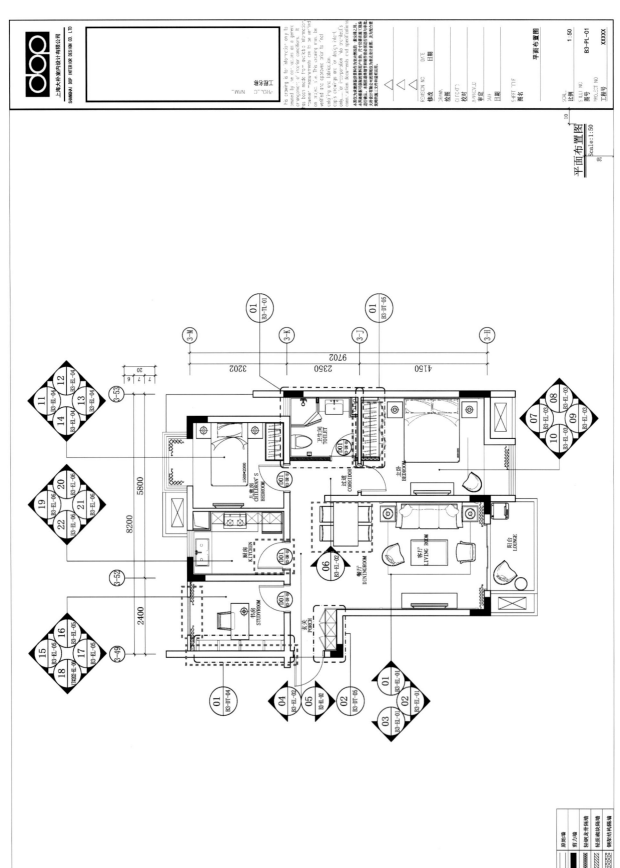

平面布置图
Scale:1:50

图6-8 平面布置图

墙体图例
原始墙
剪力墙
轻钢龙骨隔墙
轻质砌块隔墙
钢架结构隔墙

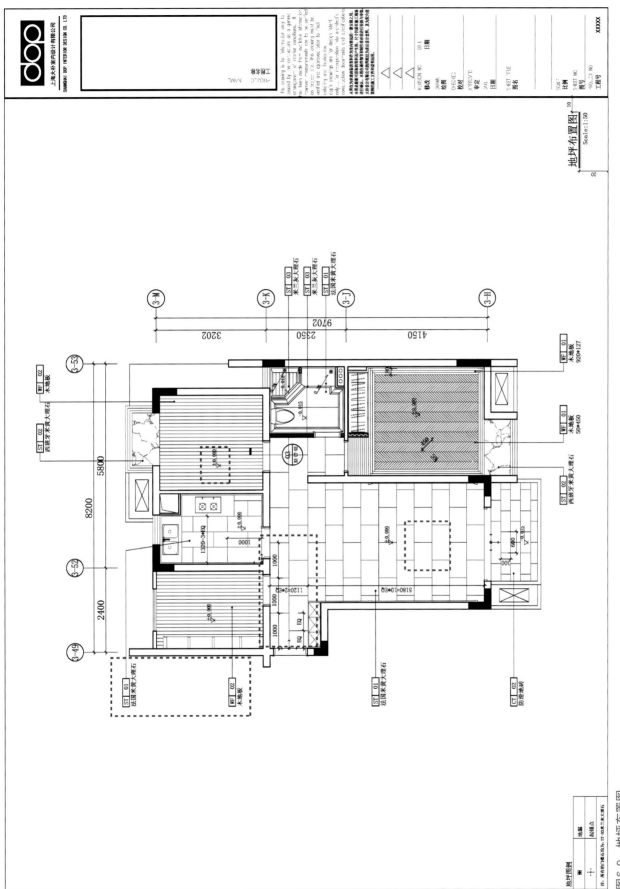

图6-9 地坪布置图

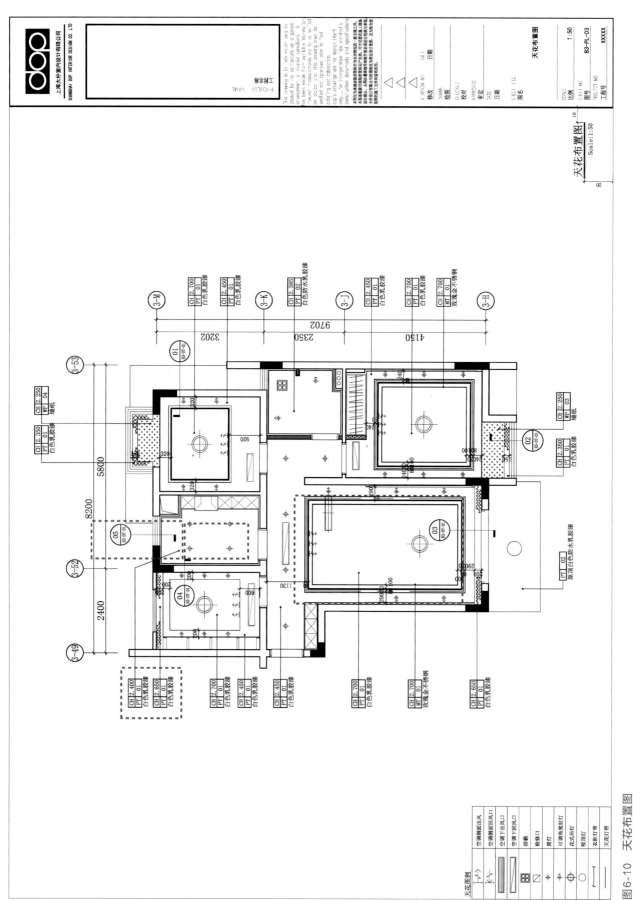

图6-10 天花布置图

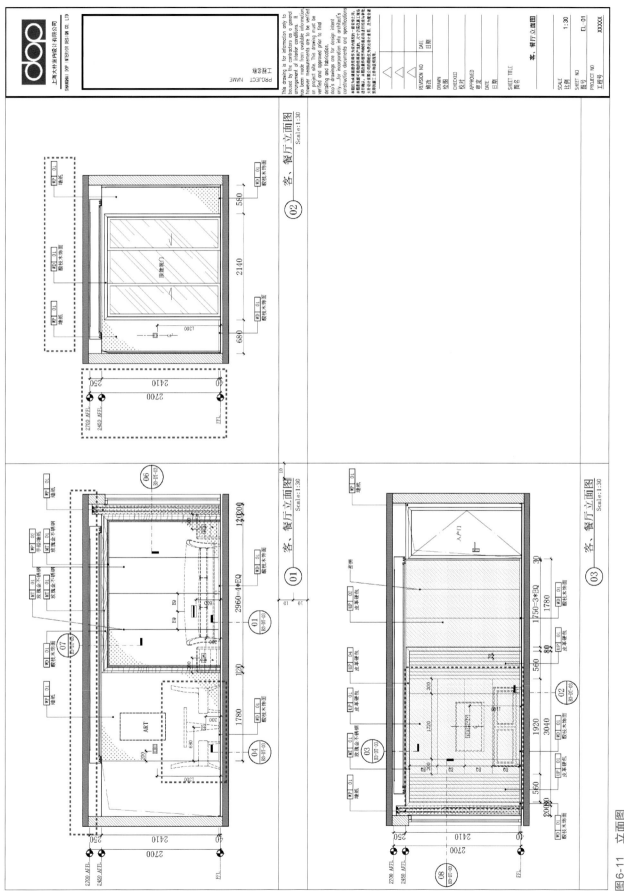

图6-11　立面图

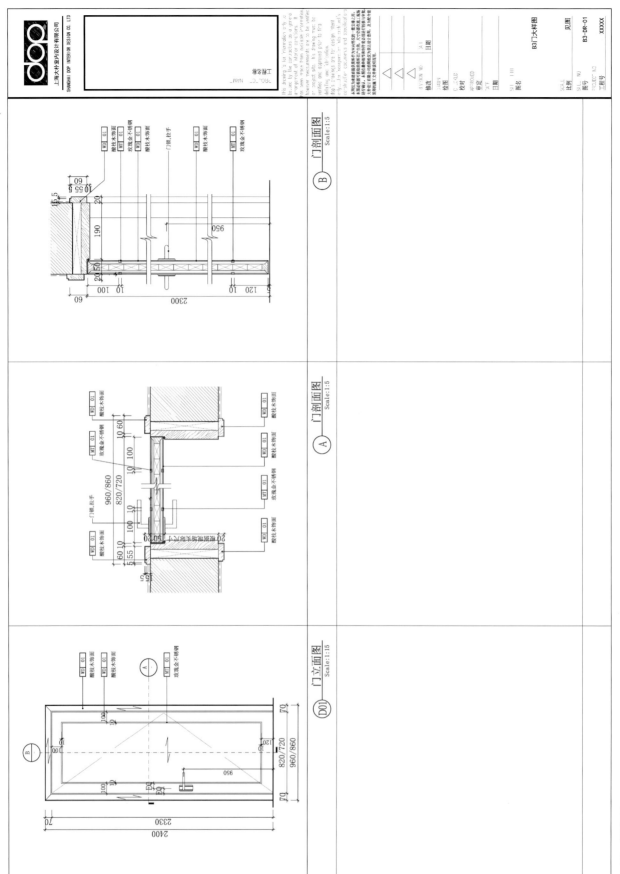

门剖面图
B Scale:1:5

酸枝木饰面 WD 01
玫瑰金不锈钢 MT 01
酸枝木饰面 WD 01
门锁,拉手
酸枝木饰面 WD 01
玫瑰金不锈钢 MT 01

门剖面图
A Scale:1:5

酸枝木饰面 WD 01
玫瑰金不锈钢 MT 01
酸枝木饰面 WD 01
门锁,拉手
酸枝木饰面 WD 01
玫瑰金不锈钢 MT 01
酸枝木饰面 WD 01

门立面图
D01 Scale:1:15

酸枝木饰面 WD 01
酸枝木饰面 WD 01
玫瑰金不锈钢 MT 01

上海大朴室内设计有限公司
SHANGHAI DOP INTERIOR DESIGN CO., LTD

工程名称
PROJECT NAME

REVISION NO
绘图
DRAWN
校对
CHECKED
审定
APPROVED
审定
日期
DATE

修改
绘图
校对
审定
日期

图名 B3门大样图
见图
图号 B3-DR-01
工程号 XXXXX

SCALE 比例
SIZE NO A1
日期 DATE

图6-12 门表图

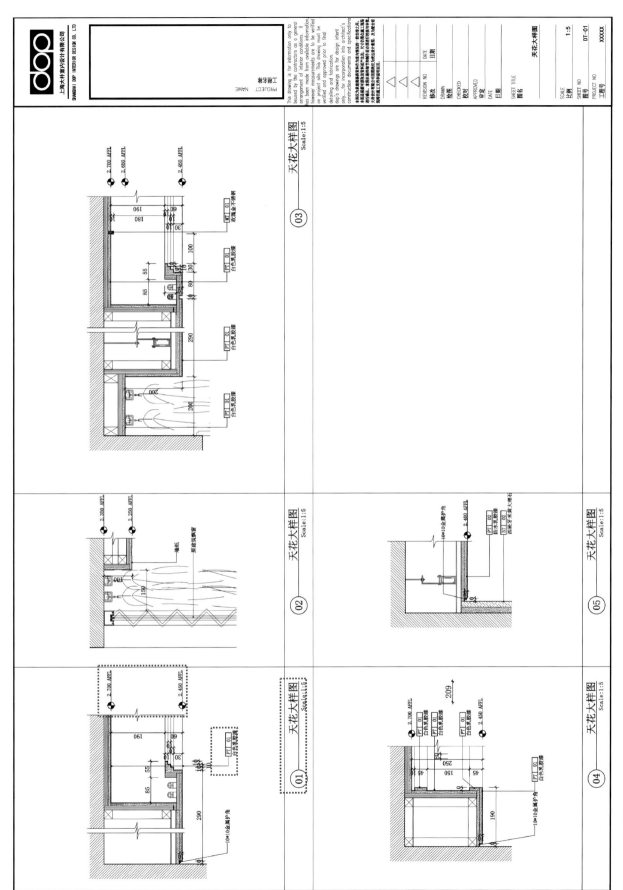

图6-13 节点图

6.2　室内平面布置图

室内设计的本质是建筑内部空间的再创造，建筑的空间组合是空间艺术表现的基础，而建筑平面及其布置可以直接反映建筑功能和布局。　无论是建筑设计还是室内设计，设计师往往都是从建筑平面设计或者平面布置的角度来着手设计的。　室内平面布置图是假想用一个水平的剖切平面，在窗台上方，距离地面 1.5～1.7 m 的位置，把整个房屋作水平全剖切，移去上面部分，对剩下部分所作的水平正投影图。　它主要用来表明房屋的平面形状、建筑构造状况(墙体、柱、楼梯、门窗、台阶等)；表明室内空间的平面关系和人流路线的划分；表明室内设施、陈设、隔断以及家具的配置等；表明装修、装饰的位置等情况。　室内设计图为了更清楚地表明建筑内部情况，还经常会画出单个房间的平面布置图。　室内平面布置图的比例一般采用 1∶100、1∶50，内容较少时采用 1∶200。

平面布置图一般通过两种方式获得。　第一种是建筑图纸提供了平面布置图，室内设计师会根据建筑平面布置图进行整理及修整。　建筑平面布置图一般不表示详细的家具、陈设、铺地的布置，而室内平面布置图则必须表现上述物体的位置、大小，并且要标注相关的尺寸。　第二种情况是室内设计师大多数时候的工作状况，就是只有建筑现场但是没有相应的建筑平面布置图，这个时候需要室内设计师用卷尺、测量仪等工具测量现场尺寸，再根据测量的尺寸来绘制建筑的基础平面布置图，并在此基础上进一步深化室内设计的内容。

大家可以先看一个案例，这个案例是我们常见的住宅，即家装案例。　如图 6-14 所示，该室内空间是 3 室 2 厅 1 厨 1 卫的布局，这代表什么意思呢？　3 室指的是 3 个功能用房，分别为主卧、儿童房、书房；2 厅是指客厅、餐厅；1 厨是指 1 间厨房；1 卫是指 1 个卫生间。　这些平面功能组成了我们最常见的一个户型。

有时候我们会听到 2 室 2 厅 1 厨 1 卫、4 室 2 厅 1 厨 2 卫等户型，购买者可以根据这样的表述迅速找到自己所需要的户型。

6.2.1　室内平面布置图的内容组成

我们继续以该住宅为例，说明室内平面布置图的内容组成，见图 6-15。

1. 墙体

围绕建筑外轮廓以及划分相邻两个空间的 2 根线，都是墙体。

2. 柱、剪力墙

该案例中没有柱，只有剪力墙(涂黑的墙体)。　剪力墙主要起承重作用，不可拆除。

3. 门

门可分为建筑门和装饰门。

4. 窗

窗是室内设计制图延续建筑制图的内容，如果要新建窗，应符合相关规范。

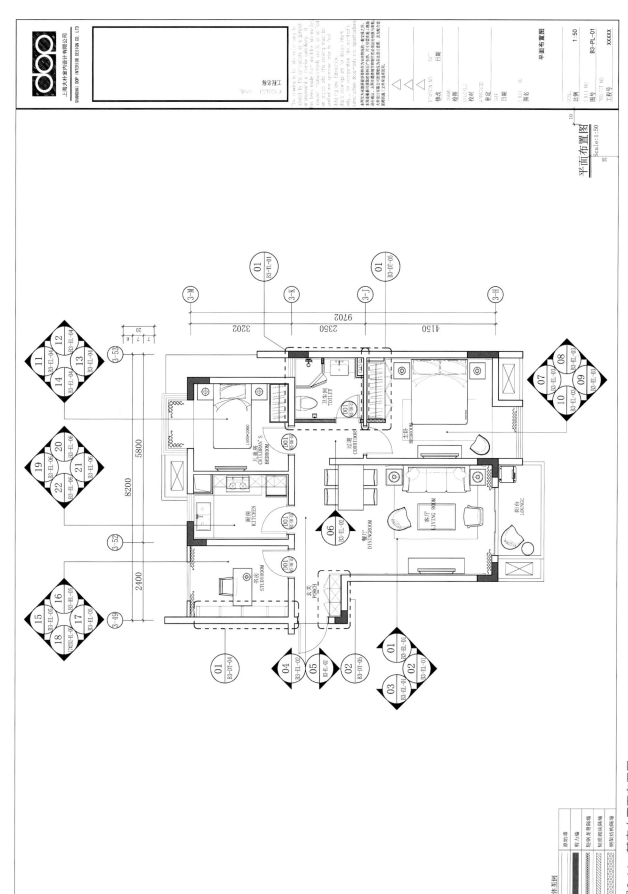

图6-14 某室内平面布置图

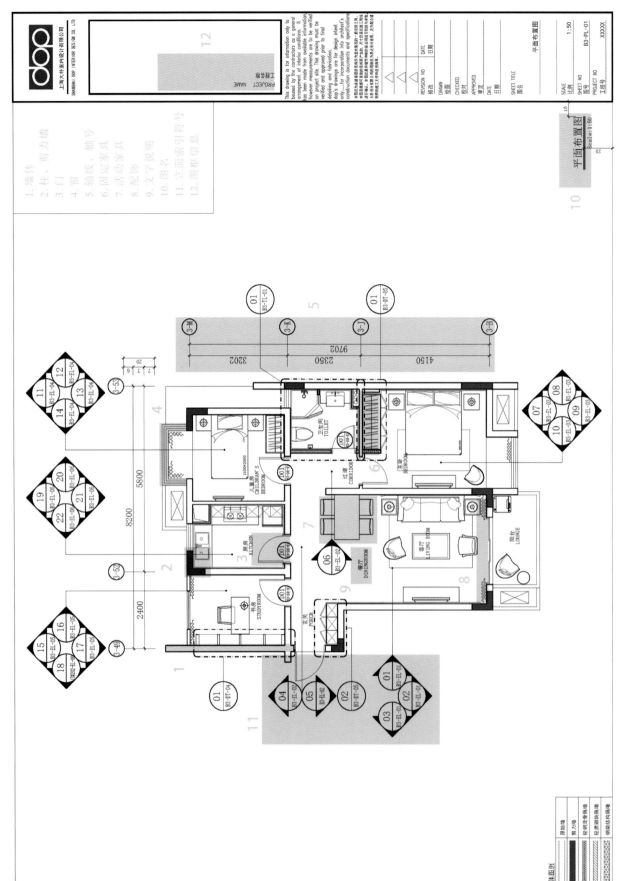

图6-15 室内平面布置图的内容组成示意

墙体图例

原始墙	
剪力墙	
轻钢龙骨隔墙	
经济砌块隔墙	
砖基结构隔墙	

1. 墙体、剪力墙
2. 柱、轴号
3. 门
4. 窗
5. 轴线、轴号
6. 固定家具
7. 活动家具
8. 配饰
9. 图名
10. 立面索引符号
11. 图框信息
12. 图框信息

平面布置图
Scale1:50

平面布置图

This drawing is for information only to be used by the contractors as a general arrangement of interior conditions. It has been made from available information however measurements are to be verified on project site. This drawing must be verified and approved prior to final detailing and fabrication.
dop's drawings are for design intent only...for incorporation into architect's construction documents and specifications.

本图仅为此建筑的信息介绍及工作之用...
本图提供准确的信息尺寸...尺寸在测量现场为准...
本图提供准确尺寸...本图提供准确...为准以实...
大体室内设计...本图为dop之设计...为内部专用...
版权所属工作内容者所有。

5. 轴线、轴号

轴线、轴号是室内设计制图延续建筑制图的内容，如果没有建筑图，可以自行设定。

6. 固定家具

固定家具是与天花、墙体、地面有一定连接的家具。

7. 活动家具

活动家具是后续购买的物品，如沙发、电视、冰箱等，可进行直接摆放。

8. 配饰

配饰也是后续购买的物品，如窗帘、艺术品、挂画等，可进行直接摆放。

9. 文字说明

文字说明主要用来表达一个空间的名称，如主卧、卫生间等文字信息说明。

10. 图名

图名用于表明一张图纸的名称，让看图者知道这是一张什么图纸。

11. 立面索引符号

立面索引符号用于表达立面图纸的绘制位置及立面图纸的编号和图号的关系。

12. 图框信息

图框信息表达图框上面所要填写的相关信息。

室内平面布置图
中各组成内容

6.2.2 室内平面布置图中各组成内容在图纸中的表达及绘制

1. 墙体

我们都知道在新房装修的时候，房子的外墙和一部分内墙体是已经砌好的，这种墙体称为原建筑墙，但是根据设计要求，房子里面有些墙体是需要改造或者新建的，这种墙体我们称为新建墙体。

墙体在施工图中的表达其实非常简单，就是两条平行线，但是在室内平面图中，墙体线条比较突出。这是因为墙体是被假定的水平剖切面剖切到的建筑构件，通常是用粗实线表示，比较醒目。由于使用需求不同，墙体类型不同，墙体厚度也就有所不同，如图 6-16 所示。那大家知道墙体有多少类型吗？

常见的墙体类型有混凝土墙、砌块砖墙、轻钢龙骨隔墙、钢架隔墙，每一种墙体都有自己独特的属性。那么，不同类型的墙体在施工图纸上如何区分呢？当比例适合用图例来表达的时候，如 1：50 或者比例更大的时候，我们可以用不同的材料图例来代表不同的墙体；当比例不适合用图例来表达的时候，比如 1：100、1：200 的平面图中，墙线内空间太小不便于画材料图例，我们可以在粗线条的墙线内，对于一般的仅起到填充功能

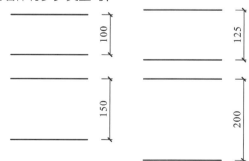

图 6-16 墙体厚度

的墙体，用留出空白的表示方法，而对于起到结构作用的墙体，如剪力墙等，则用涂黑表示。此外，如有需要，我们可以用设计说明的方式来予以整体说明。一般来说，混凝土墙体厚度一般在 200 mm 或 200 mm 以上；室内常用的砌块砖墙厚度一般为 100～200 mm；轻钢龙骨隔墙的厚度一般为 100～150 mm；钢架隔墙厚度一般为 80～100 mm。不同材料的墙体相接或者相交时，相接及相交处要画断，如图 6-17 所示。反之，同种材料的墙体相接或者相交时，则不必在相接或者相交处画断，如图 6-18 所示。

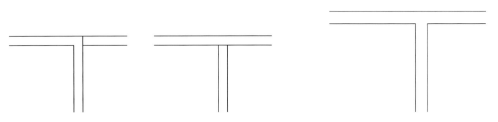

图 6-17　不同材料的墙体相接或者相交　　　　　　　　图 6-18　同种材料的墙体相接或者相交

2. 柱、剪力墙

柱可分为结构柱、构造柱和装饰柱。结构柱的断面一般涂黑表示。在 1∶100 或 1∶200 的平面布置图中，所有墙身厚度均不包括粉刷层。在 1∶50 或者比例更大的平面布置图中，则用细实线画出粉刷层。这里我们重点说一下剪力墙。通俗来讲，大家可以把剪力墙理解为变形的柱，或者是墙体形态的柱，它和柱一样都起到承重作用，所以在设计的过程中基本是不能改变的。柱和剪力墙是由谁设计的呢？柱和剪力墙是在建筑设计过程中，由结构工程师根据结构计算结果进行设置的。与前面说到的墙体一样，在施工图中先绘制柱和剪力墙的轮廓，再对内部进行填充，如图 6-19 所示。

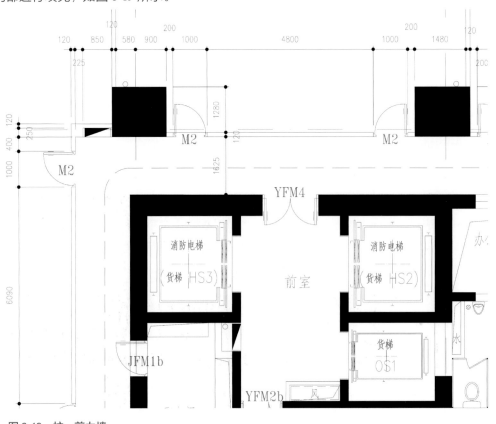

图 6-19　柱、剪力墙

3. 门

门可分为建筑门和装饰门两类。 建筑门是指建筑设计的，面向室外的门，还有在特定区域的防火门和特殊门。 因为建筑门大部分与人身安全、法律规范有关，所以建筑门在室内设计中应该尽量保持它原有的属性。装饰门则是设计师根据需求在室内空间设置的门。

在本案例中，入户门和阳台的推拉门属于建筑门，其他门都可以理解为装饰门。

门的形式：常见形式有双开门、单开门、移门等。

门的材质：以住宅举例，卧室、书房门一般为木饰面材质，卫生间、淋浴房门为玻璃材质。

门的尺寸：不同空间的门，尺寸也是不一样的。 以住宅为例，次要空间（如卫生间）的门宽为 700 ～ 800 mm，主要空间（如卧室、书房）的门宽为 800 ～ 900 mm，入户门的尺寸则要更大一些，一般为 900 ～ 1000 mm，双开门尺寸则一般不少于 1200 mm，如图 6-20 所示。

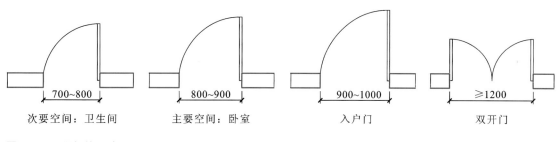

图 6-20　不同门的尺寸

门的图纸表达：一个矩形代表门扇，四分之一正圆表达门扇开启的轨迹。 在绘制门开启线时，我们要注意：以 a 点为圆心，以门扇宽度为半径画四分之一圆，如图 6-21 所示。

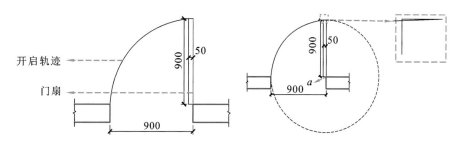

图 6-21　门的图纸表达

住宅中经常会在阳台区域使用移门，移门的图纸表达：一个矩形代表移门，矩形的宽为 50 mm，长则为移门实际尺寸，在矩形上方绘制移门推拉方向，如图 6-22 所示。

4. 窗

窗是设计中常见的一个元素，根据开启方式不同，可分为平开窗、推拉窗、上悬窗等。

在施工图纸中，窗的表达为 4 根线，外面 2 根线表达窗台看线，中间 2 根线表达玻璃剖线，窗在图纸上不用具体描述开启形式，如图 6-23 所示。

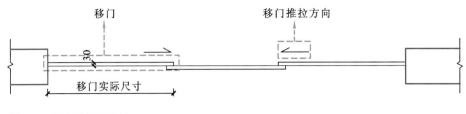

图6-22 移门的图纸表达

5. 轴线、轴号

轴线、轴号以及轴线尺寸是在建筑图纸中为了方便定位而制作的横纵交叉的坐标网格。

在室内施工图中，我们沿用建筑设计的轴线。

轴线在图纸中用点画线表达，在 CAD 中绘图时，线型选择 CENTER。

轴号是轴线的编号，在图纸上为一个圆圈，里面写的是阿拉伯数字或大写英文字母。 轴号的编写是有一定的规则的，横向编号用阿拉伯数字，纵向轴号用大写英文字母，英文字母中的 I，O，Z 是不能用作轴线编号的，因为它们看起来与数字 1，0，2 太像了，容易产生歧义。 轴线、轴号的图纸表达如图 6-24 所示。

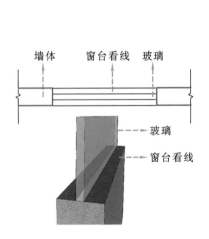

图 6-23 窗的图纸表达

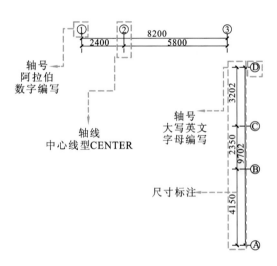

图 6-24 轴线、轴号的图纸表达

6. 固定家具

固定家具，顾名思义，是指不可移动的家具。 在本住宅案例中，书柜、衣柜、台盆柜等都属于固定家具，如图 6-25 所示。

图 6-26 为台盆柜的现场安装图片。 先搭好台盆柜的构架，与地面进行连接，再安装材料，完整的现场定制的台盆柜就完成了。

若固定家具不高，属于矮柜，那么其在图纸上基本是一个接近真实的平面形态，如本案例中卫生间的台盆柜和厨房的橱柜。 若固定家具较高，甚至顶天立地，那么其在图纸上就是以剖面的形式出现了，如本案例中的衣柜和书柜。 我们以衣柜为例，其在图纸上的表达：外轮廓为一个矩形，矩形宽大致为 600 mm，长则为衣柜实

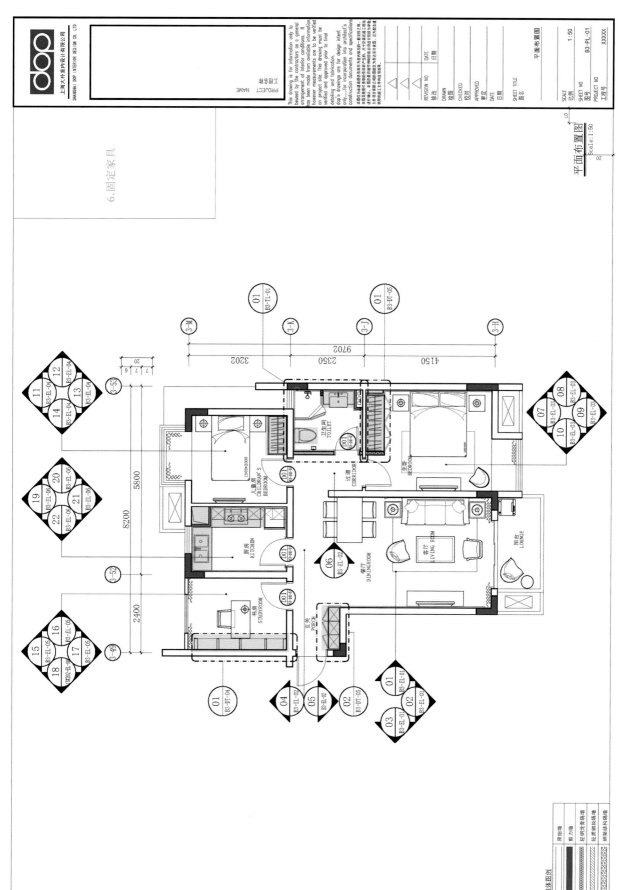

图6-25 某室内平面布置图中的固定家具

图 6-26　台盆柜的现场安装图

际长度，矩形里面是一个横向长方形表达衣杆和竖向长方形表达衣架，矩形门扇加上 30°的开启轨迹，如图 6-27 所示。

7. 活动家具

活动就是可以移动，因此，可以移动的家具统称为活动家具。这类家具基本是我们后续购买的物品，可进行直接摆放。本案例中的书桌、椅子、床、茶几等都属于活动家具。

活动家具在图纸中的表达为仿真的平面图块，如果用 AutoCAD软件绘制图纸，我们一般会调取现成的家具图块。现

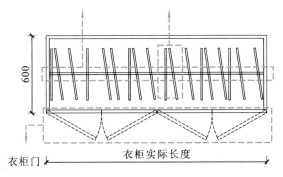

图 6-27　家具的图纸表达

在网络上有非常多的资料可供参考，因此，我们也可以根据需要自行绘制活动家具。

在选择活动家具图块时，应注意以下两点。

（1）图块与我们的设计是否相匹配，是否美观，这一点相对比较容易理解和执行。

（2）图块的尺度是否正确。若你选择的图块放在图纸上的尺寸不对，会直接误导你对平面空间的感觉。比如一个客厅本来很小，只能放一张双人沙发，但是由于你选择的沙发图块尺寸不对，让你误以为可以放一张三人沙发，最后导致整个设计方案出现问题。因此，我们要对一些基本的家具尺度和人体工程学有一定的了解，训练对空间和尺度的感受能力，加强这方面的学习。

以沙发为例，不同的沙发尺寸是多少，你知道吗？单人沙发尺寸宽度为 860～1010 mm，深度为 750～920 mm；双人沙发尺寸宽度为 1550～1850 mm，深度为 750～920 mm；三人沙发尺寸宽度为 2150～2450 mm，深度为 750～920 mm，如图 6-28 所示。

8. 配饰

配饰包含窗帘、装饰画、装饰物品、植物等，是后续购买的物品，可直接摆放。

以窗帘为例，在图纸上窗帘表达为曲线段加方向箭头。

在本案例中，窗帘有 2 道曲线，这代表窗帘有两层：一层是纱帘；另一层是遮光帘 [图 6-29（a）]。装饰画 [图 6-29（b）]、植物 [图 6-29（c）] 一般是以仿真图块的形式表达在图纸中。

9. 文字说明

平面布置图上的文字说明主要是指对不同空间名称的描述。因为一个空间，尤其是大型空间（如酒店）包含

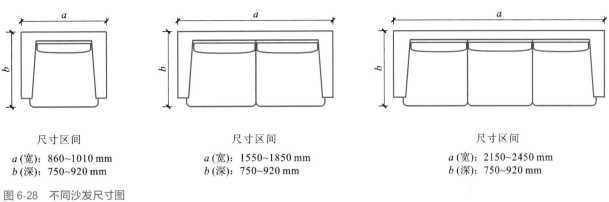

尺寸区间
a (宽)：860~1010 mm
b (深)：750~920 mm

尺寸区间
a (宽)：1550~1850 mm
b (深)：750~920 mm

尺寸区间
a (宽)：2150~2450 mm
b (深)：750~920 mm

图 6-28　不同沙发尺寸图

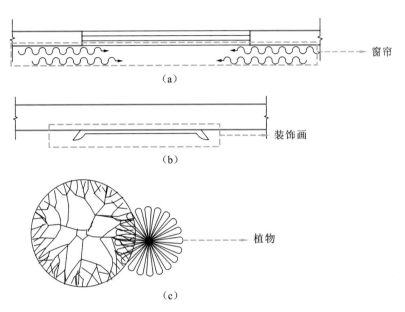

图 6-29　不同配饰的图纸表达

的区域是非常多的，如果设计师不做相应的文字说明，那就基本没有人能看得懂图纸了。

　　在本案例中，整个平面有玄关、客厅、餐厅、厨房、卫生间、卧室等区域，我们在不同的区域添加相应的中文说明（如有需要，亦可以添加对应的英文说明）。平面布置图中的文字说明一般会放置在布局空间内，文字样式根据自己的制图标准来选择即可，如图 6-30 所示。室内设计制图中的文字样式没有特别要求，但是建议大家选择常用字体。这是因为如果使用特殊字体，一旦在其他电脑里打开图纸，可能会因没有相应字体而无法显示图纸中的文字。

10. 图名

　　图纸名称简称图名。标注图名的目的是让看图者快速了解图纸类型。

　　以图 6-31 所示图名为例，横线上方是这张图纸的图名（平面布置图），中间是两条横线，横线下方是图纸的比例（Scale：1∶50）。

图 6-30　文字说明

图 6-31　图名

11. 立面索引符号

在画立面图之前，我们应先对平面图进行分析，确定需要绘制的立面有哪些，这时候就需要放置立面索引符号。立面索引符号决定了立面图的数量和每一个立面图绘制的位置。

本案例中，儿童房绘制了 4 个立面，上面就会出现 4 个立面索引符号。

立面索引符号是由圆圈、箭头和相应的编号组成的。如果立面索引符号放在图纸中影响到图纸表达了，我们还可以通过增加引线的办法把立面索引符号放置在图纸以外。箭头对应的是所要绘制的立面方向。圆形里面上方是立面编号，下方是立面图纸的图号，如图 6-32 所示。

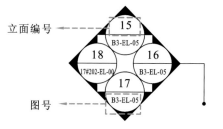

图 6-32　立面索引符号

图 6-33 为某室内平面布置图中的立面索引图。

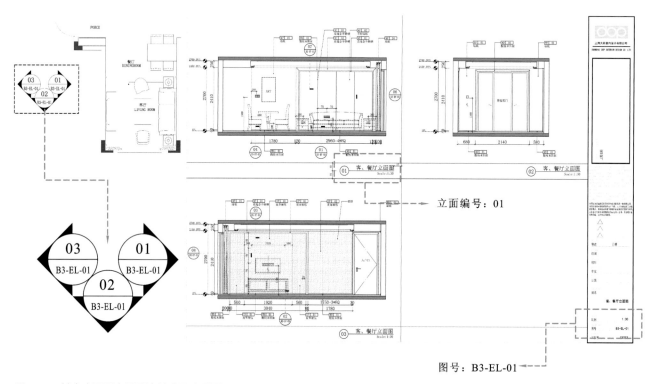

图 6-33　某室内平面布置图中的立面索引图

12. 图框

图框是什么？它是每一个设计院、设计公司的图纸的标签。每个设计院和设计公司的图框样式都会有所区别，但是也有一些内容是固定的、相通的。

基于项目图纸在图框内的表达需求，图框可以分为竖版和横版两种形式（图 6-34）。图框的选择取决于图纸的尺寸。还有一种极端情况，图纸高度适当，但长度很大，正常图框无法满足要求，这时候可以选择加长图框。

下面我们一起来回顾前面所讲的内容：常见的图框有 A0、A1、A2、A3、A4，A0 的尺寸为 841 mm×1189 mm，A1 的尺寸为 594 mm×841 mm，A2 的尺寸为 420 mm×594 mm，A3 的尺寸为 297 mm×420 mm，A4 的尺寸为 210 mm×297 mm。

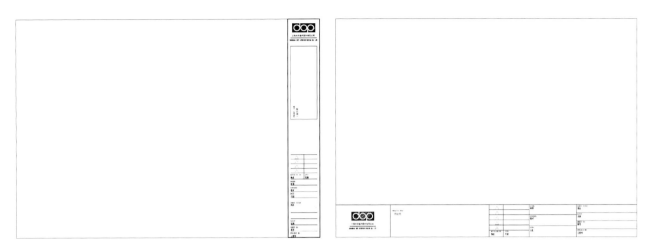

图 6-34　竖版及横板图框

　　正规施工图图框上包含的信息有公司名称、项目名称、修改栏(很多时候图纸变更修改需要在这里记录)、签字栏(建筑设计专业对该栏的规定非常严格,有审批人、审定人、设计总负责人、专业负责人、校对人、设计人、制图人等签名信息,室内设计专业会相对简单一些),还有绘图日期、图名、比例、图号、工程号等相关信息,如图 6-35 所示。

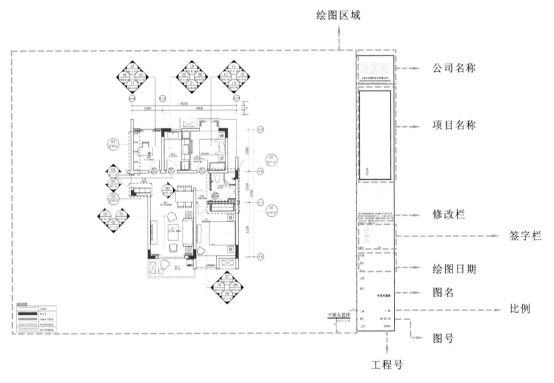

图 6-35　某施工图图框

6.2.3　室内平面布置图制图步骤

室内平面布置图制图步骤如下(以 AutoCAD 软件制图为例)。

(1)在模型空间绘制墙体、柱,填充柱。

室内平面布置
图制图步骤

（2）在模型空间开门、窗洞口。

（3）在模型空间绘制门、窗。

（4）在模型空间绘制栏杆。

（5）在模型空间绘制淋浴房。

（6）在模型空间根据设计需求绘制固定家具。

（7）在模型空间根据设计需求绘制固定厨具、洁具。

（8）在模型空间根据设计需求绘制活动家具。

（9）在模型空间根据设计需求绘制配饰。

（10）在布局空间新建视口，设定相应比例。

（11）在布局空间添加图框。

（12）在布局空间添加轴线和轴号。

（13）在布局空间添加文字说明。

（14）在布局空间添加立面索引符号。

（15）在布局空间添加图名。

（16）在布局空间添加图框信息。

6.3 室内地坪布置图

第6.3节视频

室内地坪布置图也叫室内地面铺装图，其形成方法与室内平面布置图的形成方法几乎完全一样，不同的是，室内地坪布置图主要是为了表达地坪划分的空间关系，以及铺装材料和材料规格的区别，因此，在室内地坪布置图上不画家具和陈设，主要表示地面材料、做法以及固定于地面的设备和设施。

我们可以从 3 个部分来了解室内地坪布置图：①图纸内容，了解地坪布置图由哪些信息和元素构成；②图纸表达，了解这些信息和元素是以什么形式表达，应该怎么画；③制图流程，学习在平面布置图的基础上一步一步地绘制地坪布置图。

6.3.1 室内地坪布置图的内容组成

以住宅为例，一张完整的地坪布置图基本包含了 12 个部分，如图 6-36 所示。

1. 高差线

高差线代表的是地坪上不同高低面的交界线。 无论是在建筑设计还是在室内设计中，地面都不全部是水平的，由于功能或者设计需要，地面会存在高差，高差线就是地面的一根交界线，需要在地坪布置图上表现。

2. 标高符号

既然地坪有高有低，那么，我们应对地坪高低进行详细的描述，这时就需要用标高符号在相应的位置进行表达。

3. 门槛石

门槛石是在门洞设置的一块相对比较特殊的地坪材质，有的地方也叫过门石。

4. 材料类型、材料分割、铺贴方向

材料类型、材料分割、铺贴方向是地坪布置图上最重要的内容，是为了告诉看图者石材、木地板等地面的范围，以及它们的分割和铺贴方式。

5. 地漏、找坡

地漏、找坡信息基本是同步出现的。 地漏是地面的排水口，找坡是为了让地漏排水，把地坪做出一定的坡度让水流向地漏。

6. 起铺点

起铺点是指导地面材料起始铺贴位置的符号。

7. 尺寸标注

地面材料的尺寸和规格，需要用尺寸标注来表示。

8. 材料标注

据前文所述，我们在画图时已经区分了各种不同的材质，这里就需要用文字进行具体的描述了。

9. 节点索引符号

所有在地坪布置图上出现的需要用节点来说明的内容，都需要在地坪布置图上添加节点索引符号。

10. 图例

此处是指地坪布置图需要的图例。

11. 图名

图名用于表明图纸的名称，如地坪布置图。

12. 图框

在图框上对图纸的相关信息进行修改。

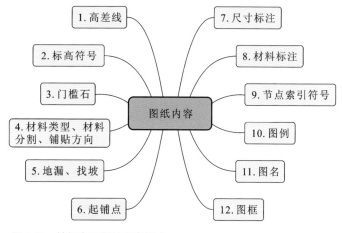

图 6-36　地坪布置图的内容组成

6.3.2　室内地坪布置图中各组成内容在图纸中的表达及绘制

1. 高差线

以住宅为例，同学们可以观察家里的卫生间、阳台等区域，你会发现这些区域基本上都会比室内空间低一些，这种高低相交的地方在图纸上就是一根线，也就是高差线，如图 6-37 所示。 如果室内有地台或者其他高差的情况出现，也会以高差线的方式来表达。 如图 6-38 所示，我们地面上做了一个榻榻米造型，在地坪图上就出现 2 个高度，从图纸上看，两个高度之间就会有一条高差线，表达地面有高差。

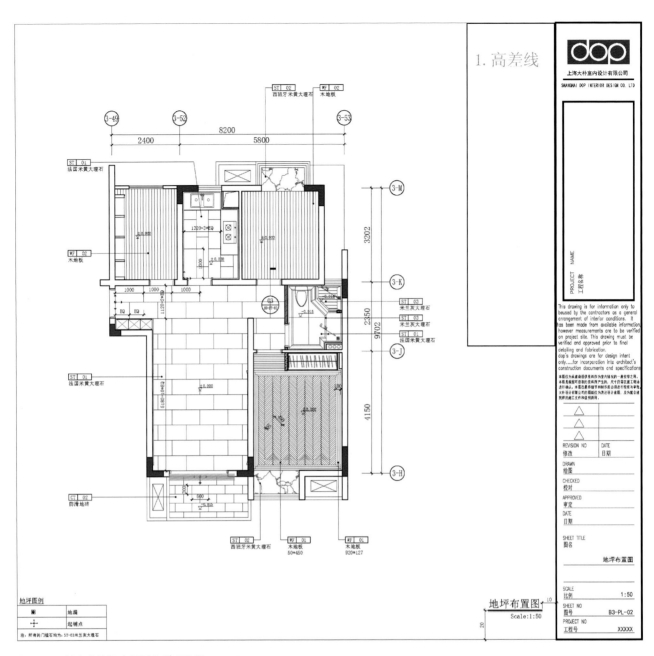

1.高差线

图 6-37　某室内地坪布置图中的高差线

榻榻米

高差线

正常地坪

图 6-38　高差线的图纸表达

2. 标高符号

标高符号是对高差的具体的数字说明。 我们应先对整个房间的地坪设定一个基准的标高，即施工图中的±0.000 标高。 在本案例中，客厅、卧室、书房等空间的地坪设置为 ± 0.000 标高，比它高的都属于正标高，比它低的都属于负标高，如图 6-39 所示。 图纸上都是用标高符号来表达高差，如图 6-40 所示。

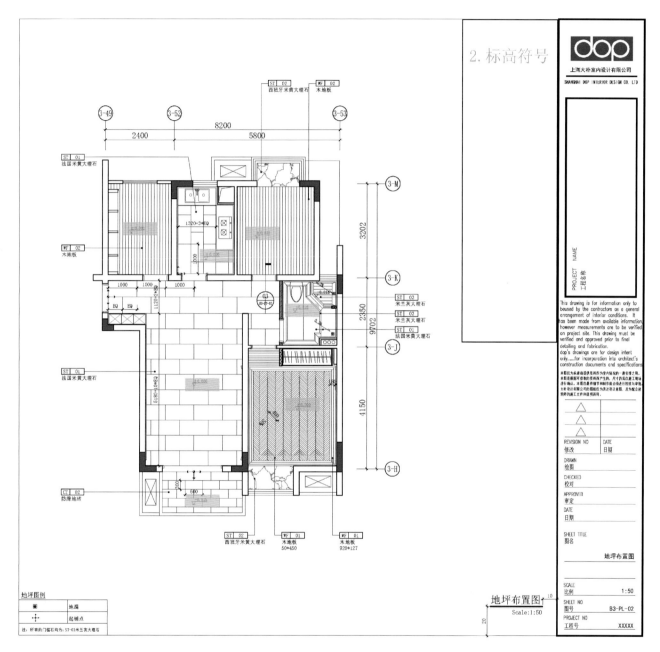

图 6-39　某室内地坪布置图中的标高符号

$$-0.015 \qquad \pm 0.000 \qquad 0.020$$

图 6-40　标高符号的图纸表达

例如前面说到的榻榻米，与地面存在 20 cm 的高差，那榻榻米上面的标高就是 0.200 [图 6-41(a)]。再如，卫生间因防水的要求，一般比地面低 2 cm，那么其标高就是－0.020 [图 6-41(b)]。标高符号就是对所有的地坪高度进行描述。

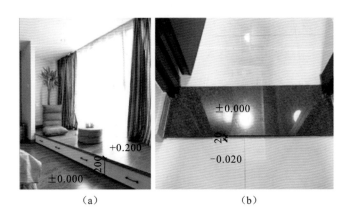

图 6-41　设计中的高差

3. 门槛石

某室内地坪布置图中的门槛石如图 6-42 所示。

门槛石的作用一般来说有两个：①用来进行不同材料、不同高差地面的收口处理；②对同种材料地面的打断处理。

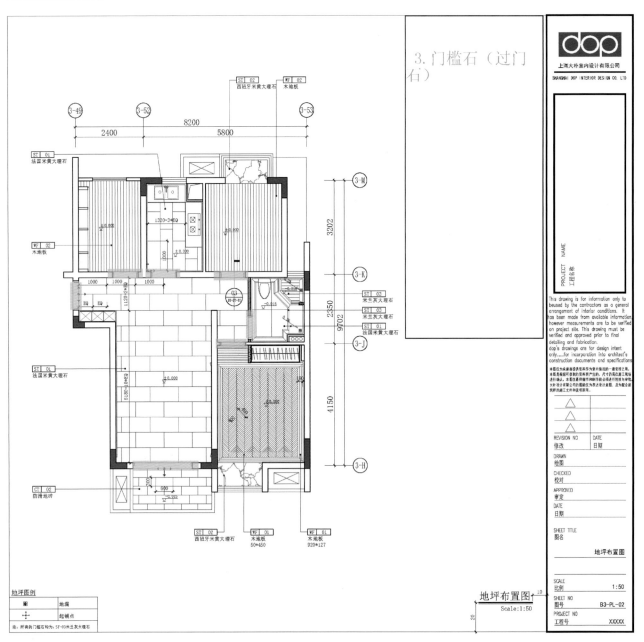

图 6-42　某室内地坪布置图中的门槛石

如图6-43（a）所示，卧室的地面材料是木地板，标高是±0.000，卫生间的地面材料是地砖，标高是－0.020，因为两个空间地面有高差，所以设置门槛石，以对两个空间的材质和高差进行过渡。 如图6-43（b）所示，门洞内外的空间地面材质都是木地板，但是由于木地板铺贴过长不利于收口，而且由于热胀冷缩，木地板铺贴过长易产生变形，设计师一般会人为地在门槛位置将木地板打断，然后采用同样的木地板

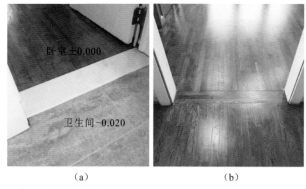

图 6-43　门槛石的布置

来作为门槛石，注意这里的木地板方向是横向的。 门槛石在图纸中的表达：在相对应的位置绘制2根直线，再进行材质标注说明。

4. 材料类型、材料分割、铺贴方向

所有地坪的方案设计基本都体现在地面材料的选择、分割和铺贴形式上，如图6-44所示。

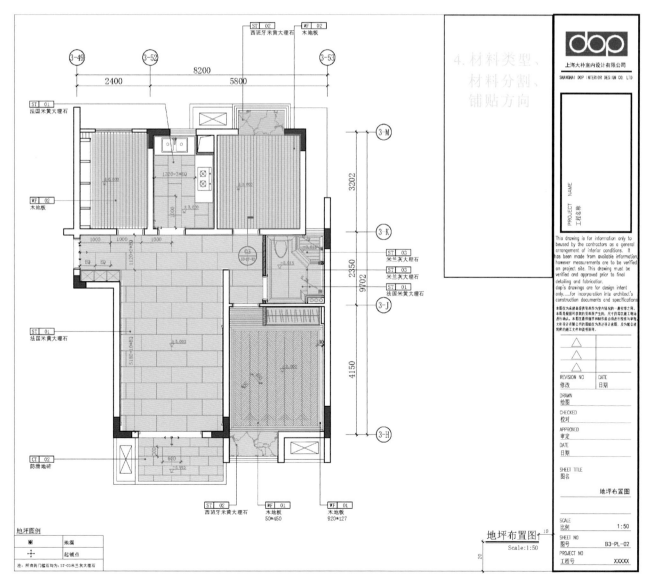

图 6-44　某室内地坪布置图中的材料类型、材料分割、铺贴方向

我们应先根据设计要求确定地坪选择的材料类型，再根据设计师的手稿、效果图等资料，绘制材质的分割、拼花、铺贴方向等。

以图 6-45 为例，先确定地坪材料使用的是条形木地板，人字形铺贴，再根据所选木地板的宽度制图。

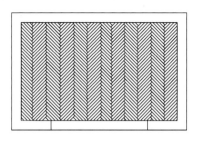

木地板地面铺贴

图 6-45　人字形铺贴的木地板

以图 6-46 为例，先确定地坪材料使用的是长方形地砖，工字形错缝铺贴，再根据所选地砖的尺寸制图。

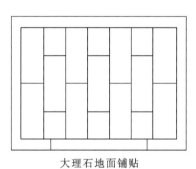

大理石地面铺贴

图 6-46　工字形错缝铺贴的地砖

5. 地漏、找坡

某室内地坪布置图中的地漏、找坡如图 6-47 所示。

（1）地漏。

地漏一般设置在住宅的卫生间、淋浴间，主要功能是排水。

图 6-48 展示了我们常见的地漏形式。图 6-48(a) 是常规的格栅型地漏；图 6-48(b) 是改进型地漏，水从地漏四周的缝隙排出；图 6-48(c) 是经过装饰处理的隐形地漏，中间的盖板和地坪材质一样，水也是从地漏四周的缝隙排出，装饰效果相对最好。

（2）找坡。

大家试想，如果地面是完全水平的，地面积水肯定不能第一时间流到地漏所在的位置然后排出。找坡就是把地面做出一定的坡度，让坡度导向地漏方向。如果地面有积水，水就会第一时间流向地漏所在的位置，因此地漏和找坡在图纸中是同步出现的。室内找坡时，坡度一般为 0.3%～0.5%。

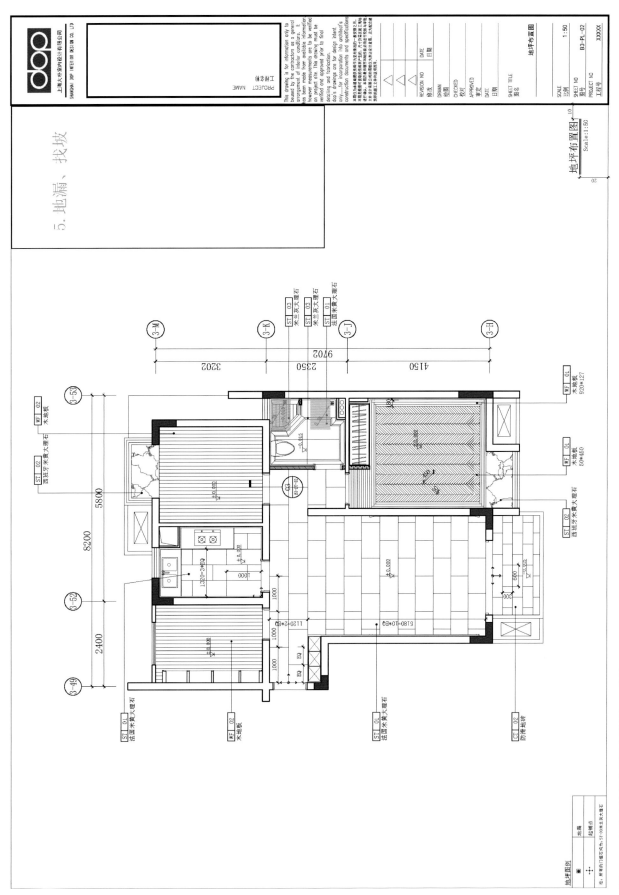

5. 地漏、找坡

图6-47 某室内地坪布置图中的地漏、找坡

（a）

（b）

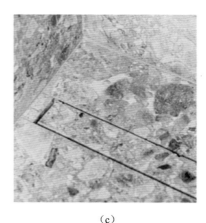
（c）

图 6-48　常见的地漏形式

结合图 6-49 可知，坡度可根据式（6-1）计算：

$$X° = I/L \qquad (6-1)$$

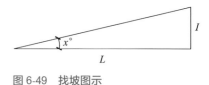

图 6-49　找坡图示

例如：若 L 为 1000 mm，X 为 0.3%～0.5%，则 I 为 3～5 mm。

找坡在图纸中用仿真的图块表达，即一个箭头（箭头指向地漏位置）加坡度数值，如图 6-50 所示。

6. 起铺点

在铺装地坪材料时，设计要求了地坪具体的铺贴方式，强调了地面第一块材料的铺贴位置，此时就需要用到起铺点符号了。 某室内地坪布置图中的起铺点如图 6-51 所示。

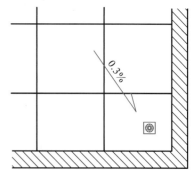

图 6-50　找坡的图纸表达

图 6-52 展示了同一房间、同一石材、不同起铺点的效果对比，可以看出，设置的起铺点不同，呈现出来的效果也完全不同。图 6-52（a）、图 6-52（b）是从房间中间起铺，最后四边会留出来均匀的小块；图 6-52（c）是从房间的左上角起铺，两个边是完整板块，另外两边就留有小块；图 6-52（d）是从房间左下角起铺的效果。 我们要根据实际情况和设计想法，选择合理且铺贴效果最好的起铺点。 比如，如果有一组固定家具要沿着一边墙体来布置，我们就尽量把小块砖铺到柜体下方，这样碎砖就会被柜体遮住，房间中留出的地面都是整块的地砖，那么地砖的铺贴效果就会更好。

7. 尺寸标注

对于已经画好的地面材料，需要给出相应的尺寸标注。 某室内地坪布置图中的尺寸标注如图 6-53 所示。

如图 6-54 所示，地坪由石材组成，石材尺寸为 600 mm ×300 mm，错位铺贴，那么需要标注它的尺寸、规格和铺贴开始的位置。

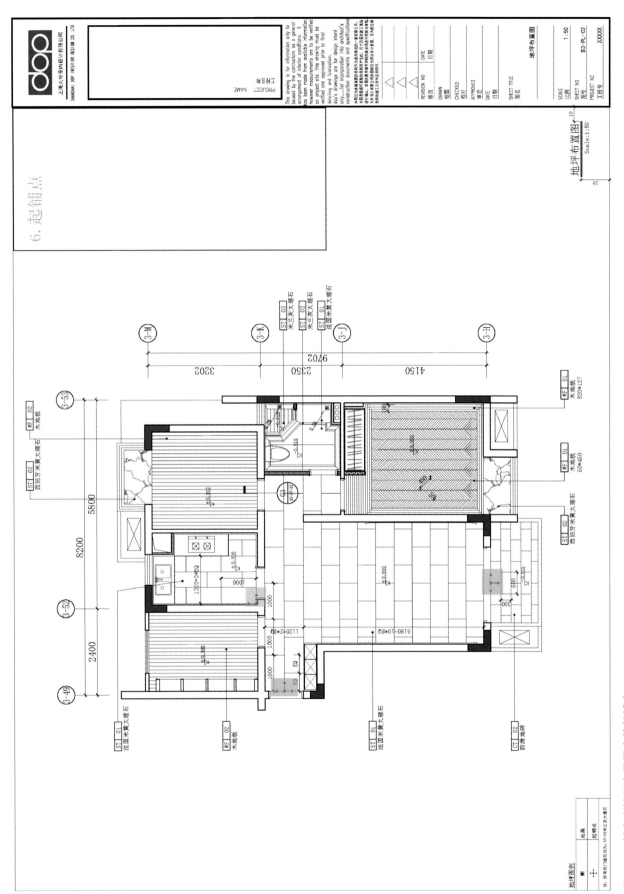

6. 起铺点

图6-51 某室内地坪布置图中的起铺点

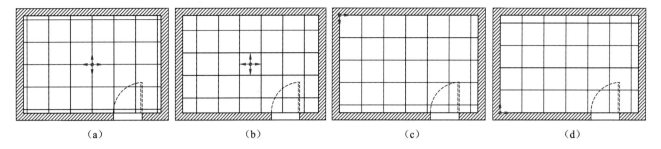

（a）　　　　　　　　　（b）　　　　　　　　　（c）　　　　　　　　　（d）

图 6-52　同一房间、同一石材、不同起铺点的效果对比

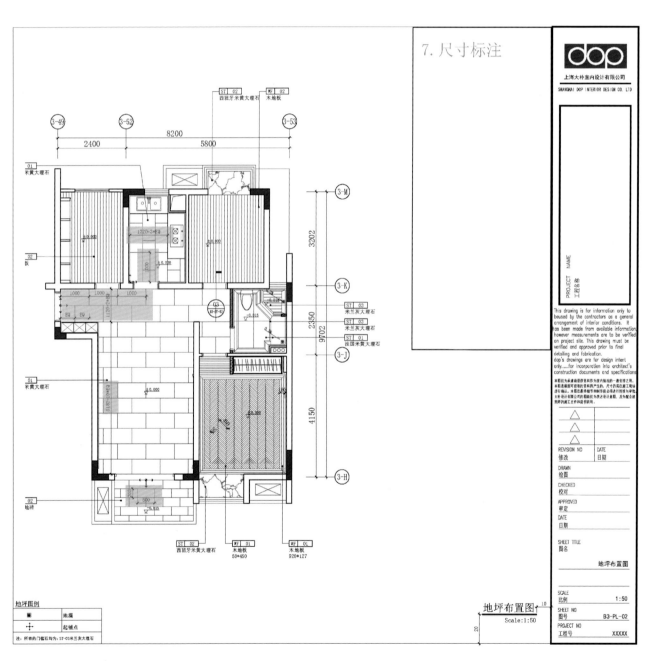

图 6-53　某室内地坪布置图中的尺寸标注

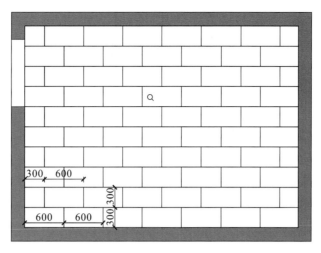

图 6-54　设计中地面铺贴的图面表达

8. 材料标注

虽然在画图时已经通过画法和填充对地坪材料进行了区分，但是我们仍然需要对材料进行具体的文字描述，也就是对材料进行标注。　某室内地坪布置图中的材料标注如图 6-55 所示。

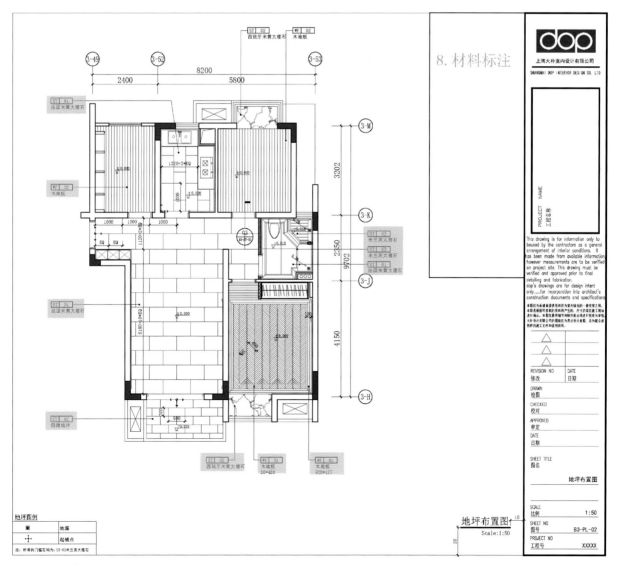

图 6-55　某室内地坪布置图中的材料标注

如图 6-56 所示是设计行业中常见的材料标注方式。 材料标注分为两部分，上方是英文加代号，下方材料的中文描述。 上方的英文字母都是材料的英文简写。 例如，石材简写为 ST（stone），瓷砖简写为 CT（ceramic tile），木地板简写为 WF（wood floor），金属简写为 MT（metal）。 阿拉伯数字代表的是所选材料的种类，比如 ST-01 指我们所选的第一种大理石，ST-02 指我们所选的第二种大理石，以此类推。 ST-01、ST-02 到底是什么石材需要与材料表进行对照。

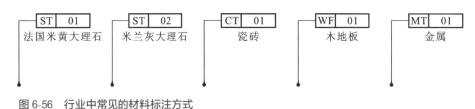

图 6-56　行业中常见的材料标注方式

这种材料标注的形式是目前施工图纸上比较常见的方式。

9. 节点索引符号

在地坪布置图上，所有需要有节点剖切的位置都需要加上节点索引符号。 某室内地坪布置图中的节点索引符号如图 6-57 所示。

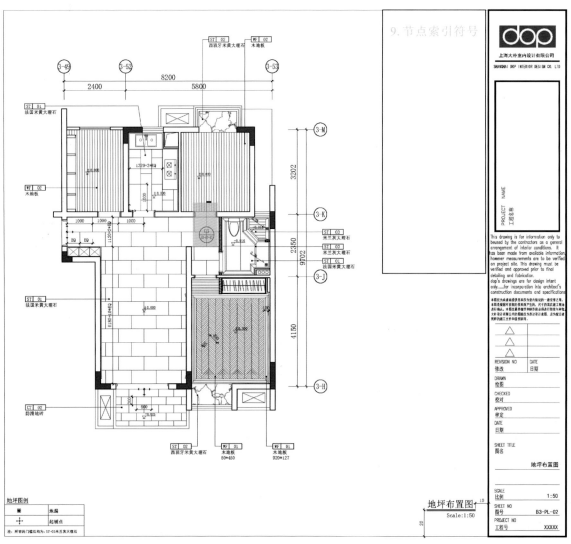

图 6-57　某室内地坪布置图中的节点索引符号

10. 图例

在地坪布置图上，我们会把经常使用的一些图例，放置在图纸的左下角进行一个说明，如图 6-58 所示。

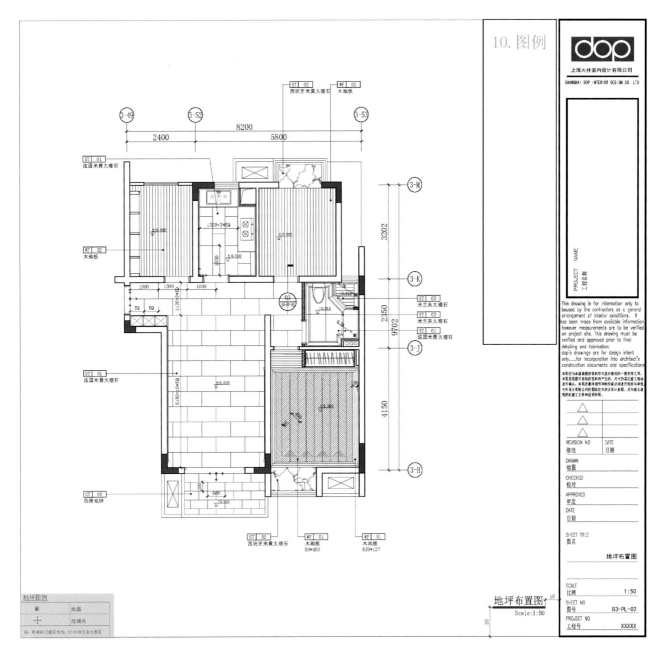

图 6-58　某室内地坪布置图中的图例

如图 6-59 所示，我们在地坪布置图上对起铺点、地漏、找坡这三个图例作了重点说明。这是因为看图者可能并不了解图纸上的这些符号的含义，但是当他看到了图例，就能马上知道这个符号的含义了。

地坪图例

图例	名称
✛	起铺点
⊙	地漏
$i=0.3\%$	找坡

图 6-59　图例的符号解释

11. **图名**

图纸绘制完成后，在右下角加上图名，如地坪布置图等。 某室内地坪布置图中的图名及图名详解分别如图 6-60、图 6-61 所示。

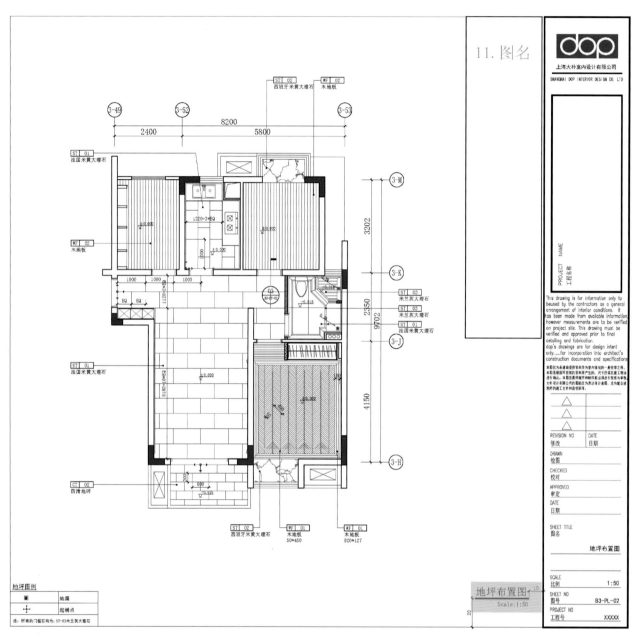

图 6-60　某室内地坪布置图中的图名

图 6-61　图名详解

12. **图框**

根据图纸内容，调整图框中相应的信息。 某室内地坪布置图中的图框如图 6-62 所示。

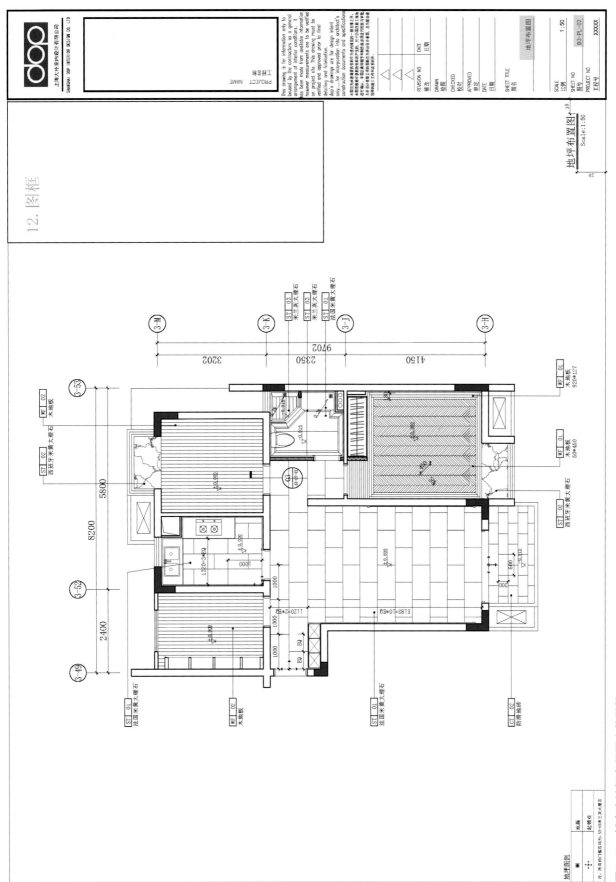

图6-62 某室内地坪布置图中的图框

12. 图框

6.3.3　室内地坪布置图制图步骤

室内地坪布置图制图步骤如下（以 AutoCAD 软件制图为例）。

（1）在布局空间内复制平面布置图的布局视口，新的视口重命名为地坪布置图。

（2）为了防止干扰图面，地坪布置图不出现门，在模型空间内应关闭门的图层。

（3）同样地，为了防止干扰图面，地坪布置图上不出现活动家具、配饰，在模型空间内应关闭活动家具及配饰的图层。

（4）在模型空间关闭不落地的固定家具，比如吊柜。

（5）在模型空间内添加高差线。

（6）在模型空间内门洞的位置添加门槛线。

（7）在模型空间内根据设计方案绘制地坪材料的具体细节，添加材料分割、铺贴方向，并进行填充。

（8）在模型空间内在已经绘制完成的地坪布置图上添加地漏和找坡。

（9）在布局空间内需要强调起铺点的地方添加起铺点，强调地坪铺贴的起始位置。

（10）在布局空间内添加地坪标高。

（11）在布局空间内添加地坪材料的尺寸标注。

（12）在布局空间内添加材料标注。

（13）在布局空间内添加节点索引符号。

（14）在布局空间内添加图例。

（15）在布局空间内添加图名。

（16）在布局空间内对图框信息进行修改。

6.4　室内天花布置图

天花布置图与平面布置图的形成原理类似，为了便于与平面布置图对应，天花布置图通常采用镜面投影作图。 室内天花布置图除了要表达顶面造型、高低层次、饰面材料以及线脚等，还要表达各种设备、设施的布置形式，以便清晰地表达顶面设计方案。

对于天花布置图，我们同样从图纸内容、图纸表达、制图流程 3 个部分来讲解。

6.4.1　室内天花布置图的内容组成

我们接着以住宅为例，天花布置图由以下内容组成。

1. 门看线

在绘制天花布置图时，门洞上方可以看见双线，即门看线，如图 6-63 所示。

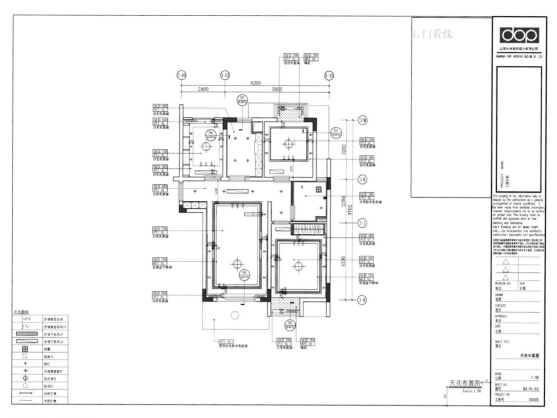

图 6-63　门看线

2. 天花造型

天花造型是天花布置图里最重要的内容，用来表达天花的设计方案和造型，如图 6-64 所示。

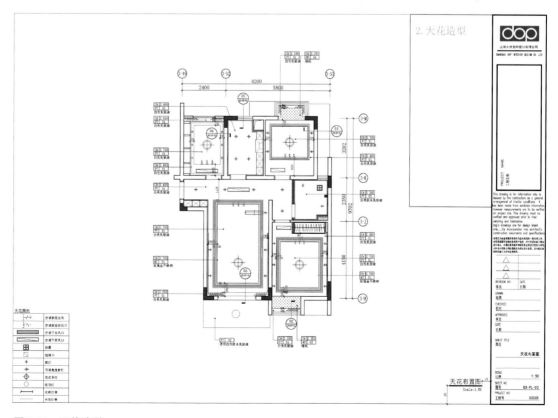

图 6-64　天花造型

3. 窗帘盒

天花布置图中需要表达窗帘盒，以表明窗帘布置的位置，如图 6-65 所示。

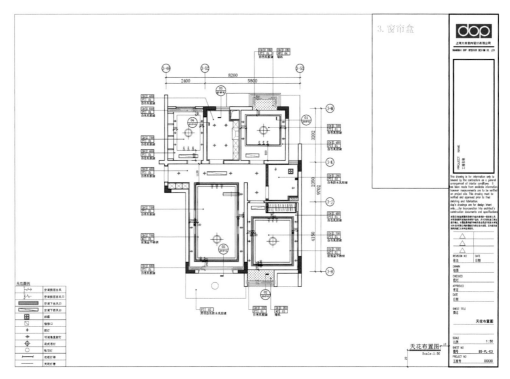

图 6-65　窗帘盒

4. 灯具

天花布置图中需要表明灯具的类型和布置形式，如图 6-66 所示。

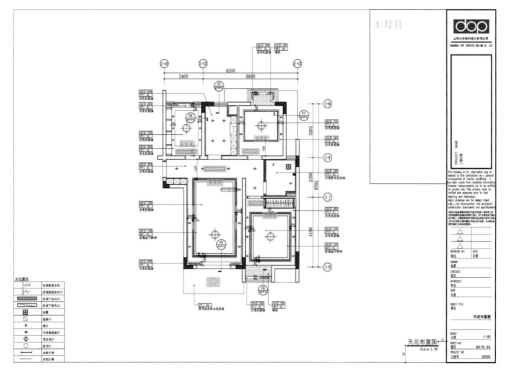

图 6-66　灯具

5. 设备

天花布置图中需要表明安装在天花上的一些外漏的设备，如住宅里的浴霸、投影仪等设备，如图 6-67 所示。

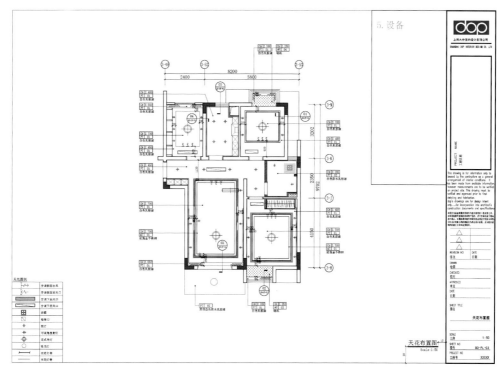

图 6-67　设备

6. 风口

如果室内安装有中央空调，在天花布置图上就要表示风口的位置和大小，如图 6-68 所示。

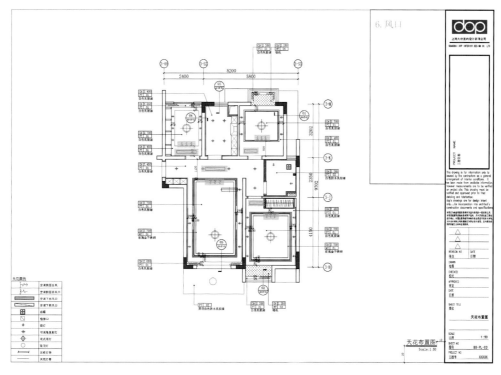

图 6-68　风口

7. 尺寸标注(天花造型、灯具定位)

天花上的造型、灯具都需要尺寸标注来进行定位，如图 6-69 所示。

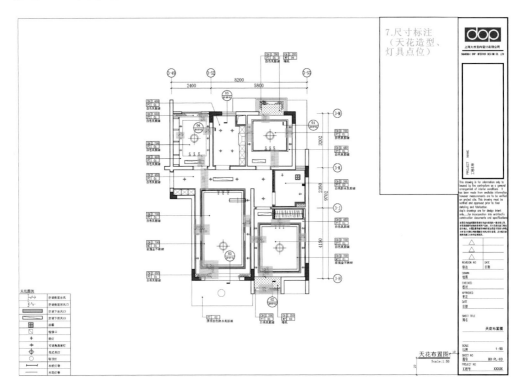

图 6-69　尺寸标注

8. 材料标注及标高

天花布置图中需要对天花造型的材质和标高进行说明，如图 6-70 所示。

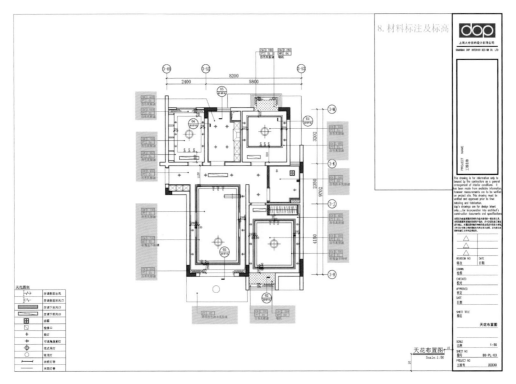

图 6-70　材料标注及标高

9. 节点索引符号

天花布置图应在需要进行节点表达的位置添加节点索引符号，如图 6-71 所示。

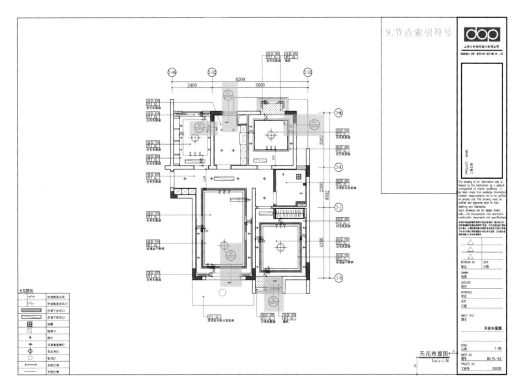

图 6-71　节点索引符号

10. 图例

天花布置图应对所选用的图例进行说明，如图 6-72 所示。

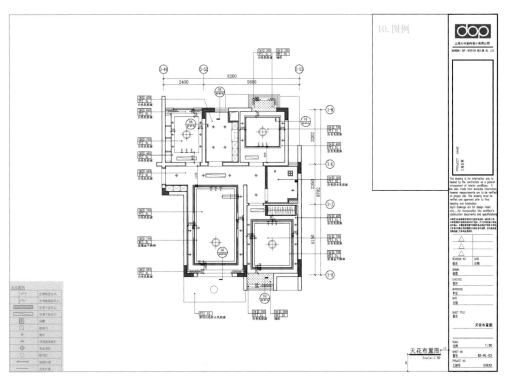

图 6-72　图例

11. 图名

图名即图纸的名称，如图 6-73 所示。

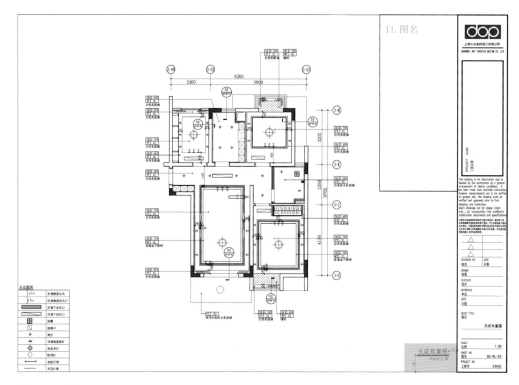

图 6-73　图名

12. 图框

图框内有相关信息说明，如图 6-74 所示。

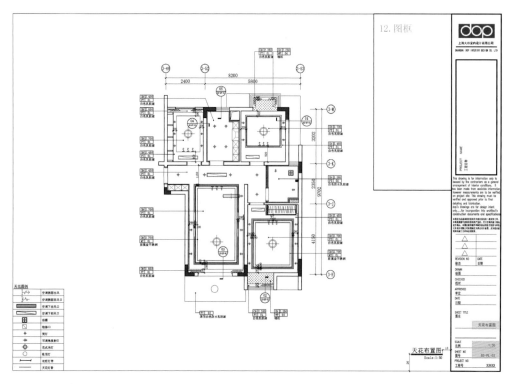

图 6-74　图框

6.4.2　室内天花布置图中各组成内容在图纸中的表达及绘制

1. 门看线

如图 6-75 所示，从红色的剖面线处向上看时，会看到门套
的 2 条边缘线，在天花布置图上，在门洞上下就需要画出两条
单线。

2. 天花造型

天花是平整的，还是有高低起伏的，装饰造型是方形的，
还是圆形的，以及是否有灯带，都是需要绘制出来的内容。

天花的造型有很多基本的表达方式，如有高差的天花造
型、暗藏灯槽的天花造型。

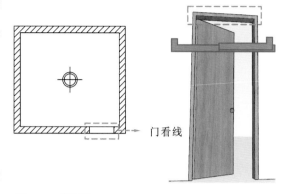

门看线

图 6-75　门看线

（1）有高差的天花造型。 如图 6-76 所示，中间高 3 m，四周高 2.8 m，这个造型中间高四周低，在天花布置
图上画一个矩形，并辅以标高，看图者就能理解这是一个有高差的造型。

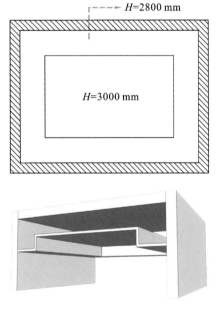

H=2800 mm

H=3000 mm

图 6-76　有高差的天花造型

（2）暗藏灯槽的天花造型。 如图 6-77 所示，这个造型中间高、四周低，并且在高低顶之间布置了灯带，营
造出发光的效果，在天花布置图上仍然是先画出代表高低差的一个矩形，再在高低顶之间偏移出一圈点画线来
代表灯带。

3. 窗帘盒

窗帘盒的字面意思是安装窗帘用的盒子，主要是为了遮挡窗帘轨道，起到装饰作用。 因此，除了特定可以
明装的窗帘，一般窗帘安装都需要预留窗帘盒。

图 6-78 就是明装窗帘杆，这种窗帘就是外漏的，不需要窗帘盒。

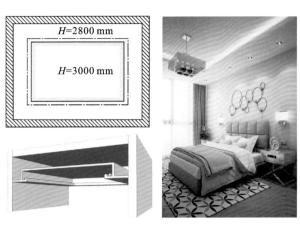

图 6-77　暗藏灯槽的天花造型

图 6-78　明装窗帘杆

窗帘盒有以下两种形式。

（1）明装窗帘盒。　如图 6-79 所示，在窗帘前方有一个垂直的挂板来对窗帘轨道进行遮挡，这种窗帘盒即为明装窗帘盒，能看到在天花板下有一块垂板。　明装窗帘盒在天花布置图上会有 2 根看线。

（2）暗装窗帘盒。　如图 6-80 所示，暗装窗帘盒是从天花直接向上升起来的，隐藏了窗帘轨道，没有了从天花垂直下来的挂板，天花显得更加完整和美观。　暗装窗帘盒在天花布置图上表达为 1 条单线。

图 6-79　明装窗帘盒

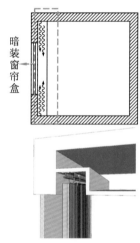

图 6-80　暗装窗帘盒

4. 灯具

灯光设计在室内设计中是一个独立、复杂的专业体系，同学们现阶段只需要了解基本常识及灯具在图纸上的表达方式即可。

灯具按安装形式可分为嵌入式筒灯、吸顶灯、吊灯、壁灯等。

① 嵌入式筒灯：嵌在天花内安装的灯具［图 6-81（a）］。

② 吸顶灯：直接安装在天花上的灯具［图 6-81（b）］。

③ 吊灯：通过钢丝或者吊杆吊装在天花以下一段距离的灯具［图 6-81（c）］。

④ 壁灯：安装在墙壁上的灯具［图 6-81（d）］。

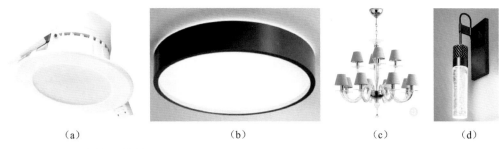

（a）　　　　　　　　　（b）　　　　　　　　　（c）　　　　　　（d）

图 6-81　灯具按安装形式划分

设计师根据灯具的功能和效果，结合自己的想法，来进行灯具的布置。 如图 6-82（a）所示，房间正中是吊灯，四周的低顶天花上是嵌入式的射灯，该房间灯具在天花布置图上的表示如图 6-82（b）所示。 由图 6-82（b）可以看出，不同的灯具类型需要用不同的图块表达。

（a）　　　　　　　　　　　　　　　射灯　　　　　吊灯
　　　　　　　　　　　　　　　　　　　　（b）

图 6-82　灯具布置

5. 设备点位

除灯具外，天花上还有一些外露的设备需要在天花布置图上表现出来，如浴霸和投影仪，在天花布置图中就是用示意性的模块来表达，但是要注意，模块的尺寸与实物应尽量接近（图 6-83）。

6. 风口

这里所说的风口主要指空调的送风口和回风口，如图 6-84 所示，长方形的格栅就是空调风口。 风口在天花上所占的比例和尺寸都比较明显，会对天花的整体造型及灯具布置产生较大的影响，因此，在条件允许的情况下，可在天花布置图上把风口按真实尺寸绘制出

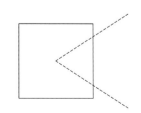

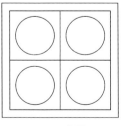

（a）浴霸　　　　　　（b）投影仪

图 6-83　外露设备

来，这样也可以检验天花设计是否会与空调风口产生冲突。

对于不同的空调风口在图纸上的表达，我们会使用一些约定俗成的图例，如图 6-85 所示，侧面出风口、侧面回风口、下出风口、下回风口，都是施工图上比较常见的风口图例。

7. 尺寸标注

天花布置图画好后，就要进行尺寸标注了。在天花布置图上，主要对 2 个部分进行尺寸标注：天花造型和灯具位置，如图 6-86 所示。

图 6-84 空调风口

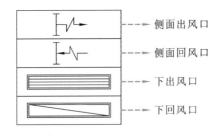

图 6-85 不同空调风口图例

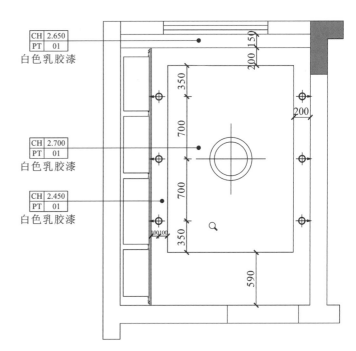

图 6-86 天花造型与灯具位置标注

8. 材料标注及标高

对天花布置图来说，除了要进行材料标注，还要对天花上不同的标高进行标注。

图 6-87 是一张材料及高度标注完成的图片，我们能从中清晰地看出天花造型的形态，中间矩形部分的天花高度最高，为 2.7 m，窗帘盒的高度相对低一些，为 2.65 m，四周的天花最低，为 2.45 m。高度标注完成后，还需要标注材质。在图 6-87 中，CH 2.700 代表天花吊顶的高度是 2.7 m，PT-01 代表第一种乳胶漆，本案例中第一种乳胶漆为白色乳胶漆。

结合上面的信息，我们可知图 6-87 中的天花由 3 个高度构成，天花材质都是白色乳胶漆。

9. 节点索引符号

如图 6-88 所示，天花布置图上面的节点索引符号表明了相应天花节点的图纸编号。

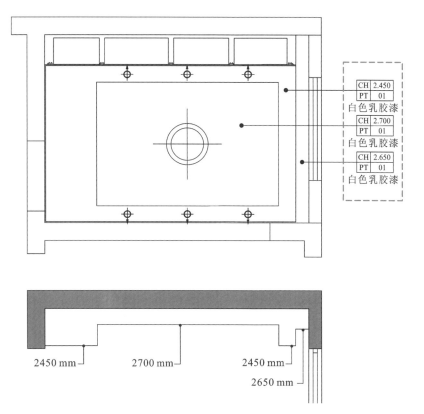

图 6-87　材料标注及标高

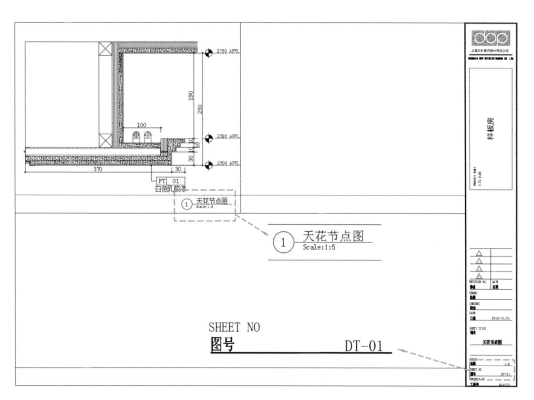

图 6-88　节点索引符号

10. 图例

天花图例主要是对灯具、设备、风口等内容进行示意。

如果你在天花布置图上看到一些图块，不能理解它们的含义，但通过查看图例，你就能清晰地了解这些图例代表的内容。

如图 6-89 所示，圆圈加十字代表筒灯，双圆圈加十字代表花式吊灯。

11. 图名

当图纸绘制完成后，在其右下角加上图名，即天花布置图，如图 6-90 所示。

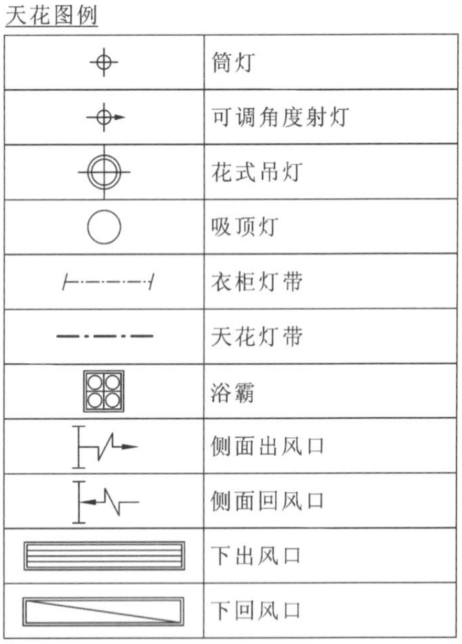

天花图例

⊕	筒灯
⊕→	可调角度射灯
⊕	花式吊灯
◯	吸顶灯
⊢—·—·—⊣	衣柜灯带
—·—·—	天花灯带
▦	浴霸
⊢↯	侧面出风口
⊢↯	侧面回风口
▤	下出风口
▱	下回风口

图 6-89　图例

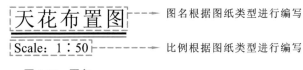

天花布置图 ┈┈┈→ 图名根据图纸类型进行编写

Scale：1：50 ┈┈┈→ 比例根据图纸类型进行编写

图 6-90　图名

12. 图框

在图框中调整相应的信息。

6.4.3　室内天花布置图制图步骤

室内天花布置图制图步骤如下（以 AutoCAD 软件制图为例）。

（1）在布局空间内复制平面布置图，布局名改为天花布置图。

（2）在模型空间内关闭门图层。

（3）在模型空间内关闭活动家具、配饰图层。

（4）在模型空间内关闭不到顶家具、厨具洁具图层。

（5）在模型空间内绘制门槛线。

（6）在模型空间内绘制天花造型、窗帘盒。

（7）在模型空间内绘制设备点位。

（8）在模型空间内绘制风口。

（9）在模型空间内绘制灯具。

（10）在布局空间内进行尺寸标注。

（11）在布局空间内进行材料标注。

（12）在布局空间内添加节点索引符号。

（13）在布局空间内添加图例。

（14）在布局空间内添加图名。

（15）在布局空间内添加图框信息。

6.5　室内立面图

第6.5节视频

室内立面图是平行于室内各个方向墙面的正投影图，简称立面图。 立面图表现的图像大多由可见轮廓线构成，可用以表达建筑内部的完整形象或室内装修的构配件。

6.5.1　室内立面图的内容组成

下面还是以住宅为例来展示室内立面图的组成部分。

1. 楼板、地面完成面

我们脚下踩的楼板和头顶上的楼板，组成了立面图的天和地。 地面完成面是指在楼板上铺贴地面材质后的面层。

2. 墙体剖面

墙体剖面是指立面图上剖切到的墙体的断面。

3. 门剖面

剖到墙体的时候，有可能会剖到门，这就是门剖面。

4. 踢脚线

如果墙面有踢脚线，需要表达出来。

5. 天花造型的剖面线

天花造型的剖面线即立面上剖切到的天花造型的看线。

6. 门

我们应在立面图上表示出能看到的门。

7. 固定家具

我们应在立面图上表示出出现的固定家具。

8. 墙面造型及分缝

我们应在立面图上表示出根据设计所做的一些装饰造型以及墙面材质的分割线。

9. 墙面材料填充

墙面材料的丰富程度会比地面更多，除了有文字描述材料，还应适当添加填充来美化图纸。

10. 活动家具

为了丰富图面以及表达一些定位关系，立面图上需要表现一些活动家具。

11. 配饰

为了图面效果以及关系的描述，我们也会把窗帘、装饰画模块放置在立面图上。

12. 文字说明

立面图上需要添加一些必要的文字说明。

13. 尺寸标注

立面图上应添加相关的尺寸标注。

14. 材料标注

我们应对立面图上的材质添加一定的文字描述。

15. 节点索引符号

立面图上需要表示出相应的节点索引符号。

16. 立面图号

立面图号是与平面布置图上的立面索引相对应的图号。

17. 图框

我们可在图框里对相关信息进行修正。

6.5.2　室内立面图中各组成内容在图纸中的表达及绘制

1. 楼板、地面完成面

室内立面图上的楼板是指建筑楼板。某室内立面图中的楼板、地面完成面如图 6-91 所示。楼板厚度根据建筑设计的要求，一般取 100～150 mm，立面图要画出上层楼板和本层楼板，用 2 道双线组成的矩形来表示，楼板可以用实体填充也可以用斜线填充，这个可以根据每家公司的习惯来定。

地面完成面是指在楼板上铺贴完地面材料后加高的厚度，也就是地坪布置图上的正负零位置。地面完成面厚度一般在 50 mm 左右，用一条单线来表示(图 6-92)。

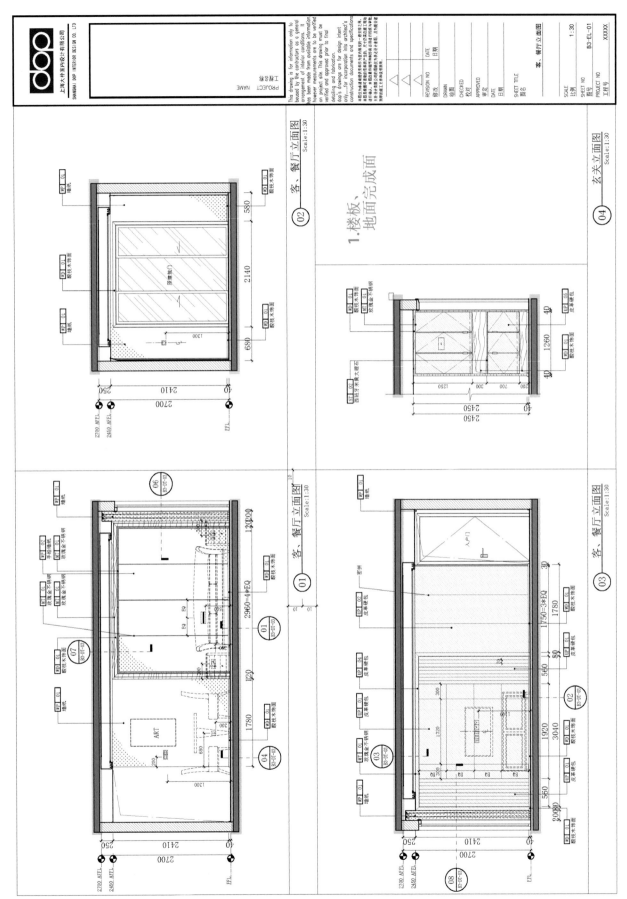

图6-91 某室内立面图中的楼板、地面完成面

图 6-92　楼板、地面完成面的图纸表达

2. 墙体剖面

图 6-93 是某室内立面图中的墙体剖面。 如图 6-94 所示，立面剖切到了墙体，在立面图上墙体就是 2 根轮廓线，中间是斜线。

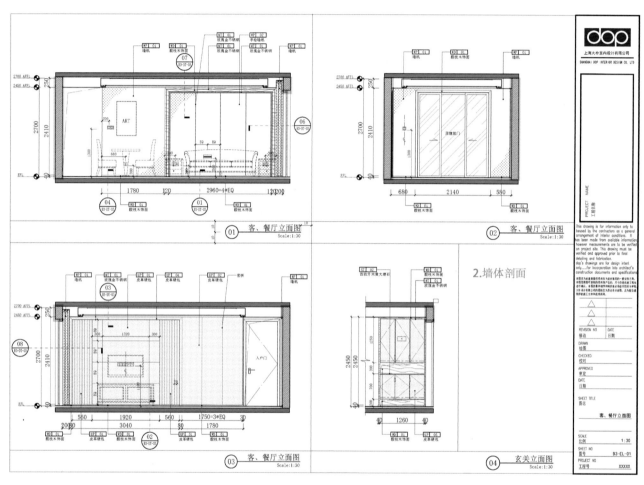

图 6-93　某室内立面图中的墙体剖面

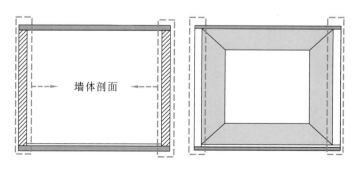

图 6-94　墙体剖面的图纸表达

3. 门剖面

若在剖到的墙体处有门，那么应在图纸上把被剖到的门描绘出来，在读图时可作参考。 图 6-95 为某室内立面图中的门剖面。 门剖面的图纸表达：上面是门上方的墙体，下面是门洞和门扇，用 4 条线表达出来，如图 6-96 所示。

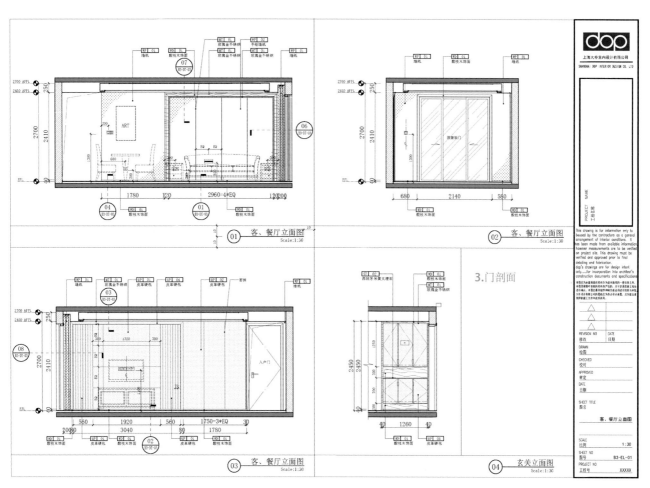

图 6-95　某室内立面图中的门剖面

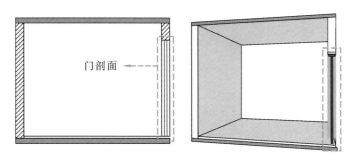

图 6-96　门剖面的图纸表达

4. 踢脚线

踢脚线也可以叫踢脚板。 某室内立面图中的剔脚线如图 6-97 所示。 踢脚线的图纸表达如图 6-98 所示。

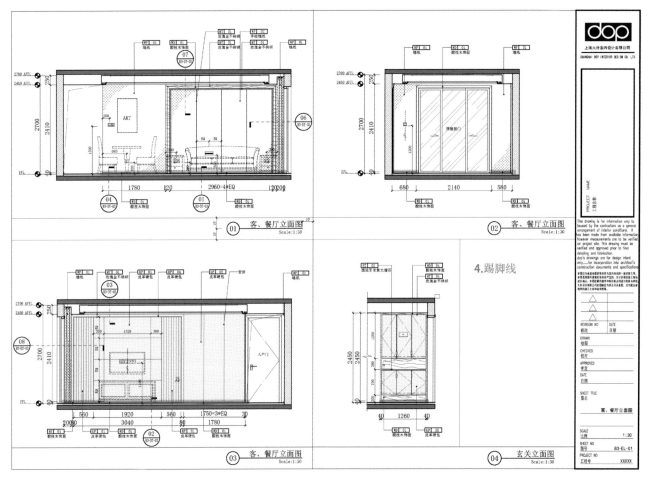

图 6-97　某室内立面图中的踢脚线

踢脚线的作用如下。

（1）用作墙面和地面材料的收口。

（2）防止打扫卫生或走路时弄脏或损坏墙面。

踢脚线常见的形式有外凸、平、内凹三种，如图 6-99 所示。

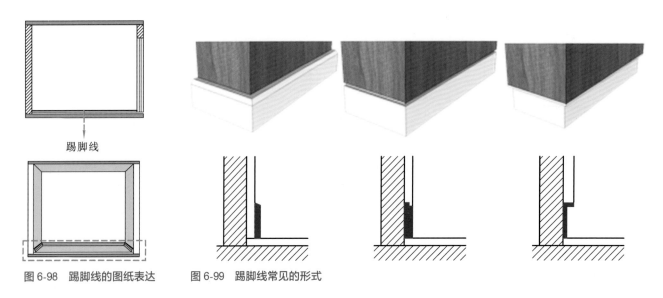

图 6-98　踢脚线的图纸表达　　　图 6-99　踢脚线常见的形式

5. 天花造型的剖面线

在画立面图时，由下至上剖切，必然会剖到天花造型，因此，在立面图上要表示出天花造型的剖面轮廓。立面图中的天花剖面轮廓可以体现天花造型的高低，以及天花与灯槽的关系。 图 6-100 中间的两根细线就是灯槽在远端的看线，在立面图中也会体现出来。

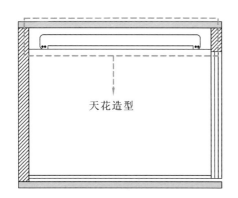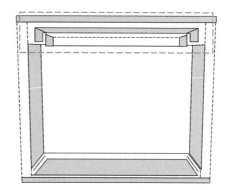

图 6-100　天花造型的图纸表达

6. 门

在立面图上，需要按照设计师的要求把门的尺寸形式如实进行表达。 外框线代表门洞，里面的矩形代表门扇，门扇上的点画线代表门的开启位置，点画线的交点代表门的铰链，说明这扇门是右侧开启的，如图 6-101所示。

移门可以用单箭头来表达门扇的移动方向，如图 6-102 所示。

7. 固定家具

根据设计师设计的形式、尺寸，我们把固定家具的正投影立面绘制在图纸中。 如图 6-103（a）所示的柜子，上面是上柜，有一扇对开门和一扇单开门，中间是中空的一个台面，下面是下柜，同样也是有一扇对开门和一扇单开门。 该柜子的图纸绘制如图 6-103（b）所示。

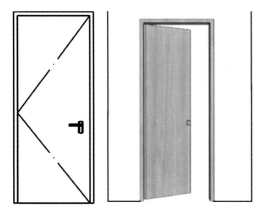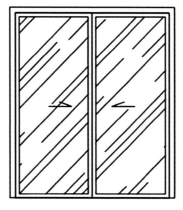

图 6-101　单开门的图纸表达　　　　图 6-102　移门的图纸表达

8. 墙面造型及分缝

墙面做过装饰设计后，或多或少会有设计师设计的一些造型。 如图 6-104 所示，沙发背景墙上有一个木饰

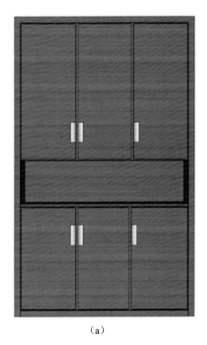

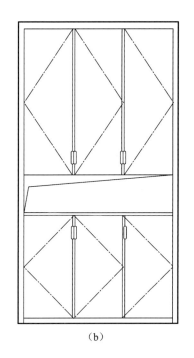

（a）   （b）

图 6-103　固定家具的图纸表达

面材质的边框，里面是艺术墙纸。　我们需要根据该设计方案把其用正投影的方式绘制在立面图上，四周是木饰面，中间是壁纸，壁纸等分为四幅，在立面上就应该画出三条分割线，如图 6-105 所示。

9. 墙面材料填充

完成墙面的造型分割后，我们会根据需要在立面上对材质进行填充。　图 6-106 为某室内立面图中的墙面材料填充。

墙面材料填充的目的如下。

（1）使图面更加美观。

（2）填充后材料区分更直观。

常见的材料填充如图 6-107 所示。　填充完成后，我们可以直观地看到外边框是木饰面材质，内部小的边框是金属材质，里面是墙纸，如图 6-108 所示。

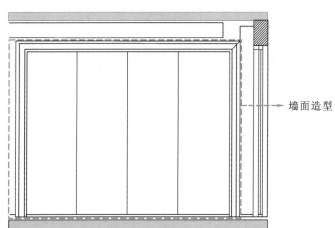

墙面造型

图 6-104　墙面造型及分缝　　　　　　　　图 6-105　墙面造型的图纸表达

图 6-106　某室内立面图中的墙面材料填充

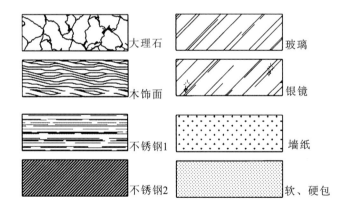

图 6-107　常见的材料填充

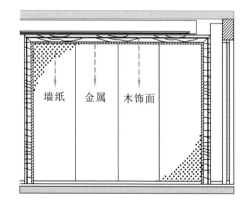

图 6-108　墙面材料填充的图纸表达

10. 活动家具

在立面图上增加活动家具会让看图者对室内空间进行迅速判断。 如图 6-109 所示，我们可以看到某处有沙发、边几，那就是客厅区域，某处有餐桌，那就是餐厅区域，因此，添加活动家具对理解立面图和丰富图面效果有很大的辅助作用。 常见活动家具的立面模块如图 6-110 所示，模块用虚线表示，目的是尽量不要影响立面图上的造型内容。

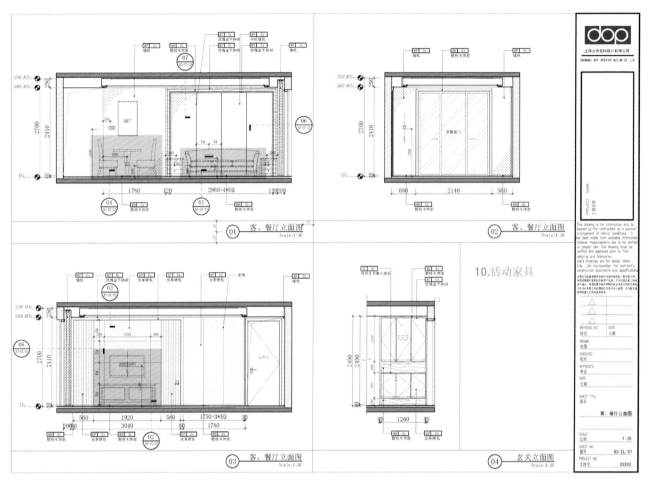

图 6-109　某室内立面图中的活动家具

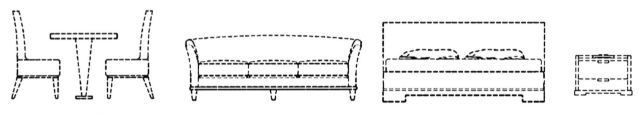

图 6-110　活动家具的立面模块

11. 配饰

　　与活动家具一样，配饰对我们理解图纸和丰富图面效果也有一定的辅助作用，如图 6-111 所示。 图 6-112 是一些常见的配饰模块。 在这里要提醒一下同学们，活动家具和配饰在立面图上出现有一个前提，即不能因为它们的存在，而影响了立面图主要内容的表达。 设计师应仔细考虑，活动家具和配饰图哪些可以画，哪些可以不画。

12. 文字说明

　　立面图上的文字说明并不是强制说明，不同的公司有不同的习惯。 总体而言，我们一般会在门、门洞的区域进行说明，告诉大家这个门洞通往的另一个地方，或者这门打开以后，会去往的空间。 这就是我们加文字说明的主要目的。 图 6-113 就是通往卫生间的文字说明。

13. 尺寸标注

　　立面图上应对必要的尺寸进行标注。

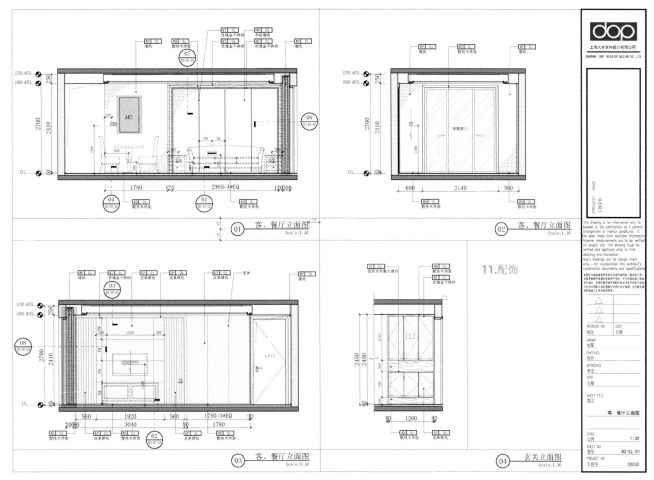

图 6-111　某室内立面图中的配饰

立面图上的纵向尺寸有踢脚高度、房间高度、天花高度、造型高度，立面图上的横向尺寸有造型宽度、门洞宽度等，这些尺寸都要进行一一标注。某室内立面图中的尺寸标注如图 6-114 所示。

14. 材料标注

立面图上应对材质进行标注，无论是墙纸、木饰面还是石材，我们都要用文字描述清楚。 某室内立面图中的材料标注如图 6-115所示。

15. 节点索引符号

对于立面图上需要描述的节点剖面，应给予相应的节点索引符号，如图 6-116 所示。

16. 立面图号

在图纸的右下角添加图号，如图 6-117 所示。

17. 图框

在图框中调整图纸的相应信息，如图 6-118 所示。

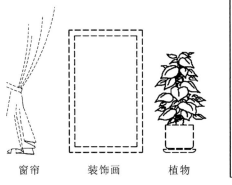

窗帘　　　装饰画　　　植物

图 6-112　常见的配饰模块

图 6-113　文字说明

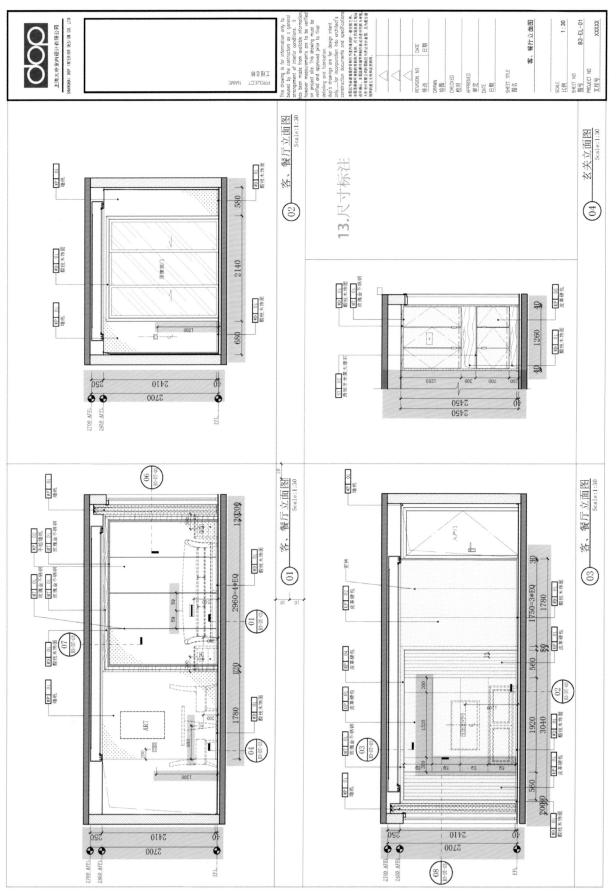

13.尺寸标注

图6-114　某室内立面图中的尺寸标注

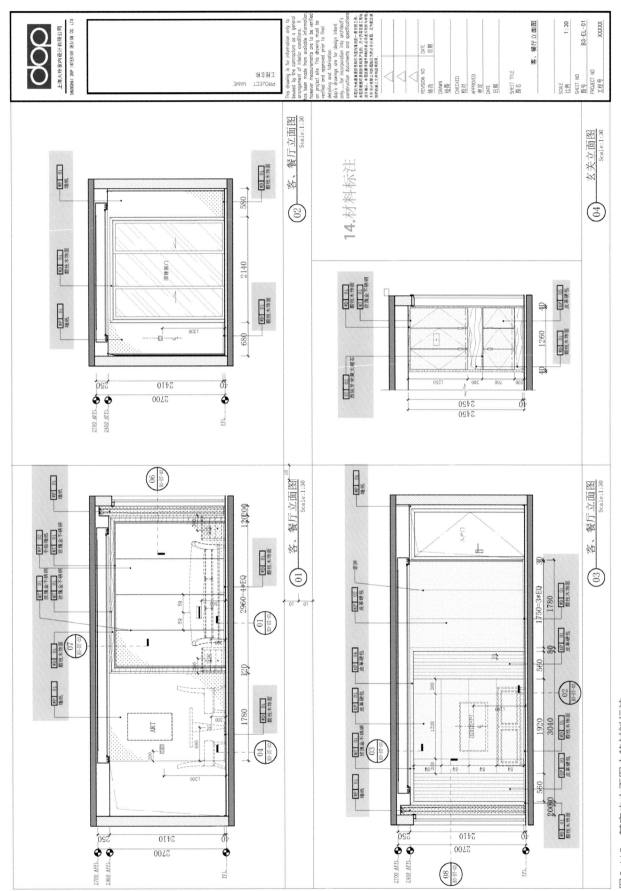

图6-115　某室内立面图中的材料标注

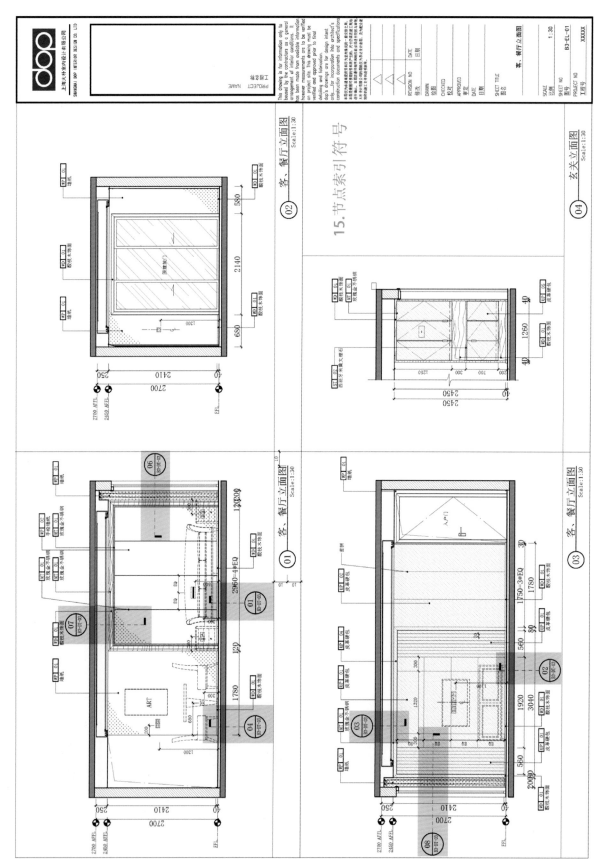

15.节点索引符号

图6-116 某室内立面图中的节点索引符号

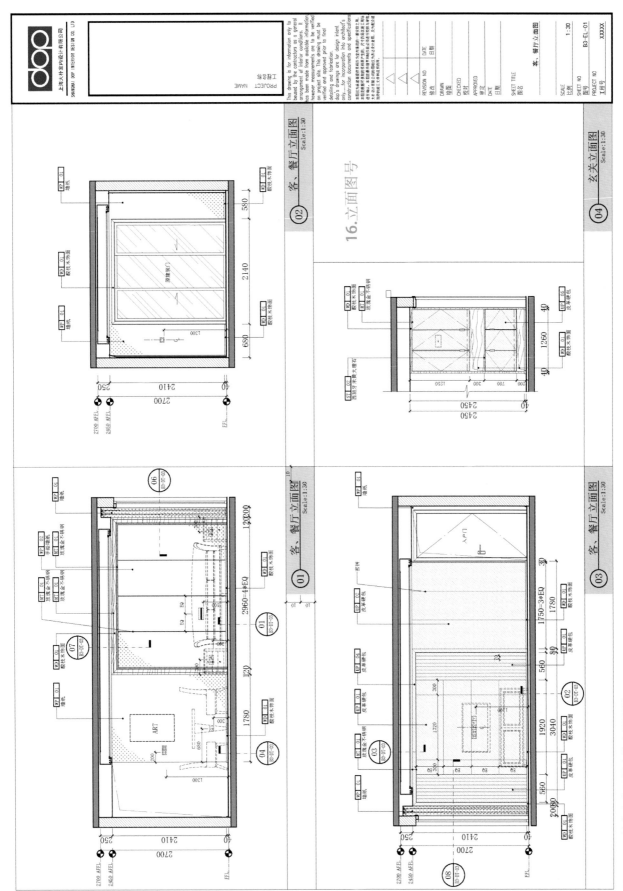

图6-117 某室内立面图中的立面图号

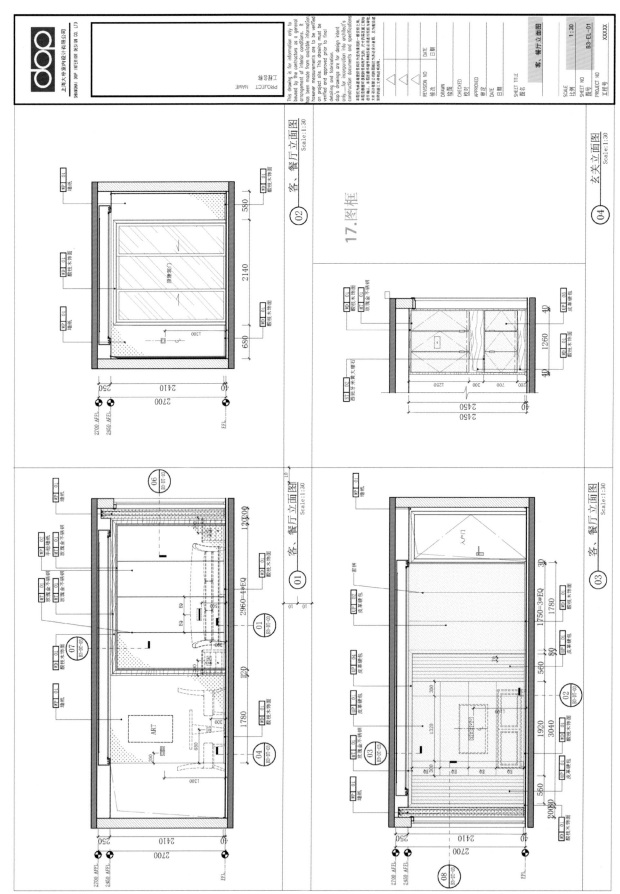

17.图框

图6-118 某室内立面图中的图框

6.5.3 室内立面图制图步骤

室内立面图
制图步骤

室内立面图的制图步骤如下(以 AutoCAD 软件制图为例)。

(1)新建 CAD 文件,文件名改为立面图。

(2)复制平面模型内容。

(3)在模型空间内把平面按照立面索引位置进行放置。

(4)在模型空间内绘制楼板、楼板完成面。

(5)在模型空间内绘制剖面墙体。

(6)在模型空间内绘制剖面门。

(7)在模型空间内绘制踢脚线。

(8)在模型空间内绘制天花造型线。

(9)在模型空间内绘制墙面转折线。

(10)在模型空间内绘制门。

(11)在模型空间内绘制固定家具。

(12)在模型空间内绘制墙面造型线。

(13)在模型空间内填充墙面材料。

(14)在模型空间内添加活动家具。

(15)在模型空间内添加配饰。

(16)在布局空间内设定比例。

(17)在布局空间内套用图框。

(18)在布局空间内添加标高符号。

(19)在布局空间内添加文字说明。

(20)在布局空间内进行尺寸标注。

(21)在布局空间内进行材料标注。

(22)在布局空间内添加索引符号。

(23)在布局空间内添加图名。

(24)在布局空间内添加图纸。

6.6 室内装饰节点图

第6.6节视频

节点图在设计行业里也叫详图、大样图、节点剖面图。 如图 6-119 所示,我们能看出这些物品的形状、材料、颜色,但是仅看外观,完全无法判断它们的内部构造。 想要清楚它们的内部构造,就必须对它们进行剖切。

节点图就是这样一张"内外兼修"的图纸，它除了要表达外在的造型关系、尺寸、材料等，还要描述造型内部的构造和做法，旨在说明造型和创意的实施方法。因此，节点图在施工图的体系中是一个比较特殊的存在。前面讲过的平面布置图、地坪布置图、天花布置图以及立面图，我们都可以根据对设计的理解以及三视图

图 6-119　生活中的物品

原理、投影原理等知识来绘制，表达出设计的造型和关系，但是节点图的特殊性就在于，它要求设计师除了能够理解设计图纸和掌握制图规范，还要了解造型内部的构造和施工工艺，甚至还需要具备一些施工现场的经验，这对年轻的设计师而言可能会有些困难。不过，对一些常见的基础节点而言，我们只要了解一些基本的材料知识，掌握一定的绘图方法，哪怕没有太多的施工现场经验，一样可以画出不错的节点图。

本节同样从图纸内容、图纸表达、制图流程 3 个部分来讲解室内装饰节点图。

6.6.1　室内装饰节点图的内容组成

室内装饰节点图由以下内容组成。

1. 面层

面层就是我们常说的饰面材料，面层是我们肉眼可见的部分。

2. 基层

基层是用来固定或安装面层的，装饰工程结束后，我们是看不见基层的。

3. 骨架

骨架是基层板后面的支撑结构，同样是看不见的。

4. 尺寸标注

尺寸标注是对节点图上必要的尺寸进行标注。

5. 材料标注

材料标注是对节点图上的材质进行标注。某部位材质是墙纸、木饰面，还是乳胶漆，应标注清楚。

6. 图名

图名注写在图纸右下角。

7. 图框

我们可以根据图纸内容在图框里调整相应的信息。

6.6.2 室内装饰节点图中各组成内容在图纸中的表达及绘制

1. 面层

面层也是饰面材料。 某室内天花节点图中的面层如图 6-120 所示，可见其面层材料为白色乳胶漆。 对于节点图的绘制来说，设计师应先知道常用的装饰材料以及这些材料的规格尺寸。 常用的装饰材料如下。

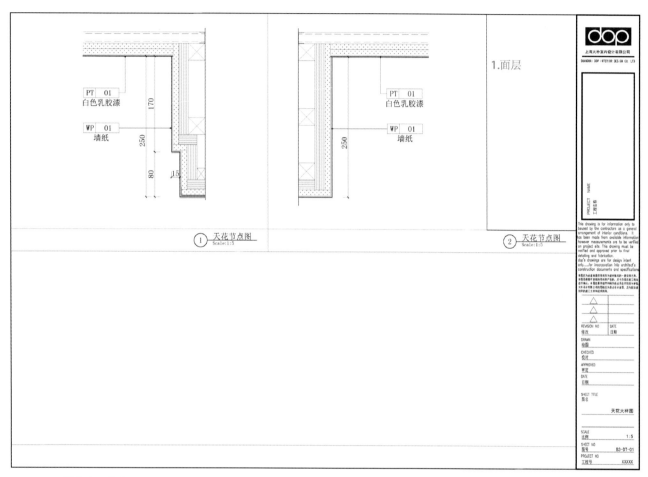

图 6-120 某室内天花节点图中的面层

（1）乳胶漆。

乳胶漆就是我们通常所说的涂料，它主要用来涂刷墙面等，没有规格限制（图 6-121）。

（2）木饰面。

目前常用的木饰面是成品木饰面板，即在工厂里加工好的木饰面板。 成品木饰面板的饰面油漆都完成了，一张标准板的规格是长 2.44 m，宽 1.22 m，厚 12 mm（图 6-122）。

图 6-121 乳胶漆

图 6-122 木饰面

（3）大理石。

因为大理石是天然石材，所以尺寸相对自由，但是室内装饰中用到的大理石厚度一般为 20 ～ 30 mm（图 6-123）。

（4）玻璃。

常规玻璃的宽度在 1.2 m 左右，长度在 3 m 左右，常用厚度有 6 mm、8 mm、10 mm、12 mm（图 6-124）。

图 6-123　大理石

图 6-124　玻璃

（5）墙纸。

常规墙纸的幅宽是 0.53 m 左右，长度可以理解为无限（图 6-125）。

（6）金属。

这里所说的金属是指装饰金属板，长 2.44 m，宽 1.22 m，常用的厚度有 1.0 mm、1.2 mm、1.5 mm、2 mm（图 6-126）。

图 6-125　墙纸

图 6-126　金属

了解了常见的饰面材料的尺寸规格后，我们可以先根据不同的材质厚度来画面层的剖面，再对不同的面层剖面进行填充，如图 6-127 所示。乳胶漆或者墙纸因为很薄，所以在剖面表达时就是一条线，厚度可以忽略不计。

2. 基层

某室内天花节点图中的基层如图 6-128 所示，可见其基层为石膏板和木基层板。常见的基层材料有石膏板、水泥板、木基层板（图 6-129）。此外，水泥砂浆等也可以理解为基层材料。

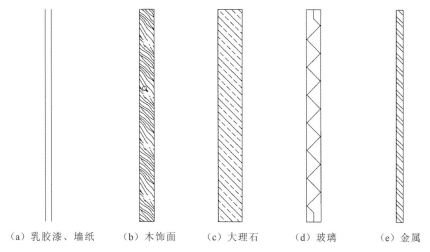

（a）乳胶漆、墙纸　　（b）木饰面　　（c）大理石　　（d）玻璃　　（e）金属

图 6-127　不同的面层剖面

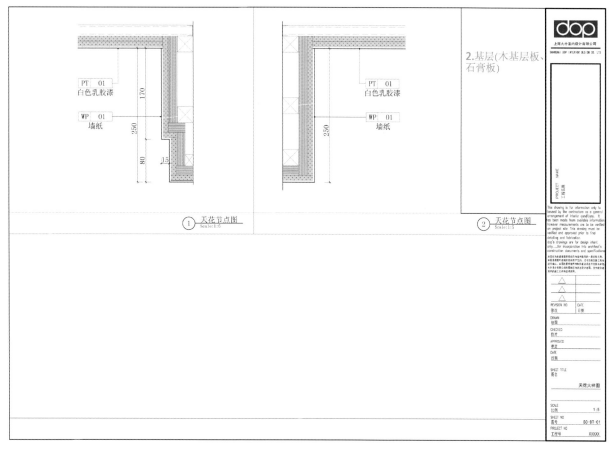

图 6-128　某室内天花节点图中的基层

（a）石膏板

（b）水泥板

（c）木基层板

图 6-129　常见的基层材料

石膏板的长度有 2000 mm、2400 mm、3000 mm，宽度有 900 mm、1200 mm，厚度有 9.5 mm、12 mm、15 mm、18 mm。

水泥板的规格：长 2.44 m，宽 1.22 m，厚度有 3 mm、4 mm、5 mm、10 mm。

木基层板的规格：长 2.44 m，宽 1.22 m，厚度有 3 mm、5 mm、9 mm、12 mm、15 mm、18 mm。 我们常说的 3 夹板、5 夹板就是用板材的厚度来命名的。

每种面层因其特性不同，都有与其匹配的基层。 例如，与乳胶漆对应的基层是石膏板，与木饰面对应的基层是木基层板，与玻璃对应的基层也是木基层板，与石材、瓷砖对应的基层材料是水泥砂浆。 在绘图时，我们会根据不同的厚度来绘制基层的剖面，再对不同的基层剖面进行填充，如图 6-130 所示。

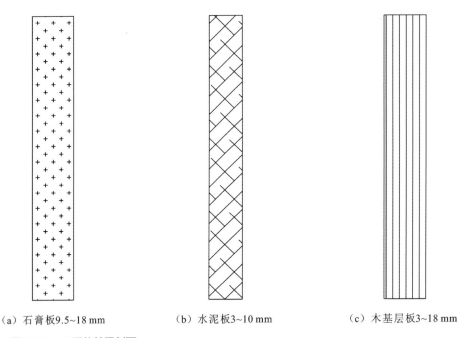

（a）石膏板9.5~18 mm   （b）水泥板3~10 mm   （c）木基层板3~18 mm

图 6-130   不同的基层剖面

前面讲解了面层和基层，那么面层和基层是怎么安装在一起的呢？ 常见的做法其实很简单，如用钉子钉、用胶水粘、用水泥贴、用挂件挂等，如图 6-131 所示。 需要注意的是，我们选择的安装方法应适合材料属性，比如材料为玻璃时不能用钉子钉，而是用胶水粘，材料为瓷砖时，则一般用水泥砂浆贴。

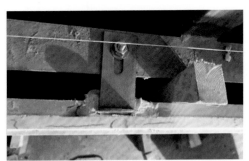

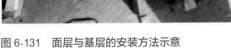

图 6-131   面层与基层的安装方法示意

3. 骨架

骨架是用来搭建造型的基础构件，基层和面层都需要固定在骨架上。 某室内天花节点图中的骨架如图 6-132所示，可见其骨架为木方和轻钢龙骨。 常用的骨架类型有木方、方钢管、角钢、槽钢、轻钢龙骨等。

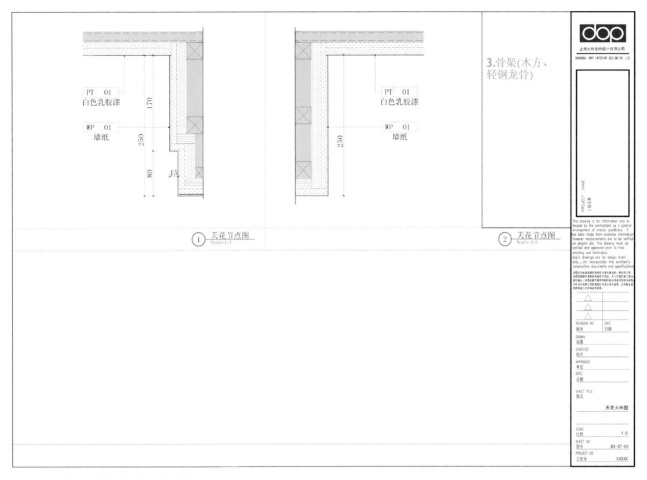

图 6-132　某室内天花节点图中的骨架

（1）木方。

木方就是实木的方块，属于比较原始的骨架。 我们可以用钉子把木方组合成我们想要的造型。 木方的常规尺寸有 30 mm ×30 mm、30 mm ×50 mm，如图 6-133 所示。

（2）方钢管。

方钢管就是空心的矩形钢管，规格尺寸非常多，常用的有 20 mm × 20 mm、30 mm × 30 mm、50 mm × 50 mm，方钢管主要使用焊接的方式连接，如图 6-134 所示。

图 6-133　木方

图 6-134　方钢管

（3）角钢。

角钢就是截面呈 L 形的钢材，也可叫角铁，常用规格有 40 mm × 40 mm、50 mm × 50 mm，角钢是使用焊接或螺栓连接的，如图 6-135 所示。

（4）槽钢。

槽钢的截面呈 U 形，如图 6-136 所示。槽钢的常用规格有 5 号、8 号、10 号、12 号，槽钢也是使用焊接或螺栓连接的。

图 6-135　角钢

图 6-136　槽钢

（5）轻钢龙骨。

轻钢龙骨有吊顶龙骨和墙龙骨，常见规格有 38、50、75、100 等型号，如图 6-137 所示。轻钢龙骨是通过连接件进行连接的。

在施工图中，不同的骨架剖面有不同的表达方式，如图 6-138 所示。木方用一个矩形加交叉斜线表达；方钢管用两个矩形加上双斜线填充表达；角钢用 L 形来表达，内部填充双斜线；槽钢用 U

图 6-137　轻钢龙骨

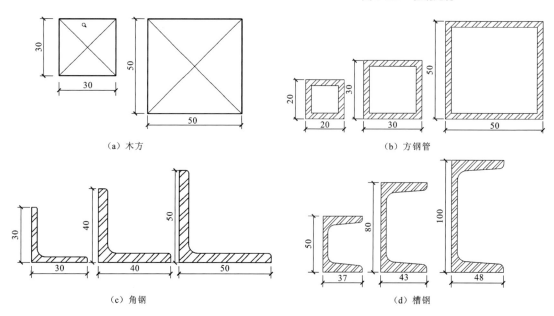

（a）木方　　　　　　　　（b）方钢管

（c）角钢　　　　　　　　（d）槽钢

图 6-138　骨架剖面的表达方式

形来表达，内部填充双斜线。 整体来说，骨架是根据实际物体的断面形式和尺寸来表达的。

图 6-139 是木饰面墙面干挂图，通过这张图片，我们可以很容易地看出面层是木饰面，基层是木基层板，骨架是轻钢龙骨。

4. 尺寸标注

某室内天花节点图中的尺寸标注如图 6-140 所示。

5. 材料标注

某室内天花节点图中的材料标注如图 6-141 所示。

6. 图名

某室内天花节点图中的图名如图 6-142 所示。

7. 图框

某室内天花节点图中的图框如图 6-143 所示。

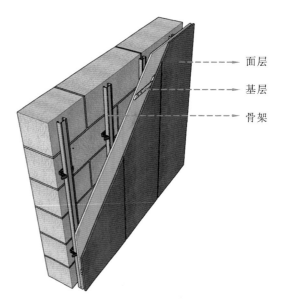

图 6-139　木饰面墙面干挂图

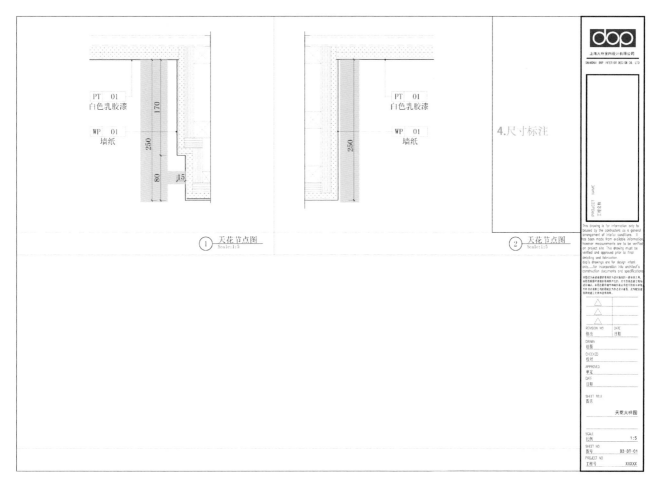

图 6-140　某室内天花节点图中的尺寸标注

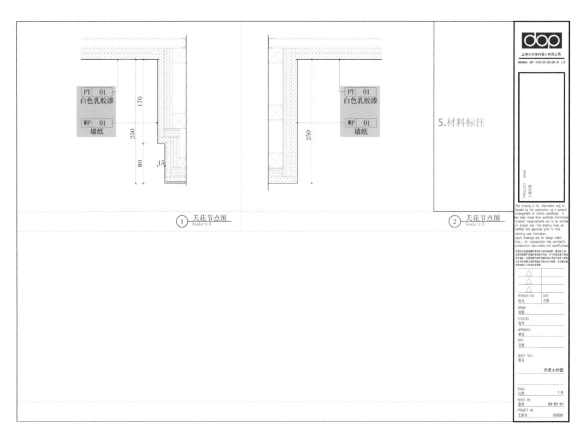

图 6-141　某室内天花节点图中的材料标注

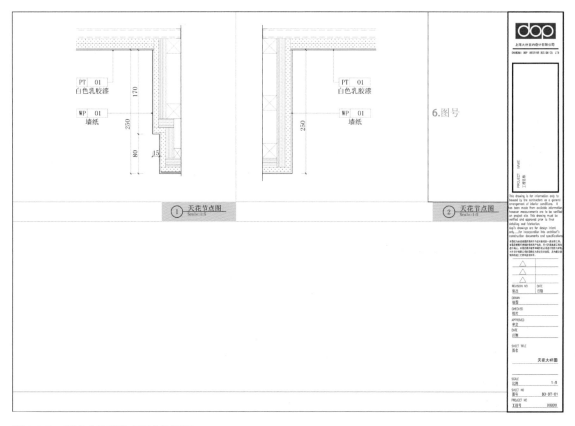

图 6-142　某室内天花节点图中的图名

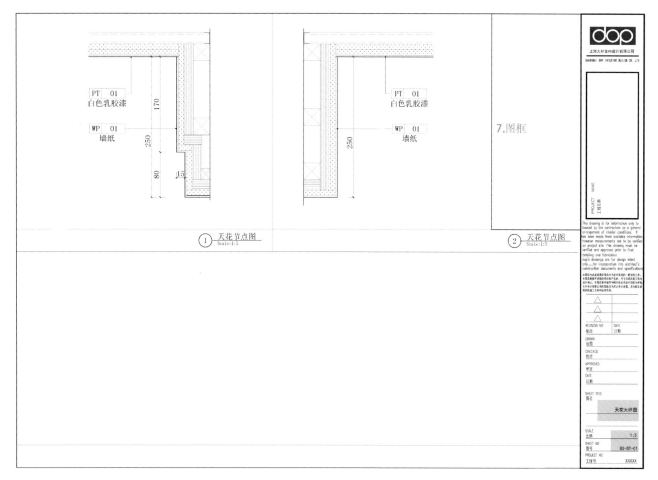

图 6-143　某室内天花节点图中的图框

6.6.3　室内装饰节点图制图步骤

室内装饰
节点图案例　　室内天花布置
图制图步骤

室内装饰节点图的制图流程（以 AutoCAD 软件制图为例）如下。

（1）根据设计要求的造型尺寸，在模型空间内绘制天花造型外轮廓线。

（2）在模型空间内绘制面层，因为面层厚度很小，所以我们用双细线来表达。

（3）在模型空间内绘制基层。

（4）在模型空间内绘制骨架。

（5）在模型空间内对基层和骨架进行填充和细化。

（6）在布局空间内设置比例。

（7）在布局空间内添加图框。

（8）在布局空间内添加尺寸标注。

（9）在布局空间内添加材料标注，必要时对基层和骨架进行说明。

（10）在布局空间内添加图号。

（11）在布局空间内修改图框信息。

07

景观设计制图与识图

随着现代社会的快速发展,人们对环境的要求越来越高,景观设计专业的发展也越来越快。景观设计作为环境艺术设计的子系统,涵盖了诸多相关专业,是一个综合性较强的专业门类。在景观设计中,技术与艺术、理性与感性相互交织,构成了一个专业体系。

我们学习景观设计或从事相关工作,对所学知识及相关领域都会给予关注,尤其对设计方案构思和效果图表达等可能会投入很多精力,但景观设计是综合性学科,其涵盖的知识终究不是靠设计方案或效果图就能完全体现出来的,还有不少相对理性的内容需要我们理解和掌握,这都是设计系统中不可或缺的基本知识。

景观设计制图是能展现景观设计概念及表达的专业技术语言,它在景观设计创意中起着细部深化和过渡的作用。设计思想若要准确无误地实施,就要依靠设计制图完美严谨的表达。

7.1 景观设计制图概述

第7.1节视频

7.1.1 学习景观设计制图与识图的目的

学习景观设计制图与识图,首先要求同学们能够看懂景观图,其次要求同学们能够按照一定的比例和规则绘制景观图,最后要求同学们绘制的景观图能供施工方实施景观项目。 景观设计制图是景观设计表达的专业技术语言,也是工程施工的技术依据。 提高设计能力和专业素养,是我们的学习目标。

7.1.2 景观设计制图的过程和内容

1. 现状调查与分析

作为景观设计师,接到一项设计任务时,应先获取项目相关信息。 需要获取的项目信息有以下几点。

(1)场地现状、规划设计要求等。

(2)场地图纸资料:由主管部门批准的规划图;建筑设计单位提供的场地内建筑设计图纸;地形测量图等。

(3)场地其他信息:有关气象、水文、地质的资料;地域文化特征及人文环境资料;有关环卫、环保的资料等。

图纸资料可以要求甲方提供,场地现状则需要我们自己去现场了解。 如图 7-1 所示,设计人员进行现场调研后获取项目信息。

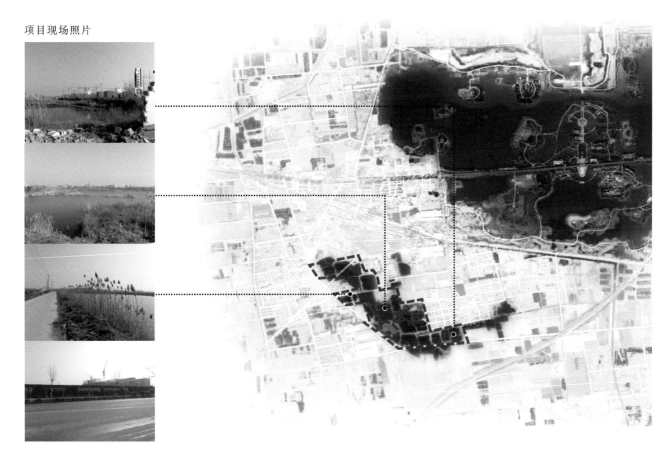

项目现场照片

图 7-1　设计人员进行现场调研后获取项目信息

2. 景观方案设计

现场调研后，即可开始构思方案。景观方案设计要综合考虑环境、空间、交通、生态、人文、历史等方面，最初可以手绘草图，对功能分区、交通流线和立面形状等进行分析，画法可以随意一些，之后再逐步深入。

接着我们要把构思好的内容正式而准确地表达出来，形成一套完整的景观方案。景观方案的内容通常有分析图、平面图、立面图、剖面图、种植图、效果图等。

① 景观分析图。景观分析图主要分析项目的环境要素、主次景观、交通流线、空间意图等，并针对一些现场问题提出解决方法。

② 景观平面图。景观平面图是景观设计最基本、最主要的图纸，其他图纸都是以它为依据派生和深化而成的，例如平面尺寸图、铺装图、标高图等。图 7-2 即为景观平面图。

③ 景观立面图。景观立面图是与景观立面平行的投影面上所作的正投影图。

④ 景观剖面图。景观剖面图是假想用一个剖切平面将景观场景剖开，移去观察者和剖切平面之间的部分，对于剩余的部分向投影面所做的正投影图。景观立面图与剖面图经常结合在一起绘制。

⑤ 景观种植图。景观种植图主要表达了景观范围内乔木、灌木、非林下草坪和地被的位置和布置形态，以及主要树种名称、种类、形态等（可给出参考图片）。

⑥ 景观效果图。景观效果图使景观方案的表达更加直观，可以手绘，也可以用计算机软件制作。手绘效果图需要设计师有比较扎实的绘画功底，才能够把自己的设计意图表现得栩栩如生。计算机效果图则是设计师通过一些常用的设计软件，比如 3ds Max、Lumion、Photoshop 等来表现设计效果。图 7-3 即为景观效果图。

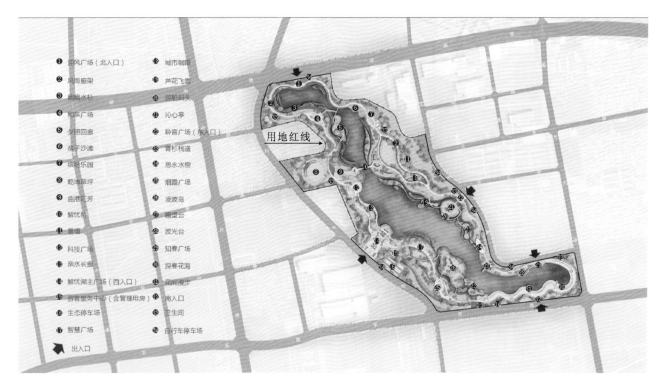

图 7-2　景观平面图

图 7-3　景观效果图

　　以上这些表达设计概念的内容都可以称为方案。方案做好后，还需要得到甲方认可。方案经过沟通、调整，获得认可后，即可开始施工图设计。

景观方案图与景观施工图两者的关系与区别

景观方案图与景观施工图两者的关系：景观施工图是依照景观方案图进行设计的，景观施工图比景观方案图更加准确和详细。

景观方案图与景观施工图两者的区别：景观方案图表达的是景观设计的构思、表现。景观施工图是表示景观项目的总体布局、形式结构、材料做法等施工要求的标准图样。景观施工图是以材料构造体系和空间尺度体系为基础的，是设计施工的技术语言，是唯一的施工依据。如果说方案设计阶段是以"构思、表现"为主要内容，那么施工图设计阶段则是以"标准、做法"为主要内容。

3. 景观施工图设计

景观施工图是表示景观项目的总体布局、形式结构、材料做法等施工要求的图样。施工图是依照方案图进行的深化设计，旨在达到施工要求。景观施工图对景观设计工程项目完成后的质量与效果负有相应的技术与法律责任，在施工过程中起着主导作用。景观施工图设计的目的是让施工方能够根据图纸编制施工组织计划及预算、采购材料及苗木、了解施工做法、施工和验收等。再好的构思，再美的表现，倘若离开施工图这个施工标准，则可能使设计创意面目全非。可见，景观设计方案若要准确无误地实施完成，则主要依靠施工图阶段的深化设计。因此，可以说施工图绘制是一个二度创作过程，称之为"施工图设计"一点也不为过。

景观施工图主要由设计说明、平面图、立面图、剖面图、详图、种植图等组成。

施工图的设计说明包括设计依据，工程概况，材料说明，防水、防潮做法说明，种植设计说明，新材料、新技术做法和特殊造型要求，以及其他需要说明的问题。其他图纸则以相应的方案设计图为基础，是方案的深化设计，比方案更加准确、详细，满足施工的要求。图7-4即为景观施工图。

4. 景观施工

景观施工图完成后，设计师还需要做好施工过程中的技术服务工作，如向监理、施工方和甲方单位解释图纸和设计意图，进行技术交底，做好现场服务；与施工方沟通配合，现场与图纸有出入的地方，应根据实际情况进行调整；参与工程验收，对不合格部分提出处理意见，直到景观设计项目完成。如图7-5所示，设计、施工和监理人员在施工现场进行沟通与验收。

7.1.3 景观设计制图涵盖的专业

除了景观设计专业，景观设计制图通常也涵盖建筑、结构、给排水、电气等其他专业，如图7-6所示。

景观设计专业从宏观层面可分为软景设计和硬景设计。顾名思义，硬景是指建筑、亭廊、道路、广场、山石等硬质景观，软景是指植物、水体等软质景观。软景中的植物设计在景观设计中是非常重要的，我们应根据生态、自然、文化、美学等原则来进行植物配置。而植物的选择则应以总体规划和基地条件为依据，以本地乡土植物为主，适当引入外来植物，并合理搭配速生植物与慢生植物、常绿植物与落叶植物、乔灌木与地被草本等。

再谈景观设计制图中涵盖的其他专业。以公园设计为例，我们要在公园中设计一些景观建筑，那么这些景观建筑就需要建筑设计师来配合设计。景观建筑一般是指在风景区、公园、广场等景观场所中出现的或本身具有景观标识作用的建筑，具有景观与观景的双重身份。与一般建筑相比，景观建筑有着与环境、文化结合紧密，生态节能，造型优美，注重景观和谐的特征。景观建筑的设计制约因素复杂且广泛，比一般建筑敏感，因此，景观建筑应综合运用建筑、规划、景观设计等多方面专业知识进行设计。

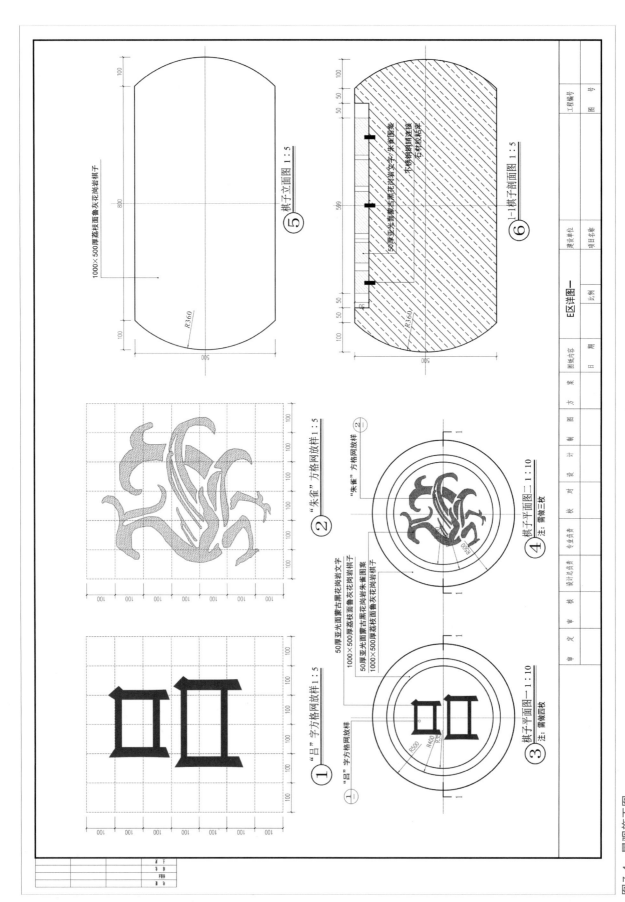

图7-4 景观施工图
（图片来源：作者设计团队自绘）

图 7-5　施工沟通与验收

公园中的建筑、亭廊、景墙、园桥等的结构和基础则需要由结构工程师来完成。 结构作为建筑或景观小品的基础骨架，起着支撑实体、抵抗外力的重要作用。 现在很多景观是建在地下车库顶板和屋顶上的，那么我们在设计绿化景观时，就要考虑不同种类的植物想要成活所需要的覆土厚度。 覆土越厚，结构荷载就越大。 如果车库顶板或屋顶承载力不够，那么景观设计就会受到限制，无法满足植被的生长需求，特别是较大植物难以成活。 因此，景观设计师应在设计初期了解结构承载力，根据结构承载力来设计景观植物。

公园中的路灯、景观灯等照明设施，在施工图阶段需要电气工程师来配合完成其线路布置。 水池、喷泉、自动灌溉系统、卫生间等，在施工图阶段则需要给排水专业设计师来配合完成给排水系统的设计。

因此，专业的景观设计不是一个人、一个专业能够完成的，而应该由一个设计团队协作完成。 这个团队是由景观设计师和其他各个专业的设计师共同组成的。 当然，学生在初学阶段，主要是学习景观专业知识，对其他专业内容大致了解即可，在以后的工作中可以一步步深入学习。

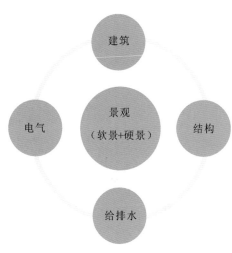

图 7-6　景观设计制图涵盖的专业

第7.2节视频

7.2　景观平面图、立面图、剖面图

7.2.1　景观平面图

景观平面图在景观设计中起着举足轻重的作用。 它是假想把一定范围内的景观水平剖开，移走上半部分，将切面以下部分向下投影，所得到的水平剖面图。

景观平面图分为景观总平面图和景观分区平面图。景观总平面图涵盖全部设计范围，景观分区平面图则是针对各区域绘制的更具体、细致的平面图。它们是总体和局部的关系。

1. 景观总平面图

（1）景观总平面图的设计范围。

对于大部分公共景观设计而言，甲方在设计之前会提供场地现状图，图中会标出用地红线。用地红线是各类建筑工程项目用地权属范围的边界线。红线内就是我们要设计的范围。景观设计不是孤立的，它与周围的环境是有联系的，因此，在绘制景观总平面图时，应截取一些用地红线外与本项目有关的周边场地，以体现本设计与周围环境的关系。图7-7为场地现状平面图。

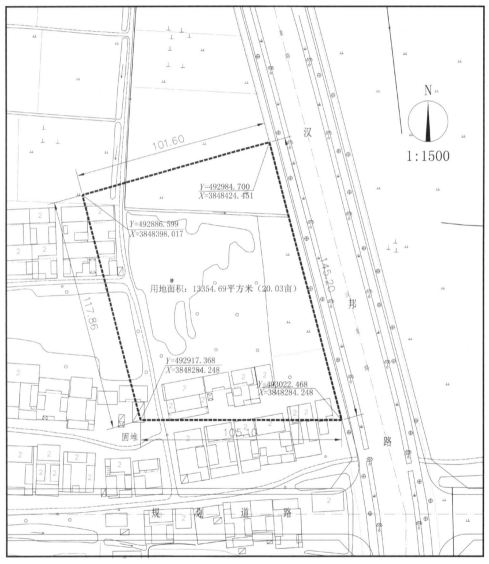

图7-7　场地现状平面图

（图片来源：作者设计团队测量）

（2）景观总平面图的内容与要求。

通常情况下，景观总平面图绘制的内容有建筑、道路、广场、山石、水景、植物、地形等。它们的画法要求形式美观、布局合理、尺度适宜。图中还需要标出这些内容的名称、定位及标高。但这么多内容仅凭一张图纸难以表达清楚和完整，还需要总平面分区图、定位图、尺寸图、高程图、铺装图、植物图、照明图等一系列图纸共同表达。

景观总平面图的要求：①涵盖全部设计范围，无缺失遗漏；②要有正确的指北针与图纸方向；③要按照比例来画，保证准确性；④满足规范要求。

图 7-8 为景观总平面图。

图 7-8　景观总平面图

（图片来源：作者设计团队自绘）

（3）景观总平面图的方向。

景观总平面图应按上北下南的方向绘制，根据场地形状或布局，可向左或向右偏转，但不宜超过45°。 景观总平面图中还需要画出指北针。 指北针圆的直径宜为 24 mm，用细实线绘制；指针尾部的宽度宜为 3 mm，指针头部应标注"北"或"N"。 当需要用较大直径绘制指北针时，指针尾部的宽度宜为直径的 1/8，如图7-9 所示。

图 7-9　指北针

2. 景观分区平面图

景观分区平面图是对景观总平面图中各区域较为具体、细致的表达。 与总平面图一样，分区平面图也需要一系列的图纸，对区域中的尺寸、高程、铺装等进行专门的表达。 一般分区平面图中还应标注剖切位置、详图索引等。 它的表达比总平面图更详细。

图 7-10 为景观分区平面图。

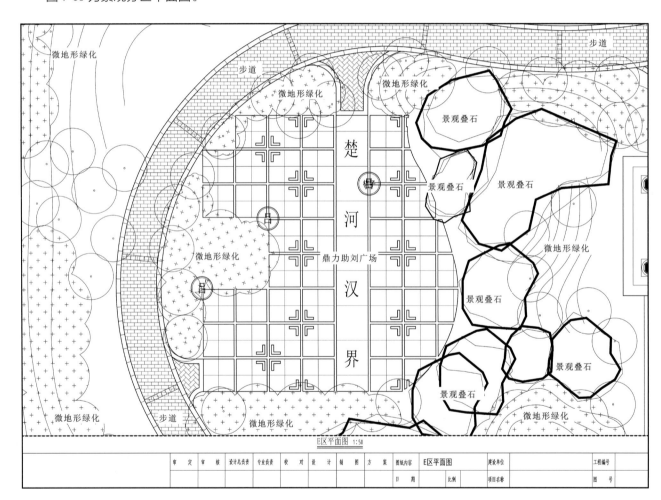

图 7-10　景观分区平面图

（图片来源：作者设计团队自绘）

3. 图名和比例

景观施工图纸的下方应标明图名和比例。 图样的比例是图形与实物相对应的线性尺寸之比。 比例宜写在图名的右侧，字的基准线应取平；比例的字高宜比图名的字高小一号或二号，如图 7-11 所示。

我们应根据图样的用途与被绘对象的复杂程度优先采用常用比例。特殊情况下也可自选比例。景观设计制图常用及可用比例见表 7-1。

平面图　1 : 100　(6)　1 : 20

图 7-11　图名和比例

表 7-1　景观设计制图常用及可用比例

类型	内容
常用比例	1 : 1、1 : 2、1 : 5、1 : 10、1 : 20、1 : 30、1 : 50、1 : 100、1 : 150、1 : 200、1 : 500、1 : 1000、1 : 2000
可用比例	1 : 3、1 : 4、1 : 6、1 : 15、1 : 25、1 : 40、1 : 60、1 : 80、1 : 250、1 : 300、1 : 400、1 : 600、1 : 5000、1 : 10000、1 : 20000、1 : 50000、1 : 100000、1 : 200000

7.2.2　景观立面图

在与景观立面平行的投影面上所做的正投影图，称为景观立面图。立面图应反映出空间环境或单项设施、水体等造型的外轮廓及细部，注明高度尺寸及标高，以及材料、色彩、剖切位置、详图索引等。为了表现得更为具体，有时可以将立面各部位单独进行局部放大。

景观立面首先要与它的平面相对应，其次要求表达正确、形式美观、富有层次。景观的美观性很大程度上取决于景观的立面处理效果。要想把景观立面画得好看，除了形式的表达，线形的粗细划分也很重要，通常主要可见的轮廓线用粗线表示，次要部分用中线表达，退在后面的部分或者是最不重要的部分用细线表达。这样绘制出来的立面才美观而富有层次。

7.2.3　景观剖面图

剖面图是假想用一个剖切平面将物体剖开，移去观察者和剖切平面之间的部分，对于剩余的部分向投影面所做的正投影图。景观剖面图具体反映的是景观空间环境整体、局部或单体的竖向构造关系，制图过程中选取哪些地方进行剖面的表达也是根据设计需要来定。通常我们在景观重点部位、高差变化复杂地段增加有关剖面图。

剖面图中，对于景观设施、小品、水体等，应体现高度、尺寸、材料、色彩、剖切位置、详图索引等。

剖切符号由剖切位置线及剖切方向线组成，均应以粗实线绘制。剖切位置线的长度宜为 6 ～ 10 mm；剖视方向线应垂直于剖切位置线，但短于剖切位置线，宜为 4 ～ 6 mm。剖切符号的编号宜采用粗阿拉伯数字表示，应注写在剖视方向线的端部。需要转折的剖切位置线，应在转角的外侧加注与该符号相同的编号。

图 7-12 为景观平、立、剖面图。

景观平、立、剖面图等的制图标准可参照《房屋建筑制图统一标准》（GB/T 50001—2017）。

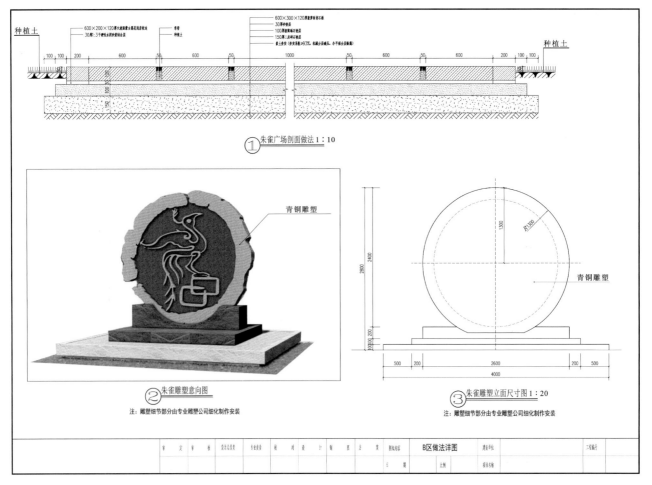

图 7-12　景观剖面图、立面图

（图片来源：作者设计团队自绘）

7.3 景观的表示方法

第7.3节视频

本节主要对景观制图中涉及的地形、植物、道路、广场、景观小品、山石、水体等的表示方法进行讲解。

7.3.1　地形的表示方法

无论是汉中盆地、四川黄龙，还是疑是银河落九天的壮美瀑布，大自然的每一处精雕细琢，每一个天生巧设，都让人流连忘返，给设计师们带来灵感。

地形分为两大类：一类是高原、山岭、平原、丘陵等自然地形；另一类是从景观范围来讲的，如平地、台阶、下沉式空间、起伏的地面等人工地形。 巧妙的地形处理手法有时候是整个设计的精华所在，可以营造出极富层次感的景观空间，让人过目不忘。

祖国大好河山

1. 景观地形的处理手法

（1）台阶。

台阶（图7-13）是非常实用的解决高差问题的处理手法。 台阶可以是规则的，也可以是自然形状的。 台阶的设计要充分考虑人体工程学，避免给人带来疲累感。

（2）挡土墙。

挡土墙（图7-14）是指支承路基填土或山坡土体、防止填土或土体变形失稳的构造物。 挡土墙也是一种快速、有效的高差处理手法，其形式材料多样。

图7-13 台阶

图7-14 挡土墙

（3）台地。

台地是指四周陡、直立于邻近低地、顶面基本平坦似台状的景观地形。 台地景观一般以原生地貌为雏形，依势造出自上而下、层层递进、错落有致的立体景观。

（4）下沉式空间。

下沉式空间（图7-15）一般也是以原生地貌为雏形的立体景观设计。 简单来说，下沉式景观设计就是指利用空间的前后高差或通过人工方式处理高差来造景，常见的应用有下沉式广场、下沉式庭院等。 下沉式设计的魅力是在对空间进行合理应用的基础上，不同于传统的一致性空间，突破了传统空间视觉上的变化。 下沉式设计是运用高低的分隔手法来造景，通过视觉上的凹凸感，形成感官上的落差，营造更有深度的空间层次感。

图7-15 下沉式空间

图7-16 自然起伏的景观地形

（5）自然起伏的景观地形。

自然起伏的景观地形（图7-16）既可以解决高差的问题，也可以成为独特的景观。 这种富有变化的地形设计不仅有助于雨水的收集和再利用、微气候的塑造及气流的引导，而且使竖向活动空间更加丰富。

（6）坡道。

为了满足无障碍设计等需求，在高差允许的情况下，也可以设计坡道（图7-17）。坡道的设计可以产生很多丰富、有趣的景观。

2.景观地形的表示方法

景观地形的表示方法有标高、等高线、坡度三种。其中，标高适合表示平地、台阶、挡土墙等层级地形，等高线适合表示起伏地形，坡度则适合表示坡道地形。

（1）标高。

标高用来表示物体各部分的高度，是物体某一部位相对于基准面（标高的零点）的竖向高度，是竖向定位的依据。标高数字应以米为单位，注写到小数点以后第三位，在总平面图中，可注写到小数字点以后第二位。

标高按基准面选取的不同，分为绝对标高和相对标高。每个国家都会有一个固定点作为国家地形的零点标高，我国以青岛附近的黄海平均海平面作为绝对标高的零点，依此形成的标高就是绝对高程（或称海拔）。把建筑物室内首层主要地面的高度设为零，作为标高的起点，所计算的标高称为相对标高。标高符号如图7-18所示。

（2）等高线。

自然界中几乎不存在完全平整的面，或者说，自然界的一切都存在着起伏。人类对自然界的山丘、山脉以及任何一块土地，都可以用等高线在二维平面上进行表达。

一个地面的等高线的形成，就好像切土豆片一样，从一个认定的水平面开始，以相同的间隔切开起伏的地面形成一个个片，把每一个片的边缘线取出来，叠加在水平面上，就形成了表达三维地形的等高线图。等高线实际上并不存在，而是一种人为的描述大地起伏特征的工具。等高线图的形成如图7-19所示。

图 7-17 坡道

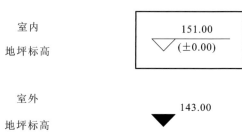

图 7-18 标高符号

（图片来源：中华人民共和国住房和城乡建设部，中华人民共和国国家质量监督检验检疫总局.总图制图标准：GB/ T 50103—2010）[S].北京：中国建筑工业出版社，2011.)

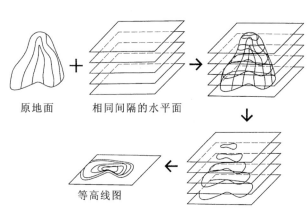

图 7-19 等高线图的形成

等高线应用较圆滑的曲线绘制，不要过于扭曲，而且每一条等高线都是封闭的，等高线上的高程数字应字头朝向上坡方向。等高线的表示方法如图 7-20 所示。

（3）坡度。

地形的坡度是用数学的比值方法表示地形的倾斜度。比例写法是坡高：坡长。如果坡高是 1 m，坡长是 5 m，那么这段斜坡的坡度就是 1∶5。

坡度的表示方法如图 7-21 所示。

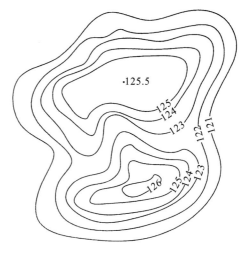

图 7-20　等高线的表示方法

（图片来源：同宴.建筑学场地设计[M].北京：中国建筑工业出版社，2008.）

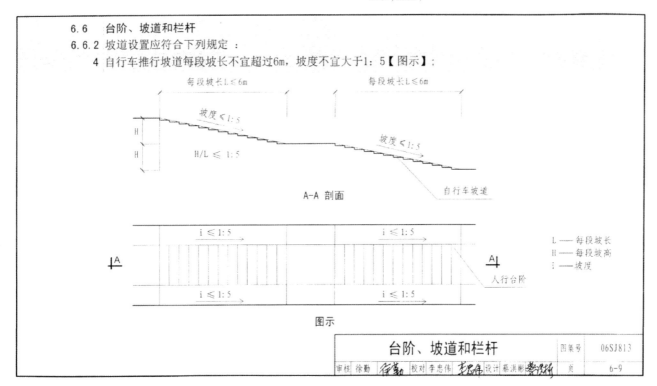

图 7-21　坡度的表示方法

（图片来源：中国建筑标准设计研究院.《民用建筑设计通则》图示：06SJ813[S].北京：中国计划出版社，2006.）

7.3.2　植物的表示方法

1. 植物的分类方法

（1）按茎的形态划分。

植物按茎的形态可分为乔木、灌木、亚灌木、草本植物、藤本植物、水生植物等。

① 乔木。乔木指树身高大，由根部发生独立的主干，树干和树冠有明显区分的树木，如松树、玉兰、白桦等。

② 灌木。灌木指没有明显的主干，呈丛生状态，比较矮小的树木，如玫瑰、杜鹃、牡丹等。

③ 亚灌木。 亚灌木多指比灌木矮，枝条匍匐的植物，如薰衣草、百里香等。

④ 草本植物。 草本植物一般都很矮小，寿命较短，茎干软弱，如二月兰、紫罗兰、石竹等。

⑤ 藤本植物。 藤本植物是指茎干细长，自身不能直立生长，必须依附他物向上攀缘的植物，如凌霄、爬山虎等。

⑥ 水生植物。 水生植物是指能在水中生长的植物，如荷花、芦苇等。

（2）按秋冬季是否落叶划分。

植物按秋冬季是否落叶可分为常绿植物和落叶植物。

① 常绿植物。 常绿植物在植物学中是指全年保持叶片的植物，如松树、柏树等。

② 落叶植物。 落叶植物在一年中有一段时间叶片将完全脱落，如国槐、垂槐、法国梧桐等。

（3）按叶的形态划分。

植物按叶的形态可分为针叶植物和阔叶植物。

① 针叶植物。 针叶植物是至今仍存活地球上的史前植物，通常为全年长青，结球果，并具针状叶，以适应气候的变化，借风力授粉，例如雪松、桧柏。

② 阔叶植物。 阔叶植物是针对针叶植物而言的。 针叶植物的叶面都有一层油脂层，所以都比较耐旱，而阔叶植物则相反。

2. 植物在景观制图中的画法

（1）植物的平面画法。

植物的平面画法有单株、成片和组合画法。

单株植物的平面一般使用圆形的外轮廓线来表现，以表现出树木平面展开时树冠所占空间的大小。 树木种类繁多，大小各异，仅用一种圆来表示是远远不够的，我们应该根据树的类型、性状及姿态特征，用不同的树冠线加以区别。 成片的植物由于群体相互穿插和渗透，已无法用单株的表现形式来区分各自的轮廓，我们可以按植物成片种植的轮廓线形式，用连续的弧线、曲线或几何形绘制。

植物的组合方式主要有孤植、丛植、列植、群植等，在平面布置时，要做到合理搭配，疏密有致。

在方案图中，植物的平面画法并无严格的规范，同学们可以根据制图需要，创作多种画法。 植物的平面画法如图 7-22 所示。

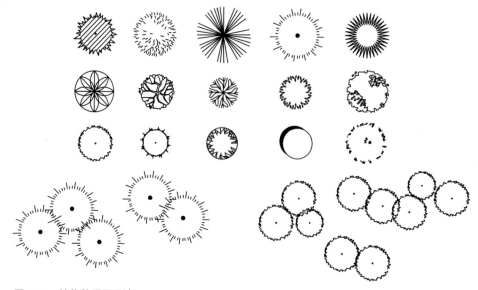

图 7-22　植物的平面画法

(图片来源：作者自绘)

（2）植物的立面画法。

自然界中的植物千姿百态，各具特色。 在画植物的立面时，应该省略细部，高度概括。 植物的立面画法也并无严格的规范，在实际工作中，设计师依照植物的外形，根据制图需要，可以创造多种画法。 在画植物的立面时，植物的外形取决于树冠的轮廓。 我们可以把树冠轮廓概括为球形、椭圆形、圆锥形、圆柱形等几何形体。

我们可依照植物的不同空间组合，绘制相应的立面：开敞空间无隐私性，空间不被植物遮挡；半开敞空间通常是一侧或多侧受到乔木、灌木的遮挡，相比开敞空间而言其开敞程度较小；覆盖空间是利用高干树种较浓密的冠幅，构成顶部覆盖而四周开敞的空间；封闭空间不仅顶部覆盖，而且四周均被植物遮挡封闭，无方向性。

画植物立面组合的时候，植物的样式、规格和立面位置应与平面设计相对应。

（3）植物施工图的内容。

植物施工图是景观施工图的重要组成部分，通常包括图纸目录、种植设计说明、苗木配置表、绿化设计总图、乔木种植图、灌木种植图、球类植物种植图、地被种植图等。 其中，苗木配置表指所有设计植物的列表，表中归纳了所有苗木的名称、图例、规格、数量及备注，方便施工预算及统计采购。 图 7-23 为某景观设计的苗木配置表。

<table>
<tr><th colspan="11">苗木配置表</th></tr>
<tr><th rowspan="2">序号</th><th rowspan="2">分类</th><th rowspan="2">名称</th><th colspan="4">规格</th><th rowspan="2">数量</th><th rowspan="2">单位</th><th rowspan="2">备注</th></tr>
<tr><th>胸径ϕ /cm</th><th>地径 D/cm</th><th>冠幅 P/cm</th><th>高度 H/cm</th></tr>
<tr><td>1</td><td rowspan="10">乔木</td><td>雪松</td><td>10~12</td><td></td><td></td><td>500~600</td><td>25</td><td>株</td><td>全冠、软蓬、树形完整</td></tr>
<tr><td>2</td><td>黄连木A</td><td>16~18</td><td></td><td></td><td>600~700</td><td>2</td><td>株</td><td>全冠、软蓬、树形完整</td></tr>
<tr><td>3</td><td>黄连木B</td><td>14~16</td><td></td><td></td><td>500~600</td><td>3</td><td>株</td><td>全冠、软蓬、树形完整</td></tr>
<tr><td>4</td><td>乌桕A</td><td>18~20</td><td></td><td></td><td>600~700</td><td>2</td><td>株</td><td>全冠、软蓬、树形完整</td></tr>
<tr><td>5</td><td>乌桕B</td><td>16~18</td><td></td><td></td><td>500~600</td><td>21</td><td>株</td><td>全冠、软蓬、树形完整</td></tr>
<tr><td>6</td><td>丛生乌桕</td><td></td><td></td><td>500~600</td><td>800~1000</td><td>3</td><td>株</td><td>全冠、树形完整，姿态优美，3~5分枝</td></tr>
<tr><td>7</td><td>朴树B</td><td>18~20</td><td></td><td></td><td>600~700</td><td>3</td><td>株</td><td>全冠、软蓬、树形完整</td></tr>
<tr><td>8</td><td>朴树D</td><td>16~18</td><td></td><td></td><td>500~600</td><td>15</td><td>株</td><td>全冠、软蓬、树形完整</td></tr>
<tr><td>9</td><td>国槐C</td><td>12~14</td><td></td><td></td><td>400~500</td><td>12</td><td>株</td><td>全冠、软蓬、树形完整</td></tr>
<tr><td>10</td><td>榉树C</td><td>16~18</td><td></td><td></td><td>500~600</td><td>6</td><td>株</td><td>全冠、软蓬、树形完整</td></tr>
<tr><td>11</td><td rowspan="8">灌木</td><td>本石楠D</td><td></td><td></td><td>200~250</td><td>200~250</td><td>17</td><td>株</td><td>姿态优美</td></tr>
<tr><td>12</td><td>垂丝海棠</td><td></td><td></td><td>180~200</td><td>180~200</td><td>5</td><td>株</td><td>姿态优美</td></tr>
<tr><td>13</td><td>日本晚樱A</td><td></td><td>8</td><td>250~300</td><td>300~350</td><td>9</td><td>株</td><td>姿态优美</td></tr>
<tr><td>14</td><td>碧桃</td><td></td><td></td><td>180~200</td><td>180~200</td><td>5</td><td>株</td><td>姿态优美</td></tr>
<tr><td>15</td><td>红叶李B</td><td></td><td></td><td>200~250</td><td>300~350</td><td>10</td><td>株</td><td>姿态优美</td></tr>
<tr><td>16</td><td>木槿B</td><td></td><td></td><td>150~200</td><td>150~200</td><td>11</td><td>株</td><td>姿态优美</td></tr>
<tr><td>17</td><td>紫薇B</td><td></td><td>5~7</td><td>150~200</td><td>150~200</td><td>16</td><td>株</td><td>姿态优美</td></tr>
<tr><td>18</td><td>榆叶梅</td><td></td><td></td><td>180~200</td><td>180~200</td><td>6</td><td>株</td><td>姿态优美</td></tr>
<tr><td>19</td><td rowspan="3">球类植物</td><td>大叶黄杨球</td><td></td><td></td><td>120~150</td><td>120~150</td><td>20</td><td>株</td><td>实球、脱脚30cm以内</td></tr>
<tr><td>20</td><td>金边黄杨球</td><td></td><td></td><td>120~150</td><td>120~150</td><td>6</td><td>株</td><td>实球、脱脚30cm以内</td></tr>
<tr><td>21</td><td>红叶石楠球</td><td></td><td></td><td>120~150</td><td>120~150</td><td>9</td><td>株</td><td>实球、脱脚30cm以内</td></tr>
<tr><td>22</td><td rowspan="9">地被植物</td><td>·金边黄杨</td><td></td><td></td><td></td><td>35~40</td><td>41.8</td><td>m²</td><td>36株/m²，三分叉以上，袋装苗</td></tr>
<tr><td>23</td><td>·大叶黄杨</td><td></td><td></td><td></td><td>30~35</td><td>110.2</td><td>m²</td><td>36株/m²，三分叉以上，袋装苗</td></tr>
<tr><td>24</td><td>·红叶石楠</td><td></td><td></td><td></td><td>35~40</td><td>136.7</td><td>m²</td><td>36株/m²，三分叉以上，袋装苗</td></tr>
<tr><td>25</td><td>·金森女贞</td><td></td><td></td><td></td><td>35~40</td><td>179.4</td><td>m²</td><td>36株/m²，三分叉以上，袋装苗</td></tr>
<tr><td>26</td><td>·金丝桃</td><td></td><td></td><td></td><td>25~30</td><td>48.2</td><td>m²</td><td>36株/m²，三分叉以上，袋装苗</td></tr>
<tr><td>27</td><td>·丰花月季</td><td></td><td></td><td></td><td>25~30</td><td>25.6</td><td>m²</td><td>36株/m²，三分叉以上，袋装苗</td></tr>
<tr><td>28</td><td>·大花萱草</td><td></td><td></td><td></td><td>15~20</td><td>15.5</td><td>m²</td><td>枝叶茂密，蓬形饱满，生长旺盛株</td></tr>
<tr><td>29</td><td>·鸢尾</td><td></td><td></td><td></td><td>12~50</td><td>22.7</td><td>m²</td><td>枝叶茂密，蓬形饱满，生长旺盛株</td></tr>
<tr><td>30</td><td>·草坪</td><td></td><td></td><td></td><td></td><td>2151.3</td><td>m²</td><td>0.3m×0.3m件装式，满铺，铺设前用3cm细沙找平</td></tr>
</table>

图 7-23　某景观设计的苗木配置表

7.3.3　道路的表示方法

道路，顾名思义，就是供行人和各种车辆通行的基础设施。 道路通常分为车行道和人行道。 车行道还分为机动车道和非机动车道，两者通常用绿化带、护栏等进行隔离。

在景观制图中，车行道和人行道在宽度、铺装材料、基础做法等方面均有所不同。 从宽度方面比较，车行道较宽，人行道较窄；从铺装材料方面比较，车行道通常采用沥青或混凝土形成整体路面，人行道通常采用石材、砖、卵石等铺装地面；从基础做法方面比较，车行道的基础做法比人行道要求高。

1. 道路平面画法

车行道首先依照方案在相应位置用虚线画出道路中心线，然后根据设计的路宽从中心线向两边偏移，用实线画出两侧的边线，可以画两条线表示道路的路缘石，最后在道路的转弯处用圆弧形的转弯半径相连接。 人行道同样先根据设计画出路宽，然后画出道路的转弯处及路缘石，最后画出道路的铺装图案样式。 注意：曲线道路的路形要画得圆滑、顺畅。

绘制道路应注意以下几点。

（1）道路宽度。

道路宽度要考虑交通方式、交通量、环境及景观等的设计要求。

（2）转弯半径。

转弯半径是指汽车转弯的时候，车的前轮外侧按照圆曲线行走轨迹的半径。 道路在转角处，如果缺少转弯半径的过渡，就会给车辆行驶带来困难。 转弯半径的画法是在道路转折的地方画出适当半径的圆弧，方便车辆行走。 转弯半径的大小要根据有关规范来设计。

（3）铺装材料。

路面铺装材料的种类很多，车行道通常采用沥青或混凝土等整体路面，人行道通常采用花岗岩、砌块砖、小料石等铺装地面。 铺装路面的面层有很多种画法，若想把铺装材料、规格、铺装方式表达清楚，就要了解常用的铺装材料。 不同材料的铺装样式可参考《环境景观——室外工程细部构造》（15J012—1）。 砌块砖铺装样式如图 7-24 所示。

2. 道路立面画法

首先从中心线向两边按正确的尺寸画出机动车道、非机动车道、人行道，注意它们之间的高差；其次画出车辆、树木、人物等配景，注意车辆、人物等的尺寸一定要按正确的尺度来画，如果画得太大或者太小，就无法反映道路的真实尺度了；最后标出道路中心线、尺寸、名称、图纸比例等。

道路立面画法如图 7-25 所示。

7.3.4　广场的表示方法

广场通常是居民社会生活的中心，是城市不可或缺的重要组成部分。 广场的类型很多，有市政广场、纪念广场、交通广场、商业广场、休息娱乐广场等。 不同类型的广场上可进行集会、纪念、交通、商业、居民休息娱乐等活动。

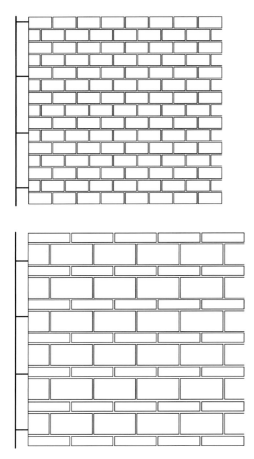
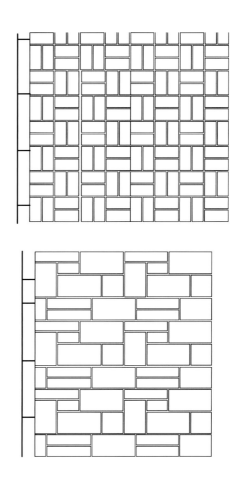

图 7-24　砌块砖铺装样式

广场的景观设计制图表达需要平面图、立面图、剖面图、详图等内容。

1. 广场平面画法

广场中通常设计有绿化、铺装、水体、设施、小品等。 我们在画广场平面图的时候，应注意尺度的把握，应用文字标出所画内容的名称。

在广场施工图设计中，铺装材料很重要。 如广场主要地面标注的是"200×100×50 厚灰色仿石材 PC

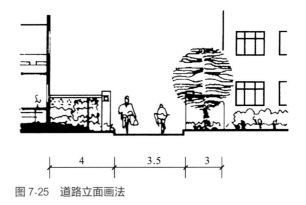

图 7-25　道路立面画法

砖面层"，意思是广场主要地面采用的是长 200 mm、宽 100 mm、厚 50 mm、灰色、具有仿石材效果的 PC 砖。PC 砖是一种新型材料，多用于园林景观建设。"PC"是"prefabricated concrete structure"的缩写，意为预制装配式混凝土结构。 PC 砖是一种混凝土砖，它与石材相比，具有很强的耐磨性，而且有很多尺寸样式。 在现场施工中，PC 砖切割起来非常容易，可以根据需要切割成任意尺寸。 再如地面标注的"350×350×30 厚荔枝面黄锈石"，意思是地面是采用长 350 mm、宽 350 mm、厚 30 mm 的荔枝面黄锈石铺装的。 黄锈石是花岗岩的一种。花岗岩不易风化，颜色美观，色泽可保持百年以上。 由于硬度高、耐磨损，黄锈石在景观设计中使用较多。"荔枝面"是指花岗岩的表面用形如荔枝皮的锤在石材表面敲击，从而在石材表面形成荔枝皮般的粗糙表面，多见于雕刻品或广场石等的表面。 荔枝面因为表面粗糙，所以具有防滑的效果。 石材的表面处理方式很多，效果也差别很大。 具体采用何种处理方式，应根据设计效果而定。 除了以上介绍的混凝土砖、花岗岩这两种地面铺装材料，景观设计中还有很多其他铺装材料，如卵石、塑胶、防腐木等。

　　广场平面中的某些局部或构件，须另见详图表达的，则需要详图索引。 索引线应以水平方向的细实线绘制。 文字说明宜注写在水平线的上方。 索引符号由直径为 8～10 mm 的圆和水平直径组成，圆及水平直径应以细实线绘制。 详图与被索引的图样不在同一张图纸内时，应在上半圆中注明详图编号，在下半圆中注明被索引的图纸的编号。

　　广场除铺装图、索引图以外，还需要有平面尺寸、标高图等。

　　广场平面铺装图如图 7-26 所示。

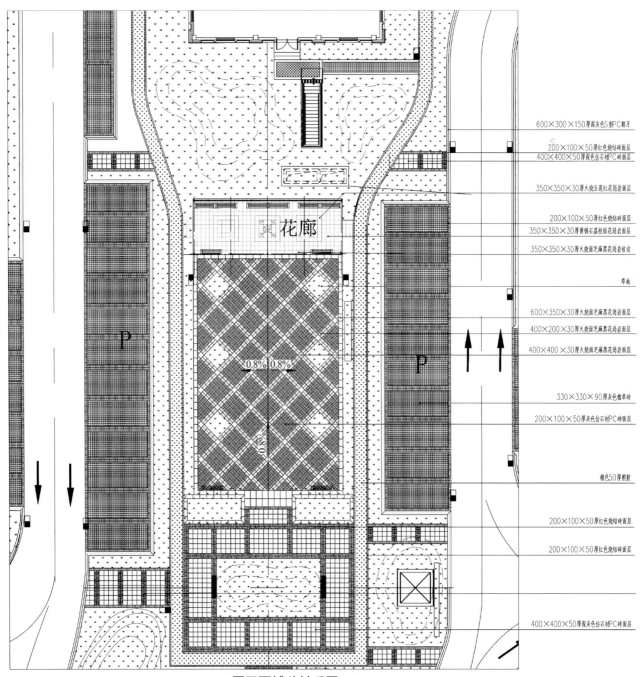

600×300×150厚深灰色S型PC路牙
200×100×50厚红色烧结砖面层
400×400×50厚深色仿石材PC砖面层

350×350×30厚烧五莲红花岗岩面层

200×100×50厚红色烧结砖面层
350×350×30厚黄锈石荔枝面花岗岩面层
350×350×30厚火烧面芝麻黑花岗岩收边

草地

600×350×30厚火烧面芝麻黑花岗岩面层
400×200×30厚火烧面芝麻黑花岗岩面层
400×400×30厚火烧面芝麻黑花岗岩面层

330×330×90厚灰色植草砖
200×100×50厚灰色仿石材PC砖面层

橙色50厚塑胶

200×100×50厚红色烧结砖面层

200×100×50厚红色烧结砖面层

400×400×50厚深灰色仿石材PC砖面层

C1区平面铺装材质图 1∶150

图 7-26　广场平面铺装图

2. 广场立面画法

广场立面图应反映出广场空间环境及广场中的植物、设施、水体等造型的外轮廓及细部，注明高度尺寸、标高、材料、色彩、剖切位置、详图索引等。 为了表现得更为具体，有时可以将立面各部位进行单独局部放大。

3. 广场剖面画法

广场剖面反映的是广场空间环境整体或局部的竖向构造关系。 广场中的景观设施、水体、旱喷等剖面图都应体现出各部位的高度及标高，以及尺寸、材料、构造做法、详图索引等。 注意：剖立面图中剖切到的位置要用粗线表示，后面看到的立面内容要用细线表示。 在广场重点部位高差变化复杂的地段应增加剖立面的数量。图纸比例应根据空间尺度的大小进行变化。

4. 广场节点详图画法

除了广场平面、立面、剖立面的表达，我们还需要对广场中的细部内容进行交代，例如广场中的花池、台阶、景墙等的做法。 通过节点详图体现出景观局部或单体的具体构造做法或详细图案，这是体现景观设计细部魅力的重要环节。 当然，也有不少景观设计的节点会直接引用标准图。 广场节点详图如图 7-27 所示。

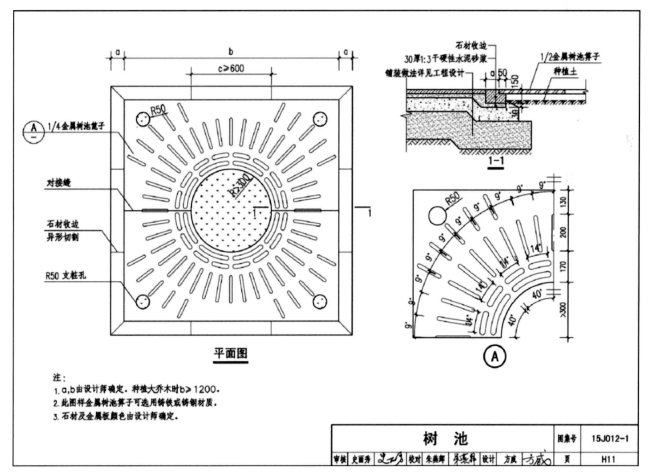

图 7-27　广场节点详图

（图片来源：中国城市建设研究院有限公司，中国建筑设计院有限公司，中国建筑标准设计研究院有限公司.环境景观——室外工程细部构造：15J012—1［S］.北京：中国建筑标准设计研究院，2015.）

7.3.5 景观小品的表示方法

景观设计中总少不了小品的点缀，它们就像是潜藏在景观中的小精灵一样，优雅、怡人。它们一般体量较小、色彩简单。

景观小品包括建筑小品、生活设施小品和道路设施小品等。建筑小品有雕塑、壁画、艺术装置等。生活设施小品有垃圾箱、座椅、健身设施、游戏设施等。道路设施小品有灯具、指示牌、建筑门窗装饰灯等。

景观小品在制图中包括了平面图、立面图、剖面图和大样图。

1. 景观小品平面图

景观小品在平面图中应标注主要尺寸、材料、色彩、剖切位置、详图索引等，这样平面图才算完善。对于样式不规则、形状较特殊的图案，不方便用尺寸标注，可用方格网来进行尺寸表达，定出最接近图案的尺寸。

2. 景观小品立面图

景观小品的立面图应反映出造型的外轮廓及细部，注明高度尺寸及标高，以及材料、色彩、剖切位置、详图索引等。

景观小品剖面图、大样图等的画法，同学们可参考环境景观系列国家建筑标准图集，在此不再赘述。

7.3.6 山石的表示方法

石头是创造持久景观的好材料。景观中常用的石头品种有雪浪石、太湖石、灵璧石、泰山石、黄蜡石、千层石等。不同的石头形态风格不同，所用的环境也不相同。

山石的造景形式分为假山和置石。

假山是以自然山水为蓝本，进行艺术的提炼和夸张，通过人工再造的山水景物。

置石分为单点、聚点、散点等摆放方式。单个姿态突出的石块，可摆放在一定的地点作为一个小景或者作为局部的一个构图中心来处理，我们称之为"单点"。两三块，甚至八九块摆放在一起作为一个群体来表现，我们称之为"聚点"。一系列石头若断若续，看似散乱，实则连贯成一个群体的摆放方式，我们称之为"散点"。河边、溪流边通常用散点的摆放方式。以上几种石头的摆放方式都要注意大小搭配、自然和谐。在绘图时还要根据石头的种类画出或圆润光滑，或棱角坚硬的感觉。

在景观设计制图中，假山和置石的平面表达要有疏密变化、三五成簇、宛转波折，这样才能自然好看。疏密变化在置石的画法中尤其重要，只要不是孤置的石头，就要注意石头与其他石头之间的位置关系，还要有大小变化，不要出现平接或是全部散点的情况。

置石平面与立面的画法还要注意曲折变化，即"平面波折，立面起伏"。"平面波折"是指从平面上看，石头不应该在一条线上，应或前或后。"立面起伏"是指从立面上看，石头是高低不平的，如果石头大小、高矮一致，就要用几块进行叠加。

剖面画法要画出平面剖切位置剖开的山石内部结构，例如表达出假山的内部做法，山石中设置的跌水设施的做法等。

山石的表示方法如图 7-28 所示。

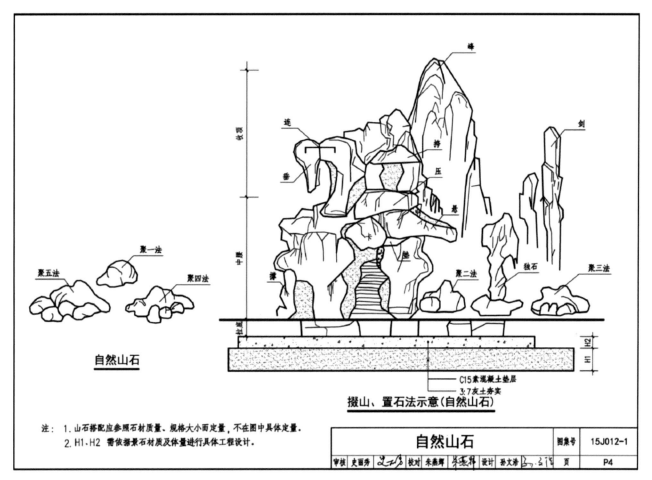

图 7-28 山石的表示方法

(图片来源:中国城市建设研究院有限公司,中国建筑设计院有限公司,中国建筑标准设计研究院有限公司.环境景观——室外工程细部构造:15J012—1[S].北京:中国建筑标准设计研究院,2015.)

7.3.7 水体的表示方法

水是柔美的,总能创造无限可能。 有时候与其说是在设计水景,倒不如说是在处理水的边界或形态。 水体按形态可以分为规则式水体和自然式水体。

规则式水体适用于规整的环境,常与景墙、雕塑、汀步、种植池、硬质场地等相结合。

这类水体相对较小,空间独立集中。 规则式水体常以 L 形、矩形、梯形、多边形等人工化形式出现,或者是利用这些基本的几何形体进行组合叠加。

自然式水体是对自然界中出现的水体形态的缩写,又可分为线状自然式水体和面状自然式水体。 线状自然式水体包括河流、溪水、瀑布、泉水等,面状自然式水体则包括湖泊、池塘、水潭等。 自然式水体在制图时,注意平面画法应曲折流畅,而被水流冲刷的地方会变宽,因此,应注意这种波浪状忽宽忽窄的形态变化。

景观中的自然式水体通常搭配山石、步道、绿化等。 水体的表示方法如图 7-29 所示。

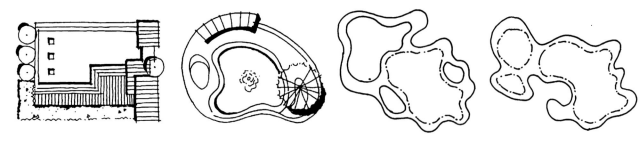

图 7-29　水体的表示方法

（图片来源：吕圣东，谭平安，滕路玮.图解设计——风景园林快速设计手册［M］.武汉：华中科技大学出版社，2017.）

7.4　庭院景观设计图纸

第7.4节视频

7.4.1　庭院方案图

根据构思画出庭院方案图，用手绘或者计算机软件上色。庭院设计内容通常有园路、小桥、流水、绿化等。可以找一些意向图或者绘制效果图与甲方进行交流，意向图可以表达大概的设计意向，效果图则更加准确地表达作品预期效果。庭院方案图如图 7-30 所示。

7.4.2　庭院施工图

1. 总平面图

根据庭院方案图绘制出庭院总平面图。庭院总平面图要求形式美观、布局合理、尺度适宜。通常总平面图需要用一系列图纸来表达，如总平面定位图、尺寸图、高程图、铺装图、植物图、照明图等。它们使总平面图更加完善。

总平面图要涵盖全部设计范围，无缺失、漏画；要有正确的指北针与图纸方向；要按照比例来画，保证准确性；要满足规范要求。

2. 分区平面图

如想把庭院表达得更加详细，可在总平面图的基础上画出分区平面图。分区平面图对庭院的表达更加细致。如果庭院较小，用总平面图能表达清楚，则不需要绘制分区平面图。

3. 总平面尺寸图

庭院的景观设计形式很多是不规则的，例如自然弯曲的小路或者水体。自然弯曲的形式不方便标注尺寸，那么可以绘制景观网格放线图来表达尺寸，施工人员可以先在现场根据网格位置，取若干点连接成接近图纸样

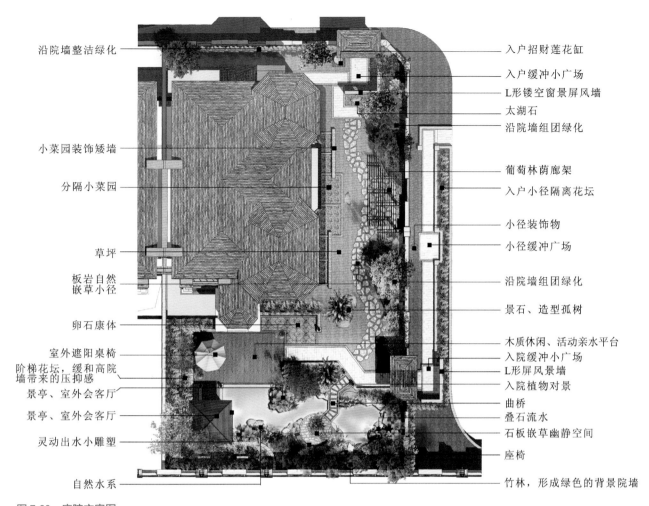

沿院墙整洁绿化 —— 入户招财莲花缸
—— 入户缓冲小广场
—— L形镂空窗景屏风墙
—— 太湖石
—— 沿院墙组团绿化

小菜园装饰矮墙 —— 葡萄林荫廊架
—— 入户小径隔离花坛

分隔小菜园 —— 小径装饰物
—— 小径缓冲广场

草坪 —— 沿院墙组团绿化

板岩自然
嵌草小径 —— 景石、造型孤树

卵石康体 —— 木质休闲、活动亲水平台
—— 入院缓冲小广场
室外遮阳桌椅 —— L形屏风景墙
阶梯花坛，缓和高院 —— 入院植物对景
墙带来的压抑感 —— 曲桥
景亭、室外会客厅 —— 叠石流水
景亭、室外会客厅 —— 石板嵌草幽静空间
灵动出水小雕塑 —— 座椅

自然水系 —— 竹林，形成绿色的背景院墙

图 7-30　庭院方案图

(图片来源：作者设计团队自绘)

式的图案，再进行基础开挖和景观施工。 对于规则的景观设计形式，则可以进行正常的尺寸标注。

4. 总平面标高图

总平面标高图可反映庭院地形的层次和高差变化。

5. 立面图、剖面图及详图

接下来我们还要绘制出庭院的立面图和剖面图，以反映庭院的空间环境。 立面图和剖面图主要表达庭院立面造型的外轮廓及细部，应注明立面尺寸及标高，以及材料、色彩、剖切位置、详图索引等。 对于庭院中的一些亭子、廊架等小品细部，我们需要绘制详图进行交代。 详图应体现构造做法或详细图案。

6. 植物图

私家庭院的植物设计通常空间尺度较小。 植物设计应能创造私密性、营造良好气氛、满足居住功能需求。常用的种植设计手法是充满细节的植物组团搭配和花境。 植物配置要选择具有良好寓意的品种，应注重立面与细节的搭配。

庭院施工图如图 7-31 所示。

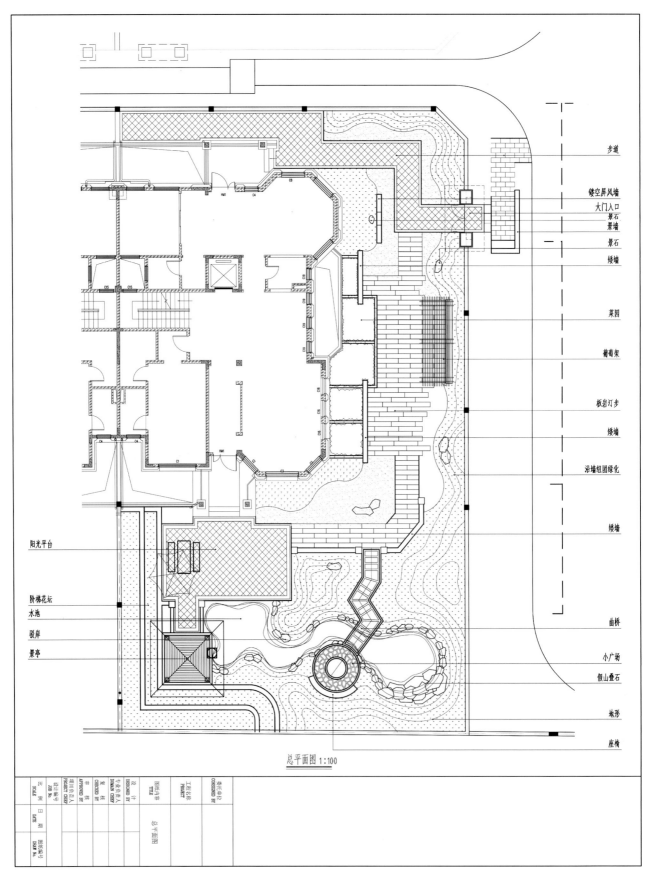

步道

镂空屏风墙
大门入口
景石
景墙
景石
矮墙

菜园

葡萄架

板岩汀步

矮墙

沿墙组团绿化

矮墙

阳光平台

阶梯花坛
水池
驳岸
景亭

曲桥

小广场
假山叠石

地形

座椅

总平面图 1:100

图 7-31 庭院施工图

(图片来源:作者设计团队自绘)

7. 相关专业图纸

庭院景观设计图纸除上述图纸外，还有与之相配套的结构设计图、给排水设计图、电气设计图等。

优秀的景观设计师需要具备深厚的专业素养和与之相关的较丰富、系统的自然人文知识，需要在长期实践中勤奋学习、积累和提高。景观设计的宏观和微观高度结合、自然和人文有机贯通的特点要求我们必须广采博取，点石成金。我们应学好专业知识，学会以宽阔的视野、哲学的思维、美学的观点和因地制宜的方法从事景观设计工作，不断向社会奉献具有灵魂的景观设计作品。

（1）学习景观设计制图的目的。

（2）景观方案图与景观施工图的区别。

（3）景观设计图的内容组成。

（1）什么是景观设计制图？

（2）景观设计制图与识图的学习目标和学习任务？

（3）了解景观设计的不同阶段，并思考不同设计阶段对图纸有什么要求。

（4）思考如何进行景观设计制图与识图的学习，并为后续学习做好准备工作。

08

设计表现图的绘制

设计是将某种设想、计划、规划通过视觉的形式传达出来的活动过程。"为人类的利益设计"是社会对设计师的要求,也是设计师崇高的社会职责所在。因此,在完成设计方案后,设计师需要关注如何让作品的展示更加直观、动人、简明、易读。本章主要讲解效果图、分析图和排版方面的知识,希望能对读者有所帮助。

8.1 快速了解 ——设计效果图

设计是有目的的社会行为,而不是设计师的自我表现。它应社会的需要而生,并服务于社会。当今社会需要精致的设计,更需要精细的分工。目前国内外已有许多专业的效果图事务所,并培养出一批专业的设计人员,因此,对于学习建筑、室内、景观设计的学生而言,良好的效果图创作能力对他们不断提高设计能力和拓宽就业范围都具有十分重要的意义。

8.1.1 效果图的作用

效果图是设计师与非专业人员沟通的最好媒介,对方案的决策起到重要的作用。作为设计方案最直观的表现形式,效果图是通过图片等媒介来表达作品预期达到的效果,其主要功能就是将平面图纸三维化、仿真化,以此来检查设计方案的瑕疵或修改项目方案。

8.1.2 效果图的分类及特点

1. 效果图的分类

目前效果图按照应用领域大致可以分为建筑效果图、城市规划效果图、景观环境效果图、室内效果图、产品设计方案效果图等。如果按照表现形式来分类,效果图可分为手绘效果图和计算机效果图两种。

(1)手绘效果图。

手绘效果图是设计师通过画笔来表现真实环境的图片。设计师只有具备较为扎实的绘画功底,才能够充分表达出自己的设计意图。

(2)计算机效果图。

计算机效果图是运用计算机三维仿真软件制作,用来模拟真实环境的虚拟仿真图片。设计师要掌握一些常用的三维和平面制图软件,并配合图片渲染软件来展现设计作品实现前的理想状态。

2. 效果图的特点

效果图是用绘画手法或软件来表现设计构想的,它服务于描绘对象,因此在绘制过程中要保持理性,必须运用较写实的手法来表现建筑或室内空间结构与造型形态。效果图的绘制过程是理性与感性的结合,既要体现出功能性,又要体现出艺术性。

8.1.3　绘制效果图应遵循的原则

1. 真实性

真实性是效果图的生命线，是在绘制效果图的过程中首要遵循的原则。 效果图表现的效果必须符合设计环境的客观事实，尊重事物的本身尺寸，如室内空间、家具等设施的比例、尺度都要真实地表达。 另外，造型、材料质感、灯光色彩、绿化及人物点缀等都必须符合设计师所设计的效果和气氛。 绘图者不能脱离实际的尺寸，随心所欲地改变空间的限定，也不能随意背离客观的设计内容，主观、片面地追求画面的某种艺术趣味和艺术风格。

2. 科学性

为了保证效果图的真实性，避免绘制过程中出现曲解，必须以科学的态度对待绘制的每一个环节。 无论是起稿、作图，还是对光影、色彩的处理，都必须遵从透视学和色彩学的基本规律与要求，以严谨、科学、认真的态度对待每一幅设计图。

3. 艺术性

效果图虽然具有较强的科学性，但同时也是一件极具艺术品位的绘画作品。 一幅具有较强艺术表现力的设计效果图会被收藏，或者被当作室内装饰，这都充分显示了一幅精彩的效果图所具有的艺术魅力，因此，艺术性也是在绘制效果图时应遵循的重要原则。

正确认识和理解真实性、科学性、艺术性三者之间的关系，在不同情况下有所侧重地发挥它们的效能，对学习、绘制效果图都是至关重要的。

8.1.4　手绘效果图

随着现代科技的发展，计算机效果图应用越来越广，这导致很多设计师偏重计算机效果图的学习，而轻视手绘效果图的表现，但在与客户谈单时，手绘效果图的作用远远大于计算机效果图，这是因为从艺术效果上看，手绘效果图更具艺术表现力，同时也是设计师能力的一种重要体现。 但是，学习手绘效果图有一个前提，即创作者需要具备较为扎实的绘画功底和造型能力，只有这样，才能将自己的设计意图表现得栩栩如生。

1. 手绘效果图的学习步骤

（1）临摹。

临摹别人的作品，可以直接、有效地学习别人的经验。 在临摹的时候一定要明确自己的学习目的和学习方向，要从中思考很多东西，而不是一味地去临摹好一幅作品。 我们可以整体地去临摹一幅画，也可以从局部开始，观察、分析别人把握和处理形体的大块面及细节变化的方法，明确可以忽略和需要深入刻画的部位。 最初学习手绘的时候，最好着重线条方面的训练，这对准确把握形体很有帮助。

（2）写生。

写生是对美术知识和技术思维的一种考验，可以为手绘打下更扎实的基础。 在写生过程中，需要绘图者全面地投入写生环境，认真分析对象的形体关系，准确抓好形体结构。 作画时要注意把握整体关系，如明暗、主次等关系，不要被细节左右，特别是在快速表现的时候，应做到用笔肯定、大胆、细致，画面轻松、豪放却不失整体感。

（3）默写。

默写是指将自己想要画的形象直接默画下来，而不用对着对象写生。默画描绘对象可以增强自己对表现对象的造型理解和记忆力，以后作画时可以不看描绘对象，凭记忆将画完成。这就需要练习者保持勤奋的态度，多加练习，这样才能更快地学习线条等表现技法，以及更好地理解手绘。

2. 手绘效果图的构成要素

（1）设计思路和构图布局。

在绘制效果图时，很多初学者将重点放在造型、色彩和质感的表现上，而忽略了手绘效果图的第一步——设计思路和构图布局。设计思路和构图布局是搭建整个效果图空间框架的基础。绘制者无论采用何种技法和手段，运用哪种绘画形式，画面塑造的空间、形态、色彩、光影和气氛效果都是围绕设计的立意与构思进行的。正确地把握设计的立意与构思，在画面上尽可能地表达出设计的目的、效果，创造出符合设计本意的效果图，是学习手绘技法的首要着眼点。设计思路和构图布局在脑海中成型后，我们就可以开始构图了。合理的构图就是把众多的造型要素在画面上有机地结合起来，按照设计需要的主题，合理地安排到画面中的适当位置。

（2）准确的透视关系。

设计构思是通过画面艺术形象来体现的，而形象在画面上的位置、大小、比例、方向的表现都是建立在科学的透视规律基础之上的。违背透视规律的形体与人的视觉平衡，画面就会失真，也就失去了美感的基础。因而，必须掌握透视规律，并应用透视法则处理好各种形象，使画面的形体结构准确、真实、严谨、稳定。除了熟练运用透视法则，我们还必须学会用结构分析的方法来对待每个形体的内在构成关系和各个形体之间的空间联系。

（3）色彩和明暗关系。

在绘制效果图时，仅以线条来表现立体感还不够充分，还必须用明暗关系来加强立体效果。色彩和明暗关系是效果图的血肉，在透视关系准确的构架上，赋予恰当的色彩和明暗关系，可以完整地体现一个形象生动的空间形体。用色彩表现效果图时，不仅要表现出形体的色彩和明暗关系，还要注意表现出不同材质的质感效果，要根据不同表面材质的特征使用相应的运笔方式，最终完成效果图的表现。

3. 手绘效果图的基本表现技法

（1）钢笔画技法。

钢笔在绘画中是常用且普遍的一种工具。坚硬、明确、流畅是钢笔线条的主要特点。用钢笔作图的前提是经过长期的造型与线条练习，能够做到胸有成竹、意在笔先。简单的线条通过形体的重叠，同样能表达空间感，自信的线条看似随意，却使形象更为生动（图 8-1）。

（2）马克笔技法。

马克笔以其色彩丰富、着色简便、风格豪放和迅速成图等特点深受设计师的喜爱。由于马克笔上色后不易修改，上色时应注意先浅后深，不用将色彩铺满画面，应有重点地进行局部刻画，这样画面会显得更为轻快、生动（图 8-2）。

图 8-1 钢笔建筑速写

（图片来源：https://www.sohu.com/a/196879506_99980396）

图 8-2 马克笔建筑速写

（图片来源：https://huaban.com/pins/2306273845）

（3）水彩画技法。

水彩渲染是建筑画中常用的一种技法，要求底稿图形准确、清晰，常用退晕、叠加与平涂三种技法。 画面色彩的浓淡、空间的虚实、笔触的趣味都有赖于设计者对水分的把握。 水彩画上色程序一般是由浅到深，由远及近，亮部与高光要预先留出。 色相总趋势要基本准确，反差过大的颜色重复使用容易使画面显脏。 目前，在水彩效果图中，钢笔淡彩效果图较为普遍，它是将水彩技法与钢笔技法相结合，发挥各自的优点，颇具简洁、明快、生动的艺术效果。 另外，现在常用的水溶性彩色铅笔可发挥出与水相溶的特点，绘制出类似水彩画的柔和效果（图 8-3）。

图 8-3　水彩建筑速写

（图片来源：https://www.duitang.com/blog/？id＝682290140）

总体而言，与计算机效果图相比，手绘效果图表现力更强。 设计师与计算机绘图者交流的媒介亦在于草图，因此手绘是计算机所不能代替的，更是不能丢弃的。 对于学习阶段的方案图作业，我们仍然提倡手绘，因为直接手绘反映到大脑的信息量，要远远超过计算机。 但是到了项目的最终阶段，还是要靠计算机效果图的直观性将设计意图以最真实的形象传达给观者，从而使观者进一步认识和肯定设计师的设计理念与设计思想。

8.1.5　计算机效果图

效果图的表现形式会直接影响到设计项目的整体呈现。 由于计算机操作比手绘简便，对绘画功底要求不高，更多人选择用计算机去表现设计意图。 计算机效果图已经成了当前设计行业的"通行证"，并形成了一种观念：设计等于效果图，没有效果图就没有设计。 虽然这种观点很片面，但也说明了计算机效果图在方案表达中的重要性。

1. 计算机效果图的制作

随着建筑行业的高速发展，建筑表现行业已经日趋成熟，分工也越来越细化，一般来说，计算机效果图的制作过程大致分为以下 5 个阶段。

（1）模型制作阶段。

前期主要是使用 3ds Max、SketchUp 等模型制作软件创建出能真实表达设计理念的模型。

（2）材质赋予阶段。

为建好的基础模型贴上材质，以增强模型的表现力，使模型更加真实。模型制作完成后，要仔细检查是否有露面、破面、共面等问题，之后将贴图统一放到固定文件夹里，并指定其贴图路径。

（3）相机和灯光调试阶段。

我们可以通过调整相机参数来增强效果图的感染力，使场景呈现出较强的层次感和立体透视感，通过调整灯光参数来提升整个场景光线、亮度的真实感，也可以利用灯光制作一些特效，如制作灯光动画等。

（4）渲染输出阶段。

在建模完成后，我们可以通过渲染功能生成单张的位图图片，或得到 AVI 格式的影像片段或图片序列。

（5）后期处理阶段。

3ds Max 等三维建模软件渲染出来的图像并不完美，需要通过后期处理来弥补一些缺陷并制作环境配景，以真实模拟现实空间或环境，这一过程就是后期处理工作。后期处理工作通常需要在 Photoshop 中完成。后期处理工作决定了效果图的最终表现效果和艺术水平。

2. 常用的计算机效果图制作软件

下面列出几种常用、易学，用以制作建筑、室内、城市、景观和环境设计方案 3D 模型及效果图的软件，并对它们的作用和特点进行简单介绍。

（1）AutoCAD。

AutoCAD 具有完善的图形绘制功能和强大的图形编辑功能，熟练掌握 AutoCAD 是当前从事与建筑设计相关工作的基本要求。使用 AutoCAD 绘制方案图纸拥有精确、快速、效率高等特点，其在设计制图中的一般步骤同手绘大致相同，初学者容易上手，并且 AutoCAD 具备多种图形格式的转换能力，因此被广泛应用于建筑设计、景观设计、城市规划设计、产品设计等多个领域。AutoCAD 一般用来绘制平面图、立面图和剖面图等二维图形。在实际操作中，AutoCAD 除了用来绘制建筑三视图，还可以结合 Photoshop 绘制建筑、景观、规划设计方面的彩色平面图。但是 AutoCAD 在建筑效果图中的应用频率并不高，主要原因在于用其绘制效果图的效率及效果均弱于其他三维软件。

（2）SketchUp。

SketchUp 又名"草图大师"，是一款容易在较短时间内掌握的用于创建、共享和展示 3D 模型的软件。这款软件使用简单、内容详尽，使用者不必键入坐标，就能跟踪位置和完成相关建模操作，是目前设计工作者在三维建筑设计方案创作阶段常用的工具。其能够充分表达设计师的思想，而且能够满足与客户即时交流的需要。熟练掌握该软件后，设计师可以借助其简便的操作和丰富的功能完成建筑、风景、室内、城市、图形和环境设计，土木、机械和结构工程设计，小型或中型建设和修缮的模拟，以及游戏设计和电影、电视的可视化预览等诸多工作。SketchUp 的不足之处在于其不带渲染器，需要外接其他渲染软件来渲染特定的效果图。

（3）3ds Max。

3ds Max 是三维动画制作软件之一，可帮助建筑设计可视化，还能用于建筑效果图的制作。设计师一般利用 3ds Max 建立模型框架、制作材质、建立灯光及摄像机，然后在 Lightscape 和 V-Ray 中进行光线渲染，以达到照片级的设计效果。3ds Max 被广泛应用于建筑设计、室内设计、城市设计和景观设计等领域。相对于 SketchUp 等三维建模软件，用 3ds Max 建模需要花费较多的时间和精力，但如果方案所需的模型要求光线真实，可以考虑使用 3ds Max 来帮助方案效果图实现从建模、材质赋予，到灯光调试，再到渲染输出的整个过程，以期达到逼真的成图效果。

（4）Photoshop。

作为常用的图像处理软件，Photoshop 目前广泛应用于建筑效果图、景观与规划效果图、视觉传达、排版印刷及网页设计等多个领域。由于三维建模软件直接渲染出来的效果图，往往无法与配景图片和设计方案所表达的色调、风格达到完美的统一，我们可以将在三维建模软件中渲染生成的图片导入 Photoshop，利用 Photoshop 强大的图形处理功能，使配景图片与最终输出场景图片相融合。Photoshop 主要用于效果图的后期处理阶段。

效果图是设计师完整表达设计思想的直接、有效的方法，也是判断设计师水准的直接依据。因此，学习效果图绘制就是为了提高自身的专业理论知识和文化艺术修养，培养创造性思维能力和深刻的理解能力。作为一名合格的设计师，手绘和计算机绘制效果图的能力同样重要，通过手绘训练使自己的设计能力达到一定的水平后，转而使用计算机绘制效果图，必然能够在效果图表现中取得事半功倍的效果。设计师的表现技能和艺术风格是在实践中不断积累和磨炼出来的，草率从事反而欲速则不达。同学们可尝试用速写的形式来记录生活，多学习一些方案和效果图的制作软件，并勤加练习，对于掌握基本的设计表现技法、理解设计、深化设计、提高设计能力有着重要的作用。

案例分析

赏析建筑及景观效果图，可以帮助同学们学习在后期处理阶段如何合理地运用 Photoshop，让效果图更能突出设计重点，更具艺术表现力。

在效果图的后期处理阶段，应尽可能缩小留白的范围，代之以人、树木及其他遮挡物，目的是遮挡住裸模部分（图 8-4）。

图 8-4　建筑效果图 1

建筑物既要突出于周边环境,又要融于环境(图8-5)。

在颜色搭配上,效果图画面普遍都是高级灰与亮色的搭配,以起到对比作用,在后期使用 Photoshop 处理图像的过程中,可以适当降低色彩饱和度,以使画面效果更柔和(图8-6)。

在确定画面色调时,可以先定为冷色调,再根据项目性质合理铺设暖色调(图8-7)。

图8-5　建筑效果图2

(图片来源:站酷网)

图8-6　景观效果图1

(图片来源:中国矿业大学设计团队绘制)

图8-7　景观效果图2

(图片来源:中国矿业大学设计团队绘制)

如果想在一张效果图中突出个人设计部分,可采用增加对比度的方式增强画面给人的震撼感,突显设计亮点(图 8-8)。

图 8-8　景观效果图 3

（图片来源：中国矿业大学设计团队绘制）

8.2　头脑风暴——设计分析图

设计师的思维往往是从图形开始的,图示语言也成为设计师们交流时运用的特殊语言。 设计分析图中的图示语言,无论是对方案的设计者还是观者,都是需要倚仗的工具。 本节的学习重点在于通过了解设计分析图的概念和内容,以及各类设计分析图的绘制策略,并结合部分案例,让同学们在学习的过程中得到启发,逐渐学会表达自己的设计作品。

8.2.1　设计分析图的概念及作用

所谓设计分析图,其实就是设计理念、设计合理性和设计过程的图视化,以及对设计成果合理性的检验。设计分析图是设计表达中必不可少的一部分,它不仅可以帮助我们在前期构思时更清晰地找到切入点,也可以使后期方案表达更直观,可读性更强。 同时,设计分析图是一个方案最直观的表达,不仅是设计师设计理念的体现,也是设计师与看图者直接沟通的桥梁。

8.2.2　设计分析图的类别与内容

1. 设计分析图的类别

在方案表达中常用到的设计分析图大致可以分为 3 种类型。

① 场地技术类分析图。 场地技术类分析图主要由区位分析、现状分析、交通分析、日照分析等构成，是建筑及景观设计的前提和保障，目的是有序地展示场地现状及设计意图。

② 空间表达类分析图。 空间表达类分析图主要是针对建筑室内外空间进行功能分析，包括功能分区分析、空间形态分析、剖透视表达和爆炸分析图等。

③ 方案细节类分析图。 方案细节类分析图主要包括节点分析、材料分析、生态技术分析、绿化分析等，有利于客户更深入地了解设计方案。

2. 设计分析图的内容

设计分析图首要表现的是逻辑，其次才是种类和风格，一份完整而理性的设计分析图主要由以下几个部分组成。

（1）区位分析。

区位分析（图 8-9）主要是分析项目所处的具体方位，区域的发展状态、服务范围、交通可达性、服务受众，以及能够对项目产生影响的周边资源等。 当下及未来设计师的工作内容将不仅仅是做设计，也需要对项目的前期策划、后期运营管理进行思考。 区位分析就是要给出项目定位。

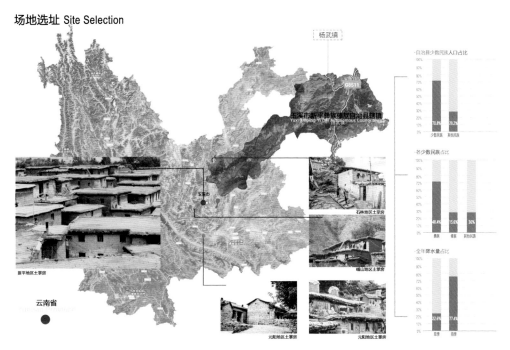

图 8-9　区位分析

（图片来源：中国矿业大学设计团队绘制）

（2）现状分析。

现状分析（图 8-10）也属于前期分析的一个环节，是项目设计的基础和验证方案合理性的依据，也是设计构思的源泉。 现状分析是在现场调研的基础上完成的，主要是分析基地的自然环境、地域文化性特征和使用者的行为活动等，在此基础上归纳、总结出符号性的传统建筑语汇，并提出相应的设计策略。

（3）图底关系分析。

图底关系分析（图 8-11）也被称为肌理分析，其源于城市建筑实体和开放空间关系的理论，通过将建筑物和其外部空间形成实体与虚体之间的图底关系，把设计场地的现存空间模式直接传递给设计师和读图者。 图底关系分析图作为一种图形秩序感的理性表达和研究空间形态与功能的重要方法，通过分析城市建筑室内外的空间

世界背景
WORLD BACKGROUND

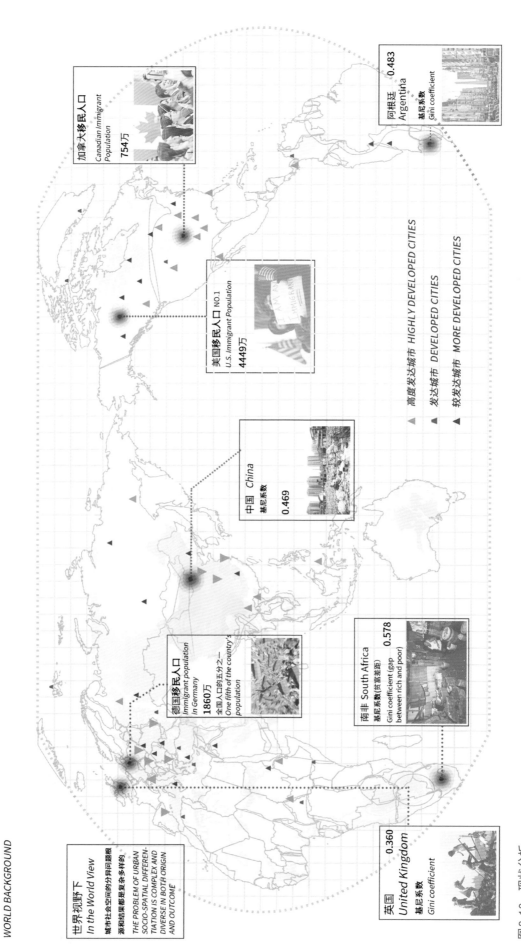

世界视野下
In the World View

城市社会空间的分异问题根
源和结果都是复杂多样的

THE PROBLEM OF URBAN
SOCIO-SPATIAL DIFFEREN-
TIATION IS COMPLEX AND
DIVERSE IN BOTH ORIGIN
AND OUTCOME

加拿大移民人口
Canadian Immigrant
Population

754万

美国移民人口 NO.1
U.S. Immigrant Population

4449万

中国 China
基尼系数

0.469

德国移民人口
Immigrant population
in Germany

1860万
全国人口的五分之一
One fifth of the country's
population

南非 South Africa
基尼系数(贫富差距)
Gini coefficient (gap
between rich and poor)

0.578

英国
United Kingdom
基尼系数
Gini coefficient

0.360

阿根廷
Argentina
基尼系数
Gini coefficient

0.483

▲　高度发达城市 HIGHLY DEVELOPED CITIES

▲　发达城市 DEVELOPED CITIES

▲　较发达城市 MORE DEVELOPED CITIES

图8-10　现状分析

（图片来源：中国矿业大学设计团队绘制）

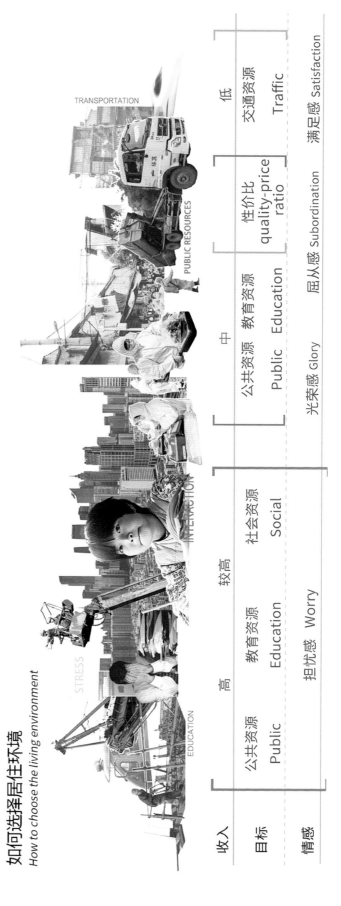

城市发展分析 Urban Development Analysis

01 早期

02 中期

03 后期

如何选择居住环境
How to choose the living environment

收入	高		较高	中			低
目标	公共资源 Public	教育资源 Education	社会资源 Social	公共资源 Public	教育资源 Education	性价比 quality-price ratio	交通资源 Traffic
情感	担忧感 Worry		光荣感 Glory	屈从感 Subordination			满足感 Satisfaction

STRESS　EDUCATION　INTERACTION　PUBLIC RESOURCES　TRANSPORTATION

续图 8-10

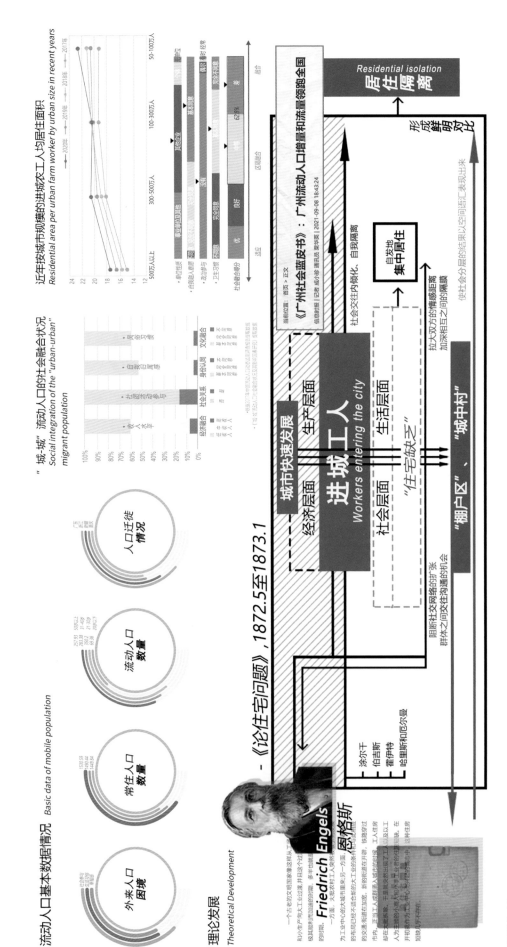

续图8-10

关系，清晰、明了地体现出建筑室内外空间关系，再与现有城市功能进行比较研究，即可得出设计目标的形态与体量。

图 8-11　图底关系分析

（图片来源：https://www.shangyexinzhi.com/article/3922952.html）

（4）功能分析。

功能分析（图 8-12）主要用于表达建筑的功能分区，其优势在于能把复杂的建筑体块清晰、直观地表达出来，让看图者迅速了解设计场所内的各个功能空间，常规做法是通过标示不同功能区的具体位置或色彩，阐明场地每个区域的用地性质。

图 8-12　功能分析

（图片来源：中国矿业大学设计团队绘制）

（5）交通分析。

交通分析图多用带箭头的虚线表示，主要是用于表达设计场所的流线关系，分析空间的人流和车流路线，借此来阐明方案的场地路线规划（图 8-13）。

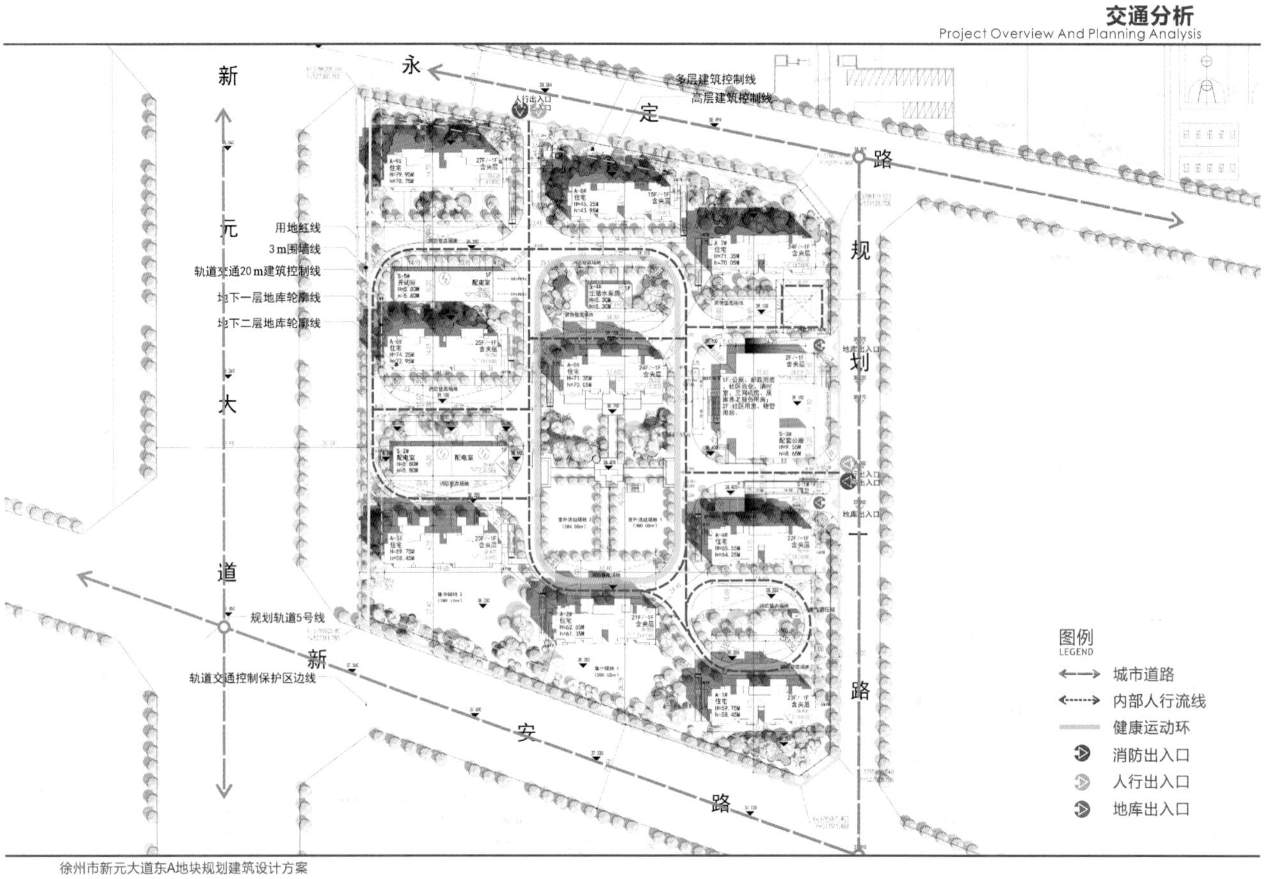

徐州市新元大道东A地块规划建筑设计方案

图 8-13　交通分析

（图片来源：中国矿业大学设计团队绘制）

（6）日照分析。

通常设计师在进行日照分析时，主要是看夏至和冬至的日照情况，由此判断区域内的日照时长，为建筑或景观设计提供依据。 一般来说，高差越大，越有必要进行日照分析。 日照分析适用于拟建的高层建筑，或者地势起伏较大的规划设计。 根据国家有关规范，受遮挡居住建筑的居室在大寒日的有效日照不低于2 h，设计师可以通过日照系统分析场地的日照情况，从而得出理性的设计。 目前，日照分析主要是借助专业的分析软件，如天正日照，来分析建筑大寒日采光时间，用于考证建筑间距是否合理。 简单来说，日照分析其实就是给设计师一个合理应用日光的科学依据，有了日照分析，设计师才能知道如何更合理地设计建筑朝向、间距，知道在什么区域种植什么植物（如喜阴植物、喜阳植物），知道在什么区域规划人类的活动空间，并知道如何利用日光来主动为设计服务（图 8-14）。

（7）竖向分析。

竖向分析是根据场地的原始地形特点、平面功能布局与施工技术条件，在研究建（构）筑物及其他设施之间的高程关系的基础上，充分利用地形，因地制宜地确定建筑、道路的竖向位置，合理地组织地面排水和地下管线敷设，并解决场地内外的高程衔接问题（图 8-15）。

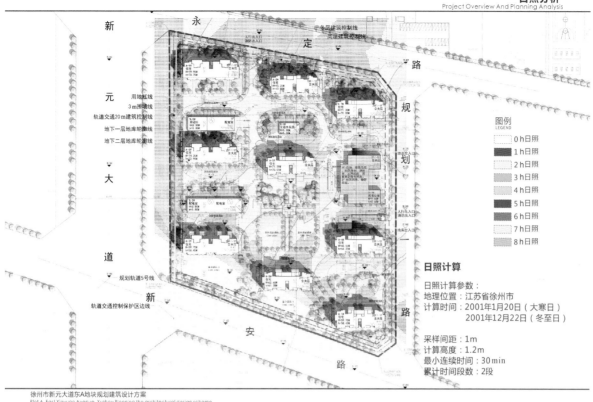

徐州市新元大道东A地块规划建筑设计方案
Plot A, East Xinyuan Avenue, Xuzhou Planning the architectural design scheme

图 8-14　日照分析

（图片来源：中国矿业大学设计团队绘制）

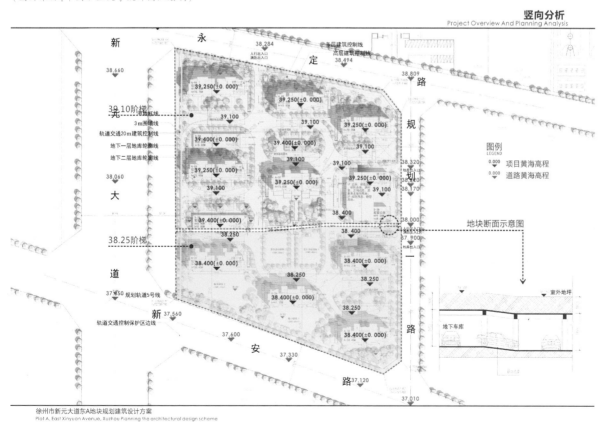

徐州市新元大道东A地块规划建筑设计方案
Plot A, East Xinyuan Avenue, Xuzhou Planning the architectural design scheme

图 8-15　竖向分析

（图片来源：中国矿业大学设计团队绘制）

（8）绿化分析。

绿化分析主要是对设计场地内的集中绿化、带状绿化、庭院绿化的关系进行分析，也包括对场地内植物配置及运用的分析（图8-16）。

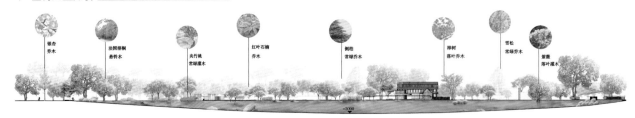

图 8-16　绿化分析

（9）节点分析。

节点分析图的种类复杂多样，且针对不同的创作内容有不同的分析，包括材料分析、建筑结构细节的分析、生态理念的剖析、设计亮点或重点的具体刻画，主要用于方案后期，深入阐述方案中每一个重要细部（图8-17）。

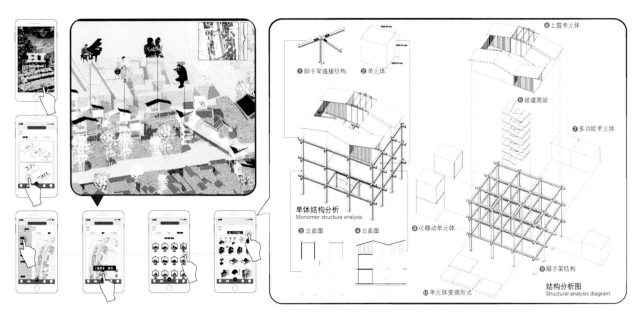

图 8-17　节点分析

8.2.3　设计分析图的绘制策略

设计分析图是建筑设计、城市规划设计或景观设计等方案表达创作思维和理念的重要部分。 在绘制设计分析图的过程中，我们可以对方案的闪光点或复杂点进行可视化图解，用简单易懂的图来阐释自己的设计思想。但是，在教学过程中，不少学生表示接触过设计分析图，却不知道怎么分析，最终呈现出的效果总是不理想。本小节将结合案例与同学们分享几点既实用又直观的设计分析图绘制策略。 从设计理念的演化分析到方案的功能分析，从周围环境的现状分析到应对环境的优化分析，各类形色各异而又思路清晰的设计分析图，无论是色调、画法、分析角度，还是符号的使用，都希望能对同学们有所启发，帮助同学们找到一种恰当的图形语言来表述方案。

1. 主次分明，重点突出

理性与个性并存的优秀设计分析图必须要做到主次分明，重点突出。 从场地设计到推敲形体，设计师要善于将设计方案的重点、亮点与次要内容区分开来，从宏观阶段的表述到微观节点的重点刻画，应当有步骤地进行分析，并将设计策略用最直观的方式表达出来。 以建筑设计方案中的形态分析为例，形态分析是方案前期表达阶段的重点，在最初的建筑形态分析与概念形成的阶段，应当选择用一种简洁的概念化的图示表达出"找形"的策略，以及空间形态的生成过程，可以参考位于陕西渭南李家沟村的窑洞空间生成分析图（图8-18）。 这是一个废弃窑洞的改造项目，图8-18以色块表示房间，清晰地表达了新空间生成的整个过程。 设计师按照当代的空间布局与设计手法，将整个院落进行结构性的调整，在原有的院落空间中插入5处庭院景观，在视觉和心理上延长了空间路径。

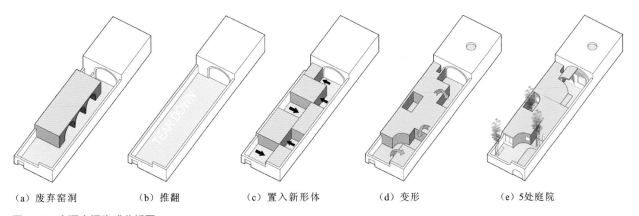

（a）废弃窑洞　　　　（b）推翻　　　　（c）置入新形体　　　　（d）变形　　　　（e）5处庭院

图 8-18　窑洞空间生成分析图

（图片来源：https://tieba.baidu.com/p/5256716406）

2. 信息表达清晰、图底关系突出、颜色清新淡雅(总平面图设计三原则)

以建筑设计方案为例，在用图纸展示功能分区的时候，一般都是先绘制彩色总平面图，因为总平面图可以完整地表现整个建筑基地的总体布局，以及新建筑的位置、朝向及周围环境，如交通道路、绿化、地形等。 接下来再运用清晰的功能分区图、平面图、立面图、剖面图、轴测图、透视图等图纸来表达建筑室内外空间的组织关系，让观者可以更详细地了解整个场地空间的利用情况。 简单来说，总平面图就是将所有专业要落地的内容都汇总在一张图上，并清楚地表达平面及竖向的关系。 因此，作为设计方案中最重要的分析图，总平面图设计需要遵循三个原则：信息表达清晰、图底关系突出、颜色清新淡雅（图8-19）。

3. 方案演化过程清晰、严谨

清晰、严谨是优秀设计分析图的重要特征。 设计方案应使用清晰、简单的图示来表达。 如图8-20所示的集装箱是第四届"紫金奖·建筑及环境设计大赛"的金奖作品《渔村生活博物馆》中的内容，展现了从集装箱单元到组合，再到建筑组团的设计过程，分析了以L形集装箱为原型的形态生成和变化，原型的扭转组合用流程图的方法展现出来，建筑形态的生成过程直观而简练。 每一个组团的生成过程都用简单的线条和体块排列展示，使观者可以直观地对比出组团之间的共性与变化。

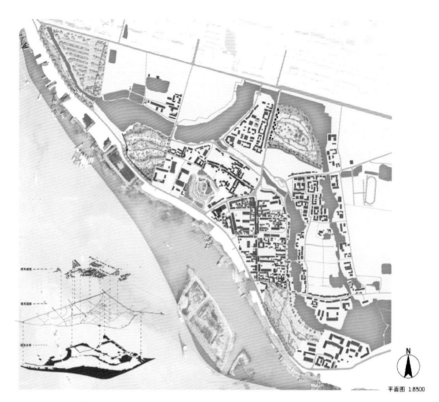

图 8-19　彩色总平面图

（图片来源：中国矿业大学设计团队绘制）

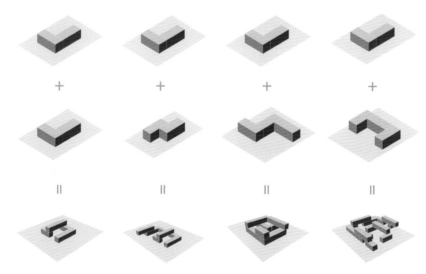

图 8-20　集装箱的形态生成和变化

（图片来源：中国矿业大学设计团队绘制）

4. 功能分析图简洁明了、富有逻辑

功能分析图是常见的分析图类型，一般会以涵盖设计场地信息量最大的平面图或轴测图为基础进行绘制。如图 8-21 所示方案的功能分析图，将不同的功能类型结合现状照片进行全方位的展示，运用粗实线强调装配式可移动集市的单元体块与组合形式，简洁明了、富有逻辑。虽然这是一幅没有经过渲染的模拟白模效果的分析图，仅用少量文字说明和白描的手法展现，却将场地功能分布与集市区的结构亮点全部清晰地表

达出来，这种表现手法看似随意，却准确地表达了各个功能空间的形态与组合特征，具有形式简洁、个性鲜明的特点。

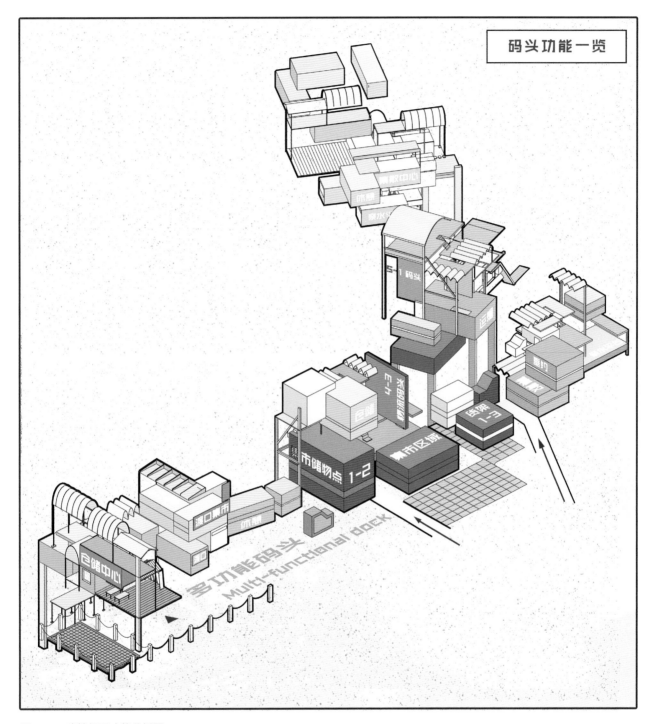

图 8-21　建筑组团功能分析图

(图片来源：中国矿业大学设计团队绘制)

　　建筑的结构分析往往需要借助轴测图来表现，如轴测场景分析、爆炸分解轴测图等。 图 8-22 展示的是彝族山村土掌房建筑空间重构设计。 山地建筑组团的空间结构形式参差错落，如果仅依靠平面图、立面图、剖面图这种建筑三视图是不能完全展现的，而轴测图可以将建筑的室内外结构、功能布局和建筑材料清晰地展示出来，让观者可以从中直观地了解加建建筑与原有老建筑的拼接方式，以及改建后的建筑组合形式，有利于增强作品的表现力。

结构分析 Structural Analysis   **屋顶分析 Roof Analysis**

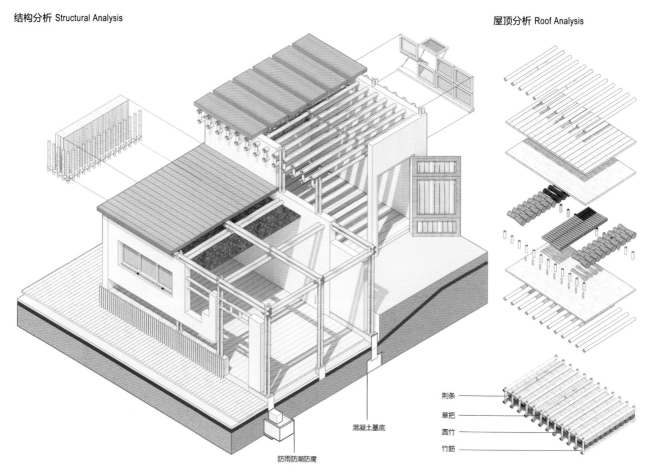

混凝土基底

防雨防潮防腐

荆条
草把
圆竹
竹筋

图 8-22　结构分析

(图片来源：中国矿业大学设计团队绘制)

5. 节点分析图可读性强

节点分析图一般是对设计方案中的亮点所进行的重点剖析，包括对空间功能、材料、建构细节、生态理念等的分析。 简洁、易读的节点分析图可以成为整套设计方案的闪光点。 图 8-23 展示的是一套多功能夯土结构的可移动建筑与景观设施的节点分析图，该节点分析图绘制了大量的小场景图，不仅突出展示了夯土结构功能的多样化，并且强调了建筑基础模块的内部结构和建构方式的亮点。 一张图片就是一个功能的展现，加上清新、简明的图面，让人一眼识别出这套节点分析图是整个方案功能分析图中的重点。 该节点分析图的表达朴素，直击重点，清晰地阐述了夯土结构建筑单元的 N 种使用功能和设计策略，传递出大量的信息。

6. 画风个性、鲜明

优秀的分析图在色彩的选择上也要遵循"少就是多"的原则，力求画面给人视觉上的清爽感。 当设计方案所需的各种分析图完成后，画风就成为决定该套方案图纸能否成功吸引观者眼球的关键。 设计分析图的风格应当根据设计内容来定位，表达手法也应各具特色，例如清新淡雅风、炫酷风、插画风等。 以图 8-24 为例，这套方案展示的是一个位于我国西北黄土高原地区的多功能集市，其节点分析图使用了拼贴插画风的表达风格。 该节点分析图用速写的方式突出刻画了一系列人群与建筑的交互方式和活动轨迹，表现出人们在集市中自由、惬意的慢节奏生活，充分体现了设计方案中塑造的集市空间特征和交流场所。 该方案设计师将黄土高原的色彩作为画面基调，画面色彩素雅、清新，人物形象活泼、生动，为清晰、严谨的方案演化过程增添几分趣味。

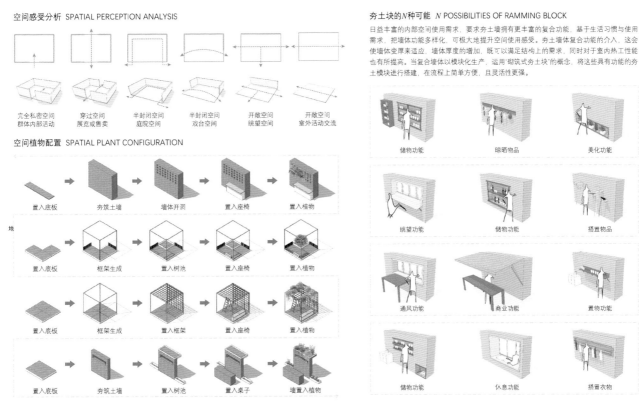

夯土块的N种可能 N POSSIBILITIES OF RAMMING BLOCK

日益丰富的内部空间使用需求，要求夯土墙拥有更丰富的复合功能。基于生活习惯与使用需求，把墙体功能多样化，可极大地提升空间使用感受。夯土墙体复合功能的介入，这会使墙体变厚更适应，墙体厚度的增加，既可以满足结构上的需求，同时对于室内热工性能也有所提高。当复合墙体以模块化生产，运用"砌筑式夯土块"的概念，将这些具有功能的夯土模块进行搭建，在流程上简单方便，且灵活性更强。

夯土块的N种可能 N POSSIBILITIES OF RAMMING BLOCK

在基础的方形夯土模块上，加入金属框架元素会结合出更多种类的模块来符合不同人群的需求，可以满足售卖商品、休闲就餐、观赏风景、休闲集会、娱乐游玩、宗教活动、安静独处、微型消防等多种功能，这些模块可以搭建在不同的区域，共同来组成整个区域的功能，并且这些模块的搭建也十分方便，当前借助现代工具可以更加高速的夯土，并且夯土块中有了支架的加成也会更加牢固，边缘不易腐蚀，二者相辅相成，同时也有一种虚虚实实的视觉观赏美感。

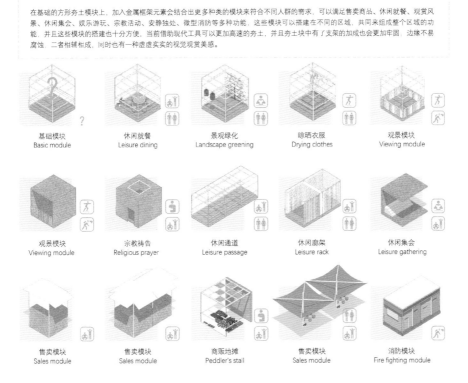

图 8-23   某建筑与景观设施节点分析图

（图片来源：中国矿业大学设计团队绘制）

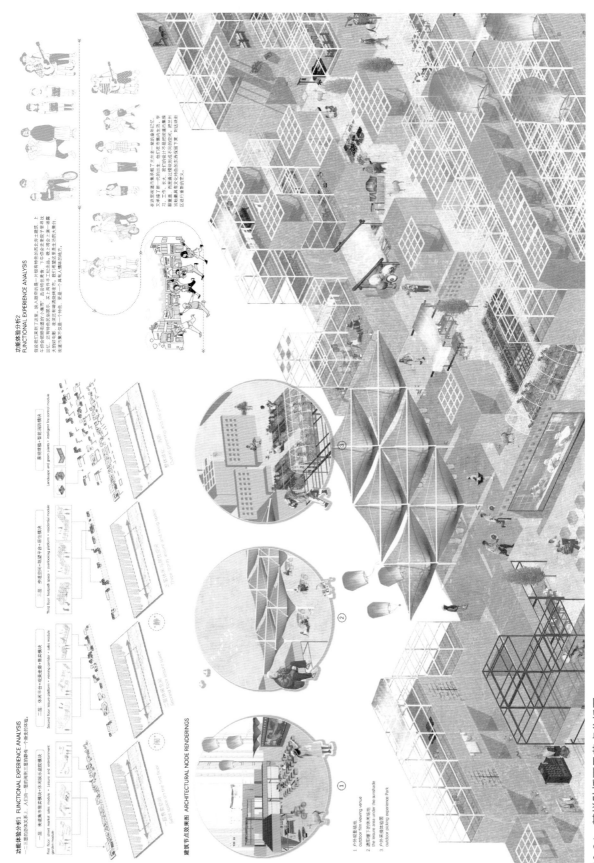

图 8-24　某拼贴插画风节点分析图

（图片来源：中国矿业大学设计团队绘制）

总之，设计分析图是考验设计师表达能力的图纸，它不仅体现了设计师的设计思维，还综合体现了设计师的空间能力、多学科交叉能力、数学能力、逻辑思维能力等。设计分析图是整个方案表达内容中重要的展示部分，其重点不在于追求绚烂的图面效果，而在于清楚表达自己的创作意图。绘制设计分析图也是同学们在设计学习中必须掌握的一种技能。同学们可以在课后多学习、多分析优秀案例，从中得到启发，逐渐学会表达自己的设计作品。除此之外，同学们还可结合自己的专业课程作业多加练习，熟能生巧是亘古不变的真理。

设计分析
图的绘制

第8.3节视频

8.3 一眼识别——设计排版图

如果把设计项目比作电影作品，那么排版就类似于电影的导演和剪辑过程。当一个设计方案所需的所有图纸都完成后，设计师面临的最后一个问题，就是如何将分析图、平面图、立面图、剖面图、效果图、分析图等设计表现图和文字性设计说明合理地编排在一起，让设计作品以最直观、最完美的形象展现出来。排版是表现设计思路和效果的有力语言，方案的设计过程就像讲故事，排版便是将故事按顺序呈现的方式。我们应学会合理利用版式设计，突出图面语言的优势，清晰阐述设计内容和设计流程。在学习排版之前，应先明确排版的目的、需要呈现的内容、想要传达的设计逻辑，并确定表现风格。如果想清晰地表述自己的设计作品，就要了解优秀设计排版图的特点，针对设计排版中常见的问题，学习设计排版的基本步骤与方法，以及在设计排版中需要关注的要素，并结合对作品的鉴赏，加深对设计排版的了解。学习一定的排版规则，了解如何将各种设计表现图和文字性设计说明合理地编排在一起，制作出布置合理、赏心悦目的设计排版图。

8.3.1 优秀设计排版图的特点

方案的版式设计作为传达方案所有信息的"载体"，应与方案的内容相符，并突出方案直观易读、主次分明、概念清楚等特点。因此，一份优秀的设计排版图必然要做到层次分明、重点突出、表意明确、逻辑连贯、色彩协调、各部分的编排都恰到好处，只有这样，整个图面才会条理清晰，设计内容和思想才能让人一目了然。

8.3.2 设计排版中的常见问题

在学习中只有知己知彼，才能不断进步，在学习设计排版的过程中，经常会遇到以下4个问题。

1. 图纸无序堆积

由于许多高校的教学体系和专业课程之间缺乏紧密衔接关系，学生的设计作业呈现出碎片化的状态。在一个项目设计的结课展示中，很多设计作品的前期概念或设计图纸之间的连贯性不强，导致最终排版图的拼凑性较为明显，且项目在逻辑性、完整性、连贯性等方面都有所缺失。

2. 排版混乱

排版混乱主要有四种表现形式：①在图纸表现中不善于用简单的逻辑关系来阐述设计思想；②在设计美观度和图纸表现力上没有体现出自己的设计能力；③主次不分，没有让观者看到设计亮点或重点；④没有控制好整个项目的节奏感。 优秀的排版则可以清晰地反映出设计师的设计思维，图面灵活多变，但又不杂乱无章。

3. 图纸排版过密

设计师对各种图纸不善于取舍，会形成满目复杂的排版图，但在设计排版过程中，信息的传递更为重要，无重点的图像堆砌只会让观者心生疲累，对此，应重点关注以下问题。

① 合理搭配设计分析图和表现图

② 突出设计重点。

③ 在单张图纸中展现多重性信息。

④ 关键图纸的摆放位置。

⑤ 字体过多会造成图面繁杂。

4. 排版逻辑混乱

设计排版必须要有一个清晰、明确的逻辑。 有些同学的设计创意很好，但缺乏表述自己作品的能力，有效的信息未能有条理地整理出来，因而造成版面混乱。 跳跃性思维的排版很容易让设计看起来缺少逻辑和条理。

8.3.3 设计排版的基本步骤

如何展现设计的思维逻辑，如何体现出设计概念和关键点，以及如何组织图纸间的起承转合，是设计排版学习中需要考虑的主要问题。 因此，在建模制图前，应先做好排版规划，明确最终需要呈现什么元素、风格的图纸，实现过程中需要多少类型和数量的图纸，再根据规划有目的地推进设计实践。 很多人认为排版是设计创作流程中的最后一步，等所有的方案图纸出完之后，再从中选取需要呈现的图纸，进行视觉优化和排版组合，但这样极易出现主次不分、图纸堆砌等问题。 高效的设计排版步骤是根据项目前期发展，先确定最终的排版策略，再根据策略有目标和侧重点地出图。

在项目的设计概念确定、设计方案优化调整后，设计实践开始前，就要先根据最终构想的作品成品和过程中需要呈现的图纸进行初步排版规划，再进行设计实践和按需出图。 设计排版的基本步骤可以简化为：场地调研—设计条件分析—概念设计—初步排版规划—草图模型—图纸制作—最终排版。 该方法的优点是目标指向明确，设计过程高效，可以最大限度地缓解项目设计过程中因时间紧、任务重而造成的焦虑，让设计变得更专注、更高效。

8.3.4 设计排版的方法要素

1. 理性的构图

排版中最讲究的就是构图，整体有序的构图主要取决于三个方面：一是各表现图和文字等排版元素所形成的外轮廓形；二是分区所形成的外轮廓形；三是空白空间形成的负形，也就是我们在讨论绘画作品和进行空间设计时常说的"虚实相生""虚实对比"中的"虚"空间，也称为"留白"，即没有编排任何要素的"空白"。虽然很多人认为留白是"多余的地方"，但在绘画和排版时，留白的形状和位置是重要的设计要素。

具体来说，各表现图之间的相互关系是构图的基础，因此，排版的首要任务是考虑各图的排列关系与统一性，无论是各表现图，还是字、图表、色块等构图元素，都需要考虑构图的均衡关系，在此环节一定要注意图片大小和排列位置，图片的排列不宜过紧也不可太松。排版构图的要点如下。

（1）有秩序的画面分割。

结构由分割产生。首先，画面的布局可以参照黄金比例进行分割；其次，分割的大块面须体现出秩序性，最简单的秩序就是横竖结构；最后，分割的大块面不宜过多，正如色彩写生中大层次不可分得太丰富一样，容易产生琐碎感。

（2）结构上先简洁再丰富。

结构上先简洁再丰富，但丰富不破坏简洁。在大块面分割确定之后，再细分为小的图面，作为视觉要素。小图面在色彩、明度、形状方面应具备一定的相似性，以便相互之间产生视觉联系，从而保持局部与整体结构、形式上的统一。

（3）活泼的版面形式。

版面要有变化，形式要活泼。设计排版的构图有对称型、斜置型、自由型、并列型、中轴型等，可根据设计主题来选择合适的版式。另外，在整体结构清晰、稳定的前提下，可在局部打破结构，在统一中寻求变化，增强画面的丰富感。

（4）丰富的展示内容。

设计排版图所展示的内容一定要丰富、饱满。常言道，巧妇难为无米之炊，切忌前期准备的内容过于空泛、苍白。

建筑排版
100例

（5）主次分明，结构清晰。

设计排版图所表达的内容应尽量突出设计的重点、亮点，过度装饰只是哗众取宠。设计排版应充分考虑图底关系，让观赏者易于辨认与识别，这就要特别关注两点：一是主要图纸应清晰、突出重点，避免图纸背景过于花哨；二是图片应有序排列，可以通过添加合适的线框来帮助对齐，但线框应合宜，不能过于抢眼。

展板设计
素材库

2. 字体排版

文字是人类文化重要的组成部分，无论在何种视觉媒体中，文字都是其重要的构成要素。文字设计直接影响版面的视觉传达效果。因此，文字设计是增强展板的视觉传达效果、提高作品的表达能力、赋予作品版面审美价值的一种重要构成技术，在方案的版面设计中起着重要作用。字体排版的目的在于表达设计的主题和构想。文字的主要功能是在视觉传达中向大众传达作者的意图和各种信息，要达到这一目的必须考虑文字的整体诉求效果，给人以清晰的视觉印象。字体排版需要关注五个要点。

（1）清晰的标注。

标注要清晰，重视文字的韵律感。设计说明等较多字体在形成明显体块后，会参与整个幅面的构成和变化，视觉导向效果明显，因此，必须要考虑字体与整体图面的和谐效果。建议字体样式不多于三种。如果字体松散、漂浮，表现形式不统一，或文字的位置对整个构图进行了不合理的分割，都会造成整体结构的琐碎。

（2）提高文字的可读性。

设计中的文字应避免繁杂零乱，应使人易认、易懂，切忌为了设计而设计，更不能忘记文字设计的根本目的是表达设计的主题和构想。

（3）文字的位置应符合整体要求。

文字在画面中的安排要考虑到全局的因素，不能有视觉上的冲突，否则在画面上主次不分，很容易引起视觉顺序的混乱。一幅优秀的排版图，其字体的大小和位置可以起到平衡整个图面的作用。

（4）视觉的美感。

在视觉传达的过程中，文字作为画面的形象要素之一，具有传达感情的功能，因而它必须具有视觉上的美感，能够给人以美的感受。

（5）富于创造性的字体设计。

设计师应当根据作品主题的要求，突出文字设计的个性色彩，创造与众不同的独具特色的字体，给人以别开生面的视觉感受，这有利于作者设计意图的表现。

3. 阅读习惯

除了构图和字体，在设计排版的过程中，还应该关注人的阅读习惯。图纸的设计排版相对于书籍、杂志等平面设计排版而言要简单些，一般来说，一张版面只表达一项设计内容，重要的是图片与文字的构图位置是否符合阅读者的习惯。为了使阅读者更清晰地理解设计，设计排版图多用分析图来阐明某一设计观点，而少用文字来表述。

4. 协调的色彩关系

当设计排版进行到最后环节，协调的色彩关系就成了影响图纸整体风格统一、塑造作品精神的关键因素。色彩较之图文对人的心理影响更直接、更感性。现代商业对色彩的应用更是到了色彩营销的程度。学习建筑设计和环境设计的同学都了解色彩的基本知识：颜色的特性分为色相、纯度和明度三要素。在设计排版时，颜色的选择不宜复杂、混乱，也不宜太过鲜艳。设计排版图在色彩的选择上，应尽量为朴素、简洁风，但版面也不能太过单调，否则会没有冲击感、没有韵味。设计师可以根据已有图纸的色彩选择底图配色，结合自己的设计主题，适当选用一些不同比例的对比色形成一些反差，用以突出主题，也可以通过调整明度，增强主次内容的对比度，来强调设计亮点，吸引观者的眼球，较为常用的对比色有黑色与白色、亮色与灰色等。

案例分析

《遗落之境重塑计划——城中村激活改造》方案的排版图画风清爽，细节丰富，虽有多项内容参与画面构成，但图纸主次分明，排列整齐，形态与画面分割协调，结构明晰、轻松。这套作品是以城中村的改造为设计主题，在版面设计中也围绕"激活"来设计。版面风格统一，现状分析和改造意向通过简洁、直观的图表来表达，文字简短，图纸干净、清晰。功能分析版面中的图片布局主次分明，作为主体的爆炸轴测图表达充分，形态演变图和功能分区图排列整齐，图与图之间体现出较强的连续性，很值得借鉴（图8-25）。

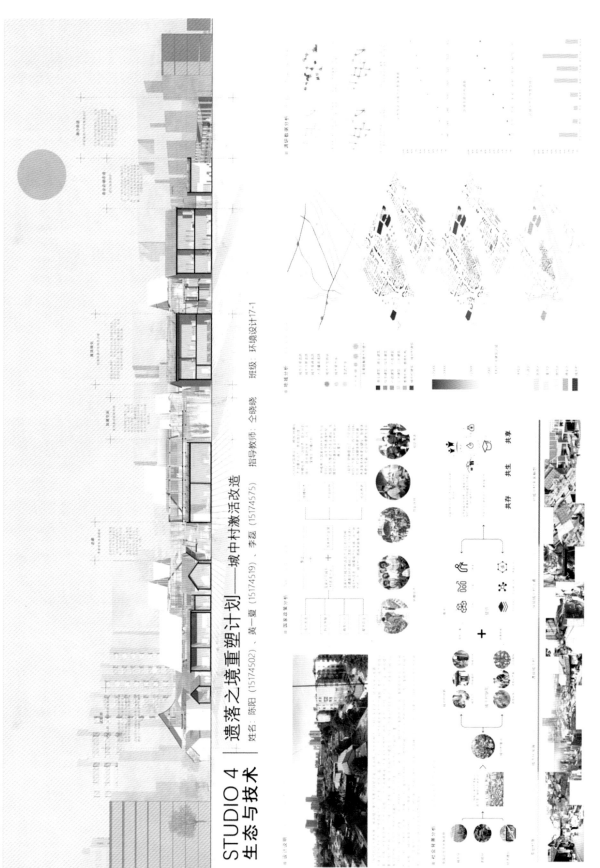

图 8-25 《遗落之境重塑计划——城中村激活改造》方案

（图片来源：中国矿业大学设计团队绘制）

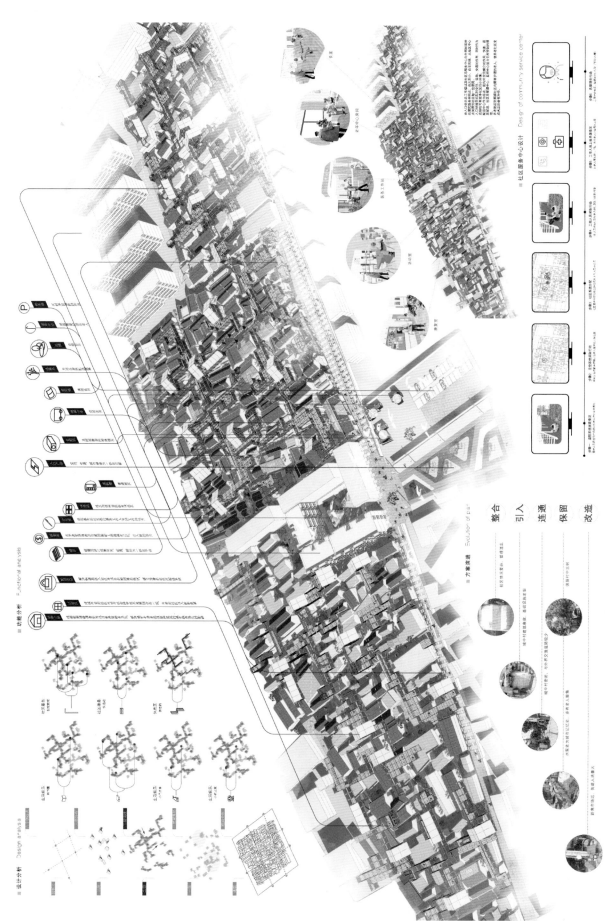

续图 8-25

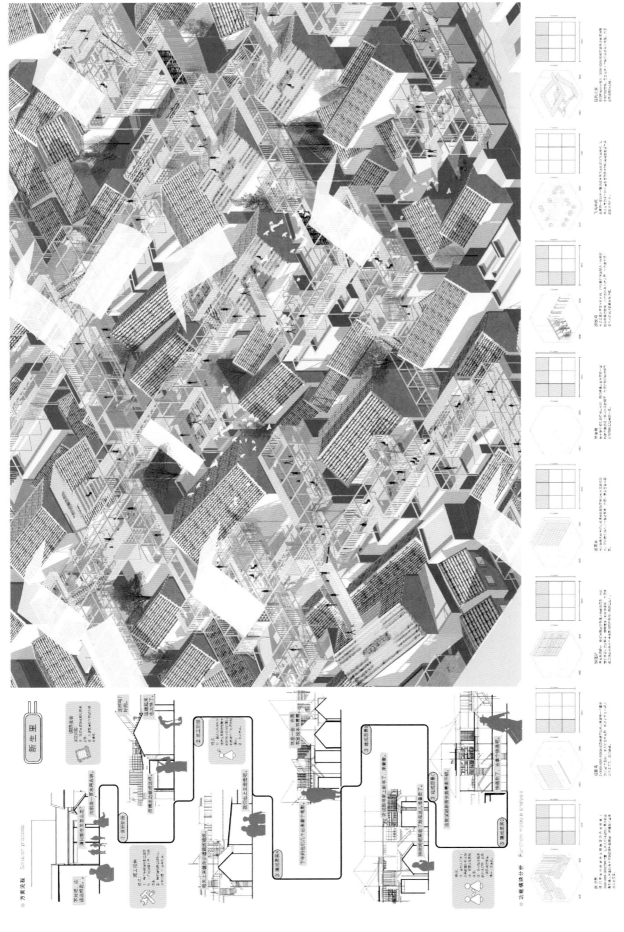

续图 8-25

续图 8-25

《定制"BOX"——社区模块化共享设施》方案为2019年第六届"紫金奖·建筑及环境设计大赛"的获奖作品。该套方案的主题也是城中村改造,是以定制化便民设施为主题的居住区改造,标题鲜明,用生动、简约的可视化图形来分析场地现状,让观者能够直观、轻松地读图。其版面设计能够突出主题,整个版面的空间效果表达充分,主体色调统一,图面色调清新协调,以白描为主体的速写风,在体现出拥挤、嘈杂的场地建筑结构特点的同时,利用鲜明的色彩突出表现设计主体——多功能"BOX"。居住空间和节点分析用简洁的插画风来展示,体现出轻松的生活气息,比较贴合该版面所表达的居住区设计主题。设计概念和各种分析图表达清晰,效果表达充分。整套图纸的版面节奏感较强,疏密调节得比较到位。效果图和分析图结合得非常紧密,不仅突出了设计亮点,对细节的刻画也非常深入、丰富,希望大家能够从中得到一些启发,拓宽设计排版的思路(图8-26)。

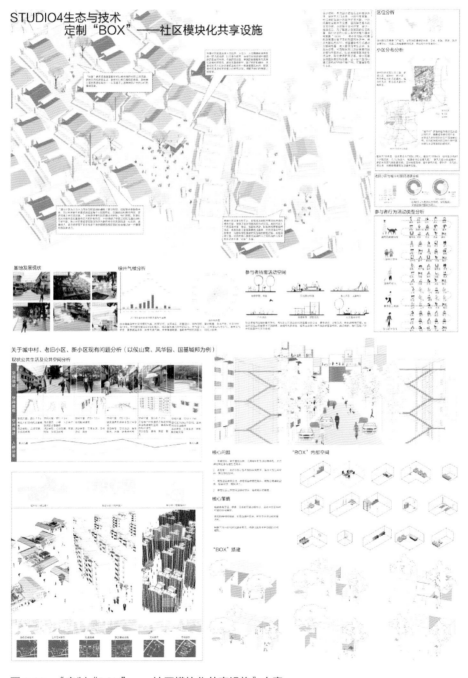

图 8-26　《定制"BOX"——社区模块化共享设施》方案

(图片来源:中国矿业大学设计团队绘制)

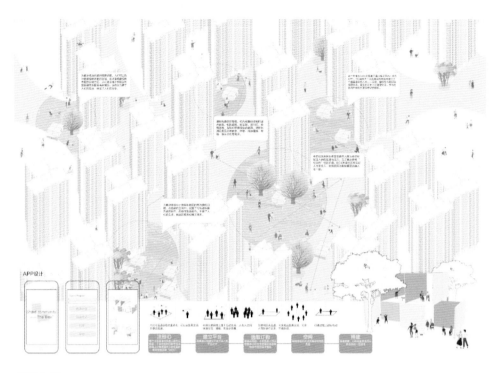

续图 8-26

任何设计方案的展示都离不开排版，方案的版式设计不仅是一项课程内容，更是设计学习中必备的一项技能。尤其在建筑设计的学习过程中，每一个方案的表达，每一次图纸的设计，每一段进度的汇报展示，都离不开版式的设计。版式设计通常不会作为硬性要求，但却是设计师最基本的专业素养，也是影响设计效果表达的重要因素。在设计排版中，简单干净的图纸排版远胜过图纸的堆叠、罗列。版式设计不是天资过人、审美出众、眼光独到的人的专利，通过对排版规则的学习，加上平时相关艺术知识的积累，再结合细致、认真的思考，就可以做出布置合理、赏心悦目的排版图。学习设计排版图，要学会站在巨人的肩膀上，通过观赏学习大量优秀项目的设计排版图，可以有效地积累排版方法，甚至在创作方向、方案策略以及审美上获得启发。

图纸排版陪你
做生活的设计师

本章要点

（1）设计效果图的分类及绘制策略。

（2）设计分析图的类别与内容。

（3）设计排版的常见问题和绘制的基本步骤。

独立思考

（1）在手绘效果图时，效果图表现的效果应当符合设计环境的客观真实。这句话是对还是错？

（2）在设计分析图的绘制过程中，应该对方案的亮点或难点进行可视化图解，用简单易懂的图来阐释自己的设计思想。这句话是对还是错？

（3）在设计排版时，只能用分析图来阐明方案的设计重点，不能用文字来表述。这句话是对还是错？

参 考 文 献

[1] 鲍诗度，黄更，于妍. 环境艺术工程制图［M］. 北京：中国建筑工业出版社，2010.

[2] 李国生. 室内设计制图［M］. 广州：华南理工大学出版社，2017.

[3] 中华人民共和国住房和城乡建设部，中华人民共和国国家质量监督检验检疫总局.建筑制图标准：GB/T 50104—2010［S］. 北京：中国建筑工业出版社，2011.

[4] 中华人民共和国住房和城乡建设部，中华人民共和国国家质量监督检验检疫总局. 总图制图标准：GB/T 50103—2010［S］. 北京：中国建筑工业出版社，2011.

[5] 中华人民共和国住房和城乡建设部. 房屋建筑制图统一标准：GB/T 50001—2017［S］. 北京：中国建筑工业出版社，2017.

[6] 中华人民共和国住房和城乡建设部. 房屋建筑室内装饰装修制图标准：JGJ/T 244—2011［S］. 北京：中国建筑工业出版社，2011.

[7] 陈怡如. 景观设计制图与绘图［M］. 大连：大连理工大学出版社，2013.

[8] 刘甦，太良平.室内装饰工程制图［M］.北京：中国轻工业出版社，2016.

[9] 朱福熙，何斌.建筑制图［M］.北京：高等教育出版社，1999.

[10] 朱灵茜，张青萍，李卫正，等.近百年拙政园平面测绘精度评估与研究［J］.中国园林，2020，36（4）：139-144.

[11] 彭一刚.中国古典园林分析［M］.北京：中国建筑工业出版社，2020.

[12] 兰青，段渊古.画境与心境——界画中的中国古代园林意境营造［J］.美术教育研究，2020（5）：13-15.

[13] 李晓丹，王其亨，吴葱.西方透视学在中国的传播及其对中国绘画的影响［J］.装饰，2006（5）：28-30.

[14] 杨舒蕙.隐藏的秩序——从轴测图到2.5D插画［J］.南京艺术学院学报（美术与设计），2018（6）：34-38.

[15] 钟训正.建筑画环境表现与技法［M］.北京：中国建筑工业出版社，1985.

[16] 江依娜，蒋粤闽.建筑制图与识图［M］.镇江：江苏大学出版社，2019.

[17] 魏艳萍.建筑制图［M］.北京：中国电力出版社，2017.

[18] 何斌，陈锦昌，王枫红.建筑制图［M］.北京：高等教育出版社，2014.

[19] 钟训正.建筑制图［M］.南京：东南大学出版社，2009.

[20] 王明海，彭慧敏.艺术设计制图［M］.北京：高等教育出版社，2009.

[21] 张峥，华耘，薛加勇，等.图说室内设计制图［M］.上海：同济大学出版社，2015.

[22] 汪瑞，曾莹莹，高原.环境艺术设计制图［M］.武汉：武汉大学出版社，2016.

[23] 徐进.环境艺术设计制图与识图［M］.武汉：武汉理工大学出版社，2008.

[24] 李朝阳. 室内外细部构造与施工图设计［M］. 北京：中国建筑工业出版社，2013.

[25] 闫寒. 建筑学场地设计［M］. 北京：中国建筑工业出版社，2008.

[26] 中国建筑标准设计研究院. 建筑场地园林景观设计深度及图样：06SJ805［S］. 北京：中国计划出版社，2006.

[27] 北京市园林古建设计研究院. 庭园与绿化：93SJ012（一）［S］. 北京：中国建筑标准设计研究所，1993.

[28] 中国建筑标准设计研究所，城市建设研究院风景园林所. 环境景观——绿化种植设计：03J012—2［S］. 北京：中国建筑标准设计研究所，2003.

［29］ 中国城市建设研究院有限公司，中国建筑设计院有限公司，中国建筑标准设计研究院有限公司. 环境景观——室外工程细部构造：15J012—1［S］. 北京：中国建筑标准设计研究院，2015.

［30］ 吕圣东，谭平安，滕路玮. 图解设计——风景园林快速设计手册［M］. 武汉：华中科技大学出版社，2017.

［31］ 奥列佛.奥列弗风景建筑速写［M］. 南宁：广西美术出版社，2003.

［32］ 许佳. 3Dmax & VRay 在建筑设计效果表现中的应用 ［J］.长沙大学学报，2019, 33(2)：6-8.

［33］ 周海.效果图后期制作中 Photoshop 的运用 ［J］.电子技术与软件工程，2016,（4）：83.

［34］ 蒲阳.现代建筑设计作品分析的源流与模式研究［D］. 南京：南京艺术学院，2013.

［35］ 陈晓.浅谈当代景观设计的分析与表达 ［J］.智能城市，2016,（1）：195-196.